国家自然科学基金项目（71373239）

浙江省新型重点专业智库
——浙江财经大学政府监管与公共政策研究院研究成果

ShiPin ZhiLiang AnQuan KongZhi
ShiChang JiZhi Yu ZhengFu GuanZhi

食品质量安全控制：
市场机制与政府管制

周小梅◎著

中国财经出版传媒集团

经济科学出版社
Economic Science Press

图书在版编目（CIP）数据

食品质量安全控制：市场机制与政府管制/周小梅著.
—北京：经济科学出版社，2018.9
ISBN 978-7-5141-9825-6

Ⅰ.①食… Ⅱ.①周… Ⅲ.①食品安全-质量管理-安全管理 Ⅳ.①TS201.6

中国版本图书馆CIP数据核字（2018）第234925号

责任编辑：凌　敏
责任校对：郑淑艳
责任印制：李　鹏

食品质量安全控制：市场机制与政府管制
周小梅　著
经济科学出版社出版、发行　新华书店经销
社址：北京市海淀区阜成路甲28号　邮编：100142
教材分社电话：010-88191343　发行部电话：010-88191522
网址：www.esp.com.cn
电子邮件：lingmin@esp.com.cn
天猫网店：经济科学出版社旗舰店
网址：http://jjkxcbs.tmall.com
北京密兴印刷有限公司印装
710×1000　16开　19.75印张　310000字
2019年11月第1版　2019年11月第1次印刷
ISBN 978-7-5141-9825-6　定价：68.00元
（图书出现印装问题，本社负责调换。电话：010-88191510）

前　言

我国从计划经济体制向市场经济体制的转型极大地丰富了食品市场。随着食品市场价格逐步放开，我国很快告别食品短缺时代。然而，在食品质量安全治理制度没有及时跟进的情况下，食品数量快速增长则可能以降低食品安全性为代价。近年来，各类食品质量安全事件时有发生。值得关注的是，2009年6月1日起实施《食品安全法》以来，食品安全事件仍屡见报端。从事件主体看，有知名大企业、百年老店，以及名不见经传的小企业、个体种植户，甚至在本土“老老实实”生产经营的国外食品企业，来到我国也“入乡随俗”，不断被曝食品安全事件丑闻。

我国食品安全似乎进入低水平循环，即食品安全问题被曝光—政府管制部门进行专项整治—涉事企业或道歉，或受到不同程度处罚—食品安全事件逐渐平息—食品安全问题又重新进入公众的视野。

多年来，面对时有发生的企业失信（“人为污染”）导致的食品质量安全事件，人们在指责涉事食品企业突破道德底线的同时，也呼吁政府加强对此类事件的管制。诚然，与“技术”范畴食品质量安全问题不同，企业失信导致的食品质量安全问题是生产者在利益驱动下，在投入物选择及用量上失信，导致食品质量安全问题。针对这类食品质量安全事件，一旦被发现，无论从法律法规约束角度，还是从政府管制角度，都应该对违规企业进行严厉的惩处。近年来，为减少存在安全隐患食品对公众健康造成的危害，政府一方面不断健全完善保障食品安全的法律法规，另一方面也在不断改革食品安全管制体系，这些在遏制企业“人为污染”食品行为方面起到威慑作用。然而，在分析食品质量安全问题时发现，企业“人为污染”食品行为实质是对市场声誉的漠视。这除了我国在推进市场化改革的进程中法律和管制制度改革滞后外，还有更为重要的原因是，我国食品市场发展历时短，食品链上大量中小生产经营企业很难从建立与维护声誉中获得利益，部分企业则选择失信以获得短期利益。而市场声誉的价值需要企业着眼长远利益，通过不断提高食品质量安全水平，逐步积累“声誉”资本，最终达到获得“声誉溢价”的目的。鉴于此，本书从市场机制和政府管制角度，分析食品链上企业“人为污染”食品行为的原因，以及激励企业控制食品质量安全的机制。

本书研究思路和框架如下：(1) 导论。主要讨论中国经济发展过程中所面临的企业失信导致的食品质量安全问题，阐述本书研究的意义。梳理关于食品质量安全控制和企业诚信的理论，对现有文献进行简单评价，并进一步阐述本书的研究思路、研究内容、研究方法和主要创新。(2) 食品质量安全控制机制的理论框架。从食品质量安全、食品质量安全信息，以及企业诚信、失信、信誉、声誉等概念出发，探讨约束食品企业失信行为的制度安排，并分析激励企业控制食品质量安全的市场机制和政府管制机制，为本书研究提供基本理论框架。(3) 食品质量安全信息供给主体。食品质量安全信息供给不足是诱导企业“人为污染”食品行为的主要原因，针对食品质量安全信息供给主体，探讨政府与第三方认证机构间通过优势互补，缓解食品质量安全市场中的信息不完备问题。(4) 食品质量安全标准体系及其制定主体。食品质量安全标准的提高是否意味着食品质量安全水平随之提升？本书将围绕食品质量安全标准高低，以及如何界定食品质量安全标准政府管制与私人制定间的边界等问题展开讨论。(5) 区域声誉对农产品质量安全控制的激励机制。针对农产品生产经营有较强的区域性，本书从区域声誉视角，根据区域声誉的集体共用品属性，分析区域声誉对利益相关者的影响以及目前抑制区域声誉发挥作用的因素，并借助浙江丽水市政府运作区域品牌的案例分析，探讨如何维护区域声誉的策略。(6) 产业集中度对食品质量安全的影响机制——以乳制品为例。以乳制品产业为考察对象，研究产业演化过程中，产业集中度对声誉公私属性、企业绩效的影响，以及政府管制资源配置随产业集中度变化进行动态调整的问题。(7) 零售业态演变下生鲜农产品质量安全控制激励机制。研究生鲜农产品零售业态演变过程中市场机制如何激励生产经营者加强质量安全控制，以及如何调整政府管制政策以顺应产业演化规律。(8) 网络交易平台食品质量安全控制激励机制。研究网络平台环境下声誉如何激励电商对卖家食品质量安全进行有效控制，并探讨政府如何实现网购食品质量安全管制创新。本书研究结论对于促进我国食品行业健康有序发展，提高政府公信力以及构建和谐社会都具有极其重要的实际意义。

本书是2015年度浙江省哲学社会科学重点研究基地——浙江财经大学政府管制与公共政策研究中心课题“区域声誉视角下农产品质量安全治理激励机制研究：以浙江为例”（15JDGZ04YB）以及国家自然科学基金项目“约束企业‘人为污染’食品行为的机制研究”（71373239）的最终成果。

本书研究过程中，浙江工商大学楼明副教授、骆梅英教授、陈利萍副教授、兰萍副教授、郑绍庆副教授、姜波副教授、王锐副教授、郭飞副教授等在研究思路、资料收集、研究报告撰写等方面都做了大量的工作，感谢他们的辛勤付出。本书的完成还要感谢浙江工商大学经济学院硕士研究生张琦、范鸿飞、杨洋歆晨、赖小华、卞敏敏、张未未、史腾腾等同学，他们为本书研究进行了大量的调查研究，获取了丰富的一手资料，并完成了部分内容的初稿。本书是集体智慧的结晶。

本书的出版要特别感谢经济科学出版社领导和凌敏编辑的大力支持以及付出的大量心血。诚然，书中若有不当之处，责任完全由我承担。另外，本书汲取和引用了国内外许多专家学者的研究成果，对有关专家学者表示感谢。

由于本人水平所限，书中不当及疏漏之处在所难免，恳请专家、学者批评指正。

周小梅
2017年12月于杭州

目　录

第一章

导　　论

本章主要讨论企业失信（“人为污染”）导致的食品质量安全问题，阐述本书研究背景和意义，并梳理关于食品质量安全控制机制的理论，对现有文献进行简单评价。以此为基础，本章进一步阐述本书研究思路、主要内容和可能的创新。

第一节　研究背景和意义

半个多世纪以来，人们消费食品的方式发生了很大变化。在20世纪50年代以前，食品生产基本以本地为主，也缺少把食品储存更长时间的方法，且主要是消费者自己进行食品加工。随着科学技术的进步和全球化食品贸易进程的加速，农业和食品工业发展到新阶段。一方面，人们可方便快捷地选择物美价廉的食品；另一方面，新生产方式也让食品链变得更复杂，消费者获取食品质量安全信息的难度在加大，这让企业从食品质量安全的改善中获得回报变得困难，降低了企业生产经营优质安全食品的激励。

从企业控制食品质量安全风险看，食品质量安全问题大致可分为两种类型：一是“技术”范畴食品质量安全问题，即生产经营者由于管理疏忽或无知以及现有技术局限性导致的食品质量安全问题，如土壤受到污染，导致农民的种植物存在安全问题，但农民并不知情；二是企业失信（“人为污染”）导致的食品质量安全问题，即在食品种植、生产和制造过程中，生产者在利益驱动下，在投入物选择及用量上丧失诚信，导致食品质量安全问题，如非法添加食品添加剂等问题。

回顾我国食品质量安全事件（如“三聚氰胺”“瘦肉精”“地沟油”等），主要是企业“人为污染”所致。客观而论，“人为污染”造成的食品质量安全问题与“技术”范畴食品质量安全问题有着本质区别。相对于“技术”范畴的食品质量安全问题而言，“人为污染”造成的食品质量安全问题是人为的、明知故犯的一种破坏性行为，且具有很大的不确定性，运用“技术”范畴的保障食品质量安全的理念、规范、标准来预防、控制、消除“人为污染”造成的食品质量安全问题，无法达到预期效果。因此，对“人为污染”食品质量安全问题要引起高度重视。另外，这些年我国食品质量安全事件不仅具有“人为污染”食品的特征，且似乎进入了食品质量安全的低水平循环，即食品质量安全问题被曝光—政府管制部门进行专项整治—涉事食品企业或道歉或受到不同程度处罚—食品质量安全事件逐渐平息—食品质量安全问题又重新进入公众的视野。

我国由于企业失信导致食品质量安全事件产生的负面影响不容忽视。其一，消费者付出了健康甚至是生命的代价。任何一次食品质量安全事件的发生，消费者是最为直接的受害者。他们不仅付出了健康甚至是生命的代价，而且食品质量安全事件还会给公众心灵上带来难以抹去的阴影。其二，食品企业乃至行业损失惨重，面临信誉危机。近年发生的食品质量安全事件，对当事企业而言，都在不同程度上遭受损失，有的几乎面临“灭顶之灾”。而这种损失有些是短期的，如产品价格下降、上市企业股票下跌、企业破产等；有些则是长期的，如信誉受损、市场占有率逐渐下降等。事实上，在食品质量安全问题被曝光后，由于消费者纷纷“用脚投票”，涉事企业（或行业）在国内外食品市场占有率的下降是很难回避的现实。例如，2008 年“三聚氰胺”事件直接导致 2009 年乳品、蛋品进口增加 19.82%，出口下降 45.25%。其三，降低了政府公信力，且社会产生信任危机，增加了社会不稳定因素。重大食品质量安全危机事件的出现不仅破坏政府的公众形象和威信，更会在不同程度上给社会带来一定范围的混乱和恐慌。因此，食品质量安全不是一般的社会经济问题，而是关系国家安全的重大问题，已成为摆在我国政府面前亟待解决的重大实际问题。

鉴于我国食品质量安全问题频发的现状，许多学者从不同学科角度研究食品质量安全问题，研究的重点包括 WTO 与食品质量安全标准、食品质量安全管制体制、食品可追溯体系、食品质量认证、食品供应链、农产品质量安全等。这些研究均对提高我国食品质量安全水平有积极作用，但研究成果尚缺乏对频发“人为污染”食品质量安全事件的原因及约束机制进行深入探讨。

我国处于经济体制转型期，尚未建立诚信机制，是导致“人为污染”食品质量安全事件频发的重要原因。随着经济发展，食品链越来越复杂，食品交易由“熟人”社会进入“匿名”社会，为食品企业通过隐藏信息获取更多利润创造了条件。而我国相关机制的缺陷进一步助长了食品企业的失信行为。具体表现在：一是存在大量中小食品企业，以及消费者对食品质量安全的支付意愿低下，导致供应链上市场机制失灵；二是失信企业违法成本过低使法律失去了威慑力；三是政府管制职能的缺失、缺位以及管制方法落后等降低了企业“人为污染”食品的成本。本书从以下几方面研究企业“人为污染”食品行为存在的原因：其一，食品质量安全信息供给不足，让企业“人为污染”食品有机可乘；其二，食品质量安全标准偏离市场需求，诱使企业“人为污染”食品；其三，农产品市场中，一家一户及流通部门中的个体成为农产品生产经营主体，农户“人为污染”食品行为的重要原因是分散农户对区域声誉的漠视；其四，食品加工业以中小企业为主，市场集中度过低，较低的产业集中度让声誉具有较强的公用属性，“搭便车”动机诱发企业“人为污染”食品；其五，从生鲜农产品零售业的演变过程看，原有的以农贸市场为主的市场结构，企业“人为污染”食品成本较低；其六，网络交易平台为食品交易提供了便利，但复杂的交易环境也让平台上的食品卖家存在“人为污染”食品的投机行为。在研究企业“人为污染”食品行为背后产业和制度演变规律的基础上，本书进一步分析约束企业“人为污染”食品行为的机制。科学设计约束企业“人为污染”食品行为的机制，这无论是对确保消费者身体健康和生命安全，还是促进我国食品行业健康有序发展，提高政府公信力以及构建和谐社会都具有极其重要的实际意义。

第二节 文献综述

面对我国食品质量安全事件频发的现状，学者从不同角度研究食品质量安全治理问题，研究重点包括食品质量安全管制体制、市场机制、生产经营者和消费者行为、产业链发展对食品质量安全管理的影响、质量安全标准、可追溯体系、危害分析和关键控制点管理（Hazard Analysis Critical Control Points，HACCP）体系的推广和应用、质量认证体系等。本书主要从食品质量安全不同治理制度间的比较以及食品市场交易主体行为、食品链演变对提升食品质量安全水平的影响等视角，梳理国内外不同学科学者对食品质量安全控制问题的研究，并提出值得进一步研究的领域。

一、关于“人为污染”食品质量安全问题研究

从20世纪初开始，发达国家不断出现食品质量安全问题，其可分为“技术”范畴和“人为污染”范畴两类。所制定的各种食品质量安全法规制度除了要控制“技术”范畴的食品质量安全问题外，主要是控制“人为污染”范畴的食品质量安全问题。尽管发达国家学者也涉及“人为污染”范畴食品质量安全问题的研究，但由于发达国家现阶段的声誉机制较为健全，故专门针对“人为污染”食品质量安全事件的研究较少。我国经济在转型过程中，频繁曝光食品质量安全事件。为此，学者们围绕如何设计有效机制激励企业控制食品质量安全问题展开研究，但从市场机制和政府管制角度研究“人为污染”食品行为约束机制的成果较少。

二、食品质量安全信息属性决定政府管制需求

许多事实表明，大量食品质量安全事件是信息传递失效所致。根据食品质量安全信息属性，许多食品同时具有搜寻品、经验品和信用品特性。[①] 搜寻品和经验品的信息属性可通过市场起作用，引导企业主动控制食品质量安全，但信用品在市场机制下却很难发挥作用。也就是说，在具有信用品特征的食品质量安全市场中，消费者无法通过市场显示其对更安全食品的偏好。如果消费者没有意识到，或是简单地低估了可能的伤害，这种情况下，尽管

---

① 搜寻品的信息属性是消费者在购买前就能了解到食品安全的信息（如食品的颜色和光泽等）；经验品的信息属性是消费者在消费之后才能了解到食品安全的信息（如食品的新鲜程度和味道等）；信用品的信息属性是消费者在消费后也无法了解到食品安全的信息（如农药兽药残留指标和重金属含量指标等）。

食品企业完全了解其提供食品对消费者可能造成的伤害，但由于企业不需承担完全的责任，最终导致食品数量供给过多，而食品质量安全供给却过少。主要原因在于，由于消费者很难分辨所受伤害与具有信用品属性的不安全食品间的因果关系，这样，即使是在十分严格的责任法规约束下，企业也不可能承担完全责任。也就是说，企业不可能简单地对市场做出反应而把食品质量安全投资确定在最有效率的水平（Viscusi，1989）。因此，对于信用品而言，为避免损害消费者利益，必须实行政府管制。

威斯（Wiess，1995）强调，信息缺乏弱化了企业生产高质量和安全食品的激励，政府管制可弥补由于食品质量安全信息不对称而产生的市场失灵。克拉奇菲尔德等（Crutchfield et al.，1997）关于美国减少肉禽类产品食源性致病菌水平的收益和成本的经济分析表明，如果政府管制食品市场以减少食源性致病菌的水平，并制订教育计划提高消费者关于食源性疾病风险的认识，则可提高公众福利水平。根据韦曼（Veeman，1999）的研究，为降低成本，加拿大的食品企业主动加强食品质量安全控制，而政府则强制推行更为严格的食品质量安全管制。布兹比（Buzby，2003）认为，企业自愿行动无法为消费者提供更安全的食品，政府可在不同层面采取相应的食品质量安全控制政策。政府应通过对不安全食品征税或对生产过程强制推行一些限制，以引导生产者弥补市场中实际食品质量安全水平与社会最优水平间的缺口。事实证明，市场上的信息不对称是造成食品质量安全问题的主要原因，基于政府管制理论，王俊豪（2001）提出市场机制解决信息不对称问题存在局限，这是政府对食品质量安全实施管制的理论依据。谢敏和于永达（2002）认为市场信息的公共品属性需要政府管制来解决。从公共管理理论角度，李怀和赵万里（2008）强调控制食品质量安全问题的关键在于建立有效的管制制度，应构建决策、执行和监督三权分立的食品质量安全管制体制及其责任追究制度。不论是食品链终端的消费者，还是中端的加工企业，信息的有效传递对提高食品质量安全起到很好的促进作用。古川和安玉发（2012）的实证研究表明，借助市场机制区分食品质量的优劣，就必须要披露更多质量安全信息，信息披露越多对生产优质安全食品的企业更有利。而就食品质量安全信息供给主体问题学界存在争议。

三、食品质量安全政府管制效果及其效率研究

尽管政府管制对食品质量安全的控制是对市场的补充，但管制的有效性

是食品质量安全控制效果好坏的关键。国外学者较早就开始研究管制的有效性对食品质量安全控制效果的影响。德姆塞茨（Demsetz，1969）早就指出，并不是在所有的信息不完备市场都需要管制，即在市场失灵领域管制不一定完全有效率，只有当管制收益大于成本时，管制才有其必要性。阿罗（Arrow，1996）强调，管制成本的总体负面影响十分显著。管制导致机构膨胀和管制政策过多过滥，使管制成本大幅增加，造成市场扭曲和低效率。友秀安田（Tomohide Yasuda，2012）通过美国的食品质量安全管制实证研究表明，从成本收益角度分析，由于管制机构本身不能在消费者间根据需求分配利益，所以食品质量安全管制不可能达到应有的效率。

食品质量安全问题关系到国民生命健康、产业安全和社会稳定，然而，食品质量安全管制缺位、错位和低效等问题阻碍了我国食品质量安全管制绩效的改善。国内部分学者研究我国食品质量安全管制低效率的原因，并提出管制制度优化路径。

我国食品质量安全管制出现低效率有其一般性，也有其特殊性原因。根据委托—代理理论，喻玲（2009）认为政府委托各职能机构实施食品质量安全管制，作为代理人的管制机构存在机会主义行为倾向。也就是说，在缺乏竞争及相关制约下，政府管制会出现低效率。以制度经济学为研究视角，谢地和吴英慧（2009）认为我国处于经济体制转型时期，提升管制效率需在本国特定政治、经济和文化历史背景下展开，以较低成本获得高效的政府管制。周应恒和王二朋（2013）强调，为提升管制效率，应创新食品质量安全管制制度，切实有效地推进食品质量安全管制体制改革。汪普庆和周德翼（2008）从产权经济学角度分析我国原有分段式食品质量安全管制体制存在的问题，认为没有明确界定各食品质量安全管制机构的权利是管制效率低下的主要原因。因此，清晰界定产权是改善政府管制效果以及提高管制效率的前提。以行政管理理论为依据，颜海娜和聂勇浩（2009）提出需通过整合食品质量安全管制机构，建立机构间的协调机制，明确界定管制机构间的职责边界以及构建机构间合作保障机制等以走出“合作困境”。

总体上看，多数学者肯定政府管制对控制食品质量安全的重要性，但国内外食品质量安全管制理论与实践证明，作为激励约束制度，管制会产生一定负面影响，出现“管制失灵”。因此，如何科学设计食品质量安全管制制度，形成完善的管制法规政策体系，建立高效率的管制机构体系，构建激励性管制绩效评价机制，以有效防止“管制失灵”，提高管制效率，这将是一个需要重点研究的制度性问题。

四、市场机制与食品质量安全间关系研究

尽管不同企业同时生产具有信用品属性的食品，但各企业提供安全食品的激励不同。对已拥有较好市场声誉的企业而言，提供更高安全性食品可能性更大，因为这类企业一旦被查出生产经营有安全隐患的食品，声誉将遭受巨大损失。而对没有明显声誉优势的企业而言，向市场提供存在安全隐患的食品而可能被查处所承担的声誉损失成本较低，因此，这类企业提供较高安全性食品的激励不足。显然，声誉机制可在一定程度上激励企业提供安全食品。

发达国家市场经济发展历史长，也比较成熟。国外已有许多学者研究声誉与产品质量间的关系。艾伦（Allen，1984）认为经过交易双方多次博弈，买方会逐步形成这样的观念，即市场中价格更高的产品，其品质应该更好。企业生产高品质产品可获得高于边际成本的额外收益，也就是声誉溢价。此种额外收益还可促使生产高品质产品的企业维护声誉。针对市场声誉激励企业提供高品质产品的作用机制，克莱因和拉丰（Klein and Leffler，1989）提出，消费者一旦发现企业生产经营劣质产品，肯定拒绝购买相应的产品。结果，企业将遭到市场的淘汰。布兹比等（Buzby et al.，1996）的研究进一步表明，食品质量安全事件的负面公开会损害这类特定产品供给方的声誉。安徒生（Andersen，1994）借助对现实中信任品市场的考察发现，面对具有信任品信息特征的食品时，消费者并非简单地拒绝购买，而是根据企业声誉来判断是否相信企业声称的质量。这在一定程度上说明，信任品市场上声誉机制仍然起作用。梯诺尔（Tirole，1996）将声誉研究对象从企业管理者等个体拓展到群体，认为集体声誉实际上是个体声誉的函数，取决于集体内每个成员以往提供产品或服务的平均质量，是一种集体性财产。温弗里和麦克拉斯基（Winfree and Mcluskey，2005）进一步将集体声誉拓宽至食品行业，指出多数食品质量具有经验品属性，消费者在购买前并不知道生产者是谁，但可根据生产商集团、合作社或协会等经营组织的声誉做出决策。

随着市场逐步放开，在我国法律和管制制度建设严重滞后的背景下，企

业生产经营过程中不断出现失信行为。由此，关于在市场交易过程中如何让企业重视声誉问题，也逐渐引起学者的关注。

从现有文献看，国内关于声誉与产品质量关系的研究较少，而涉及食品企业声誉与食品质量安全间关系的研究也不多见。中国存在大量没有声誉优势的分散农户、小作坊和小餐饮等，可以说，利用市场声誉机制激励企业控制食品质量安全还需较长的市场培育过程。尽管如此，国内部分学者也开始关注声誉机制在控制食品质量安全中的作用。其中，樊孝凤（2008）实证分析得出结论，对于具有信任品属性的食品，消费者会根据零售商声誉来判断食品是否安全，声誉机制在信任品市场上仍然发挥作用。张琥（2008）认为在个体声誉因信息无法传递而失效时，公众可依据由众多相同标识个体所形成集体的情况去判断。余劲松（2004）从集中交易市场分析案例得出结论，市场集体声誉可促进交易达成，并降低消费者获取交易信息的成本。陈艳莹和杨文璐（2012）从区域角度分析，认为集体声誉由区域内生产某类产品的同质企业历史平均质量形成。吴元元（2012）从执法优化角度分析如何通过声誉机制提高信息流动效率，通过消费者拒绝购买不安全食品来约束企业的不法行为，声誉机制可有效地减少管制机构的部分执法负担，实现执法优化。

学者研究结论均支持市场声誉对于消费者购买行为的引导作用及对食品质量安全水平的控制效果。根据农产品生产的区域性特征，从区域声誉视角研究农产品质量安全治理问题，不仅解释了多年来农产品质量安全时有发生的原因，也提出了农业规模化以及政府管制对于维护区域声誉以及改善农产品质量安全的意义。值得关注的是，近年随着电商在零售业中占比增加，部分学者开始研究电商声誉与产品质量间的关系，认为声誉通过口碑表现，而口碑则是消费者在网购后对相关产品质量、售后服务等进行反馈评分，由此反映网络交易平台及其卖家的信用水平。[①] 信用评价系统汇集平台与卖家声誉、商品售价及销量等方面数据。消费者借助信用评价了解平台与卖家声誉，且愿意为信用度高、声誉好的商品支付较高价格，即声誉产生“溢价”效应。[②] 也有部分学者把网购食品质量安全问题作为研究重点，认为应以网络

---

① Dellarocas, C. The Digitization of Word of Mouth: Promise and Challenges of Online Feedback Mechanisms. *Management Science*, 2003, 49 (10): 1407 - 1420.

② 张维迎、周黎安：《信誉的价值：以网上拍卖交易为例》，《经济研究》2006年第12期。

食品质量安全立法为依据借助管制以解决网购食品质量安全问题。[①] 面对网络交易平台大数据环境，有学者强调信用评级决定信誉高低，从而决定"优胜劣汰"，应建立食品质量安全监测网和数据库，推动管制部门对大数据的利用，实现食品质量安全产业链智能化管制，促使声誉约束机制的运行。[②]

现有文献尚缺乏从声誉机制与政府管制角度系统研究网络交易平台食品质量安全控制问题。根据《2014 年中国网络购物市场研究报告》，消费者不选择网购原因主要在于网络平台声誉、产品质量、售后服务和信息安全性等问题，而声誉是最突出的问题。就食品电商平台而言，其声誉好坏取决于交易中的食品质量安全、售后服务和信息安全性等。其中，食品质量安全水平是消费者对电商平台声誉评价的重要因素。

综合梳理研究文献发现，针对市场机制与政府管制对食品质量安全的激励和约束作用，多数学者主要分析两种制度的优劣，两种制度体系的构建和完善问题。中外研究对比发现，对于市场经济发达的国家，声誉机制在维护市场秩序中起着非常重要的作用。在面对食品质量安全"管制失灵"的现实后，国外一些学者开始强调声誉机制对于企业主动控制食品质量安全的激励作用。尽管国内市场经济不成熟，声誉机制对于企业控制食品质量安全的激励作用有限，目前研究成果也不多，但随着时间的推移，声誉机制与食品质量安全间关系的研究将会成为学者关注的重要领域。

五、激励企业控制食品质量安全的治理制度比较研究

世界各国食品质量安全治理制度实践证明，这些制度各有利弊，分析比较不同治理制度对企业控制食品质量安全的激励作用引起了国内外学者的关注。

维斯卡西（Viscusi，1989）比较了市场、侵权赔偿法、社会保险和政府管制在健康和安全领域为避免风险方面的作用，并得出结论，每种制度在控制经济危害方面都有其自身的优点和不足。管制的核心问题是，设计有效的

---

① 赵静：《关注网购食品安全隐患》，《北京观察》2011 年第 6 期。

② 方湖柳、李圣军：《大数据时代食品安全智能化监管机制》，《杭州师范大学学报（社会科学版）》2014 年第 6 期。

激励机制，并直接针对产业做出快速反应。就如何达到获得更安全食品供给的目标问题，汉森等（Henson et al.，1995）研究表明，由于管制体系以及产品责任体系存在失灵，确保食品质量安全的公共政策无法达到既定目标。现实中不服从管制要求的食品企业比例较高，说明政府管制可能无法完全让市场失灵内在化，出现政策失灵。这就是说，市场与政府都无法单独确保安全食品供给，因为每种制度都存在缺陷。安特尔（Antle，1996）强调，市场机制下食品质量安全控制效能的高低取决于合适的信息制度。这些制度包括市场声誉形成机制、法律和管制以及消费者教育等。根据弗伦岑等（Frenzen et al.，2001）的观点，激励企业实施食品质量安全控制的因素是市场、管制和法律。长期以来，忽略了作为该体系重要组成部分的市场激励。但有文献强调，在激励企业采取适当方法控制食品质量安全方面市场起着很重要的作用。对于食品质量安全管制效果，部分学者也提出了质疑，如卡普马尼等（Capmany et al.，2000）的实证分析说明，多数企业面临市场激励做出反应而实施ISO9000，管制激励起着不太重要的作用。过于苛刻的管制可能会降低企业实施其他友好型食品质量安全控制的激励。奥林格尔等（Ollinger et al.，2004）的研究结论表明，市场与管制共同促进美国肉禽类加工企业使用更成熟的食品质量安全技术。鉴于管制制度固有的缺陷，费利佩等（Felipe et al.，2010）提出企业借助第三方认证可弥补企业和消费者间的信息不对称，引导消费者注重食品质量安全。显然，国外学者关于市场与政府管制对食品质量安全控制效果的研究结论存在分歧。

我国部分学者就市场与管制间关系进行了研究。张维迎（2005）提出，市场经济需要政府管制，但对政府管制力量的使用应当尽量地节制，否则很容易掉进管制陷阱。杨居正、张维迎、周黎安（2008）的实证研究表明，市场信誉和管制都是维持市场经济秩序的基本手段，两者间存在交互作用。但过多管制会“挤出”信誉发挥作用的空间，甚至会影响信誉体系的建立和发展。已有研究成果表明，目前我国食品质量安全，市场和政府管制均不同程度出现“失灵”。王常伟、顾海英（2013）通过对菜农施用农药数量的调研得出结论，影响菜农农药用量选择的主要因素是农药对蔬菜潜在产量以及价格的影响。蔬菜售前的农药残留检测可有效制约农户施用农药的行为，但签订销售合同、参加合作社等市场行为，以及政府的宣传指导、种植管制等控制政策并不能达到约束菜农超量施用农药的作用。

另外，部分学者强调仅仅依靠政府管制很难解决食品质量安全问题。这是因为，政府、社会中间组织和食品生产经营者是影响食品质量安全的重要主体，这些主体在食品质量安全领域的行为直接影响食品质量安全的整体状况。因此，应从政府、社会中间组织和食品生产经营者间的合作关系来理解食品质量安全问题。鉴于我国这些年食品质量安全频发背景下政府“管制失灵”，许多学者认同这一观点。郑风田（2012）强调保障食品质量安全需要从食品质量安全管理的多个方面（如政府、产业界、消费者等）采取有效措施。

近年来，公共管理领域的部分学者开始强调多中心治理在公共管理领域的应用。陈季修和刘智勇（2010）提出“多元共治”的食品质量安全治理分析框架，认为可借助政府、行业组织、社会力量等各方优势，促进各主体协同共治，形成多方参与食品质量安全控制的格局，以提高食品质量安全管理的实效。韩丹（2013）强调我国社会组织发展程度较低，尤其缺乏约束企业的社会组织。有必要积极促进发展各类社会组织，并发挥已有社会组织在食品质量安全控制方面的约束作用。从社会学角度，刘飞和李谭君（2013）指出，在执法资源有限的约束下，必须借助政府、市场以及消费者的协同来控制食品质量安全。

就食品质量安全信息供给主体，部分学者强调为避免政府行政垄断性，应引入第三方认证机构弥补信息供给不足。以强制性产品认证为例，周燕（2010）提出政府管制实质是“认证”供给的行政垄断，致使产品质量认证制度有明显负效应，认为应由市场中的第三方机构、行业协会、政府机构共同组成认证主体，形成竞争格局。诚然，也有学者强调第三方认证机构的不足，梯若尔（Tirole，1986）认为一旦第三方认证机构丧失独立性，信息传递会因供给方结盟而受阻。因此，第三方认证机构的独立性对信息真实性至关重要。

梳理文献发现，尽管有学者指出食品质量安全信息供给应通过政府和第三方认证机构提供，但尚缺乏从二者间的边界与关系着手研究食品质量安全信息如何有效地传递给消费者的问题。事实证明，食品质量安全信息供给不能单凭政府或第三方认证机构。这是因为，政府信息供给仅限于满足消费者同质性偏好，而消费者异质性偏好还是需通过第三方认证机构来满足。因此，如何将二者有机融合起来应成为接下来的研究重点。

不仅食品质量安全信息供给主体引起争议，多年来不少学者还就食品质量安全标准制定主体展开讨论。首先，食品质量安全标准管制的争议。食品质量安全标准管制的表现形式有过程标准、绩效标准以及二者结合的标准。标准来源有政府、行业协会、企业等，而行业协会和企业制定的标准一般称为私人标准（Henson et al.，1998）。植草益（2000）指出政府管制最低质量标准已是一种趋势。但瓦莱蒂（Valletti，2000）和斯卡帕（Scarpa1，1998）认为质量标准不一定能够提高产品质量，这取决于市场结构、生产成本和产业类型，强制性标准甚至还会造成垄断、限制创新等问题。其次，食品质量安全标准水平高低的争议。龙尼（Ronne，1991）认为通过提高标准可减少质量差异来减弱企业势力，更激烈的价格竞争将改善消费者福利；而库恩（Kuhn，2006）却认为企业面对严格标准反而有动力去提高价格、降低性价比，有损消费者福利。近年来质量标准管制最新趋势是引入产品差异化特征，即企业为了降低产品替代、获取顾客忠诚，对产品进行差异化定位（Garella，2008）。史晋川、汪晓辉和吴晓露（2014）的研究结果表明，适当降低与安全属性不直接关联的质量标准，是确保管制效率、提高安全水平更好的方法。龚强和成酩（2014）通过理论模型推导差异化市场里最低质量标准变动的影响，认为提高食品质量安全最低标准并不一定利于消费者。廖志敏（2014）通过美国FDA对药品严格准入管制的比对分析，认为食品质量安全管制应以信息披露为主、强制标准为辅，尊重消费者知情权和选择空间。李太平等（2008）认为提高食品质量安全除了实施单一的食品质量安全标准，还可进行标准分级，采用两级或多级安全标准，低一级标准具有强制性，主要针对食品基本安全所要求企业强制执行的内容，其他级别为推荐性，更多针对安全领域之外的质量、包装等内容。最后，研究食品质量安全标准的公私关系。食品质量安全标准的公私关系主要从合作管制角度进行研究。强调私人主体的自律管制，为建立声誉、节约成本，私人主体有控制风险的动力。与政府滞后的管制相比，私人主体更了解产业动态，能快速反应从而可降低服从成本，在一定程度上弥补政府标准管制缺陷（Stephenson，2005）。王殿华（2011）认为公共标准和私人标准在强制性、作用、功能上各不相同，有相互补充的作用。卢凌霄和曹晓晴（2015）提出私人标准一方面是提供食品质量安全的有效机制，另一方面能满足消费者对差异化商品的需求。但私人主体标准也有不足，如利益集团追求自身利益最大化，以及小企业完全被排除在外等（高秦伟，2012）。国内外学者就食品质量安全标准从不同角度展开研究。从最初食品质量安全市场失灵到政府管制，最后再回到市场机制以弥补政府管制的局限与不足。近年来食品质量安全标准管制研究最新趋势是引入产品差异化特征、标准分级和公私关系界定。目前尚缺乏从消费者偏好角度系统研究食品质量安全标准制定问题。而消费者是食品质量安全市场的需求主体，是企业生产的驱动力。因此，消费者偏好很大程度上决定了食品质量安全供求以及政府管制政策的实施效果。

综上所述，食品链趋于复杂的趋势向不同学科学者提出了挑战。不少成果研究不同制度对企业控制食品质量安全的激励作用。尽管研究结论存在差异，但没有争议的是，各种制度均存在缺陷，应借助多种制度激励企业控制食品质量安全。因此，如何发挥各种制度的优点，避免其缺陷，形成一个扬长避短、“多元”治理食品质量安全的制度体系，这将是一个需要我们共同研究的重要领域。

六、食品质量安全治理中的生产经营者和消费者行为研究

食品市场中，生产经营者和消费者是食品交易主体，食品质量安全与否直接关系到他们的利益。因此，借助实证分析，研究这两大主体控制食品质量安全的行为显得十分重要。

（一）食品质量安全治理中的生产经营者行为研究

在食品链上（从农产品的生产到分销、加工和零售等），规模不同的企业承担着食品质量安全的责任。从产业组织角度看，大量家庭农场的个人业主从事农产品生产，小规模肉类加工厂从事食品加工，或家庭杂货店从事食品零售业务，这些小规模企业基本上是“价格接受者”。而少数大型企业或跨国企业在一定地域、全国范围内或在国际市场上进行贸易，且具备一定市场势力。企业管理食品质量安全的能力通常取决于企业规模和产业组织。也就是说，企业提供安全食品的激励受企业规模和产业组织的影响。从制度和产业组织角度研究影响企业控制食品质量安全的行为，有助于了解政府政策和产业环境对改善食品质量安全水平的作用，可为政府调整管制政策提供参考。

威巴克（Swinbank，1993）提出，从理论上讲，食品质量安全供给是指为了减少食品质量安全风险而增加的成本。食品市场中，只要能弥补生产安全的成本，企业就愿意为消费者提供具有安全特征的食品。霍勒伦等（Holleran et al.，1999）把激励企业实施食品质量安全控制的因素分为来自企业驱动的“内部激励”和客户或管制驱动的“外部激励”。而各种外部激励性制度对控制食品质量安全是否有效最终取决于食品企业行为。企业提供安全食品，本质上就是让企业负责，承担生产经营不安全食品所引起的成本。因此，企业提供安全食品行为取决于相应的成本和收益。布兹比（Buzby，2003）指出，在食品市场中，由于消费者对食品质量安全存在需求，企业可能具有提供更安全食品的激励。如果有人因为食用企业产品而患病，企业可能会承受增加的成本，或失去销售额和资产净值，一些情况下可能是永远被淘汰出市场。这样，在没有来自政府任何约束的情况下，企业可能实施食品质量安全控制以维护其声誉。卡里奎利和巴布科克（Carriquiry and Babcock）通过重复购买模型研究显示，与双寡头企业相比，垄断企业在质量保障方面倾向于进行更多投资。食品数量与质量间有一定的替代关系，这种情况就很难确定产业集中度的提高是否会伤害消费者的利益。换言之，若减少食品产量可增加质量供给，则垄断可能有利于提高社会总体福利水平。

食品供应链上下游生产经营者的协作关系直接影响到食品的安全性。为从食品链上有效地控制食品质量安全，于辉和安玉发（2005）提出，食品供应链可追溯体系不仅向消费者提供有效信息，且有助于提升企业声誉，当然也是政府管制食品质量安全的有效手段。以制度经济理论为依据，从交易成本、风险和不确定性以及消费者需求与企业质量声誉角度，张云华等（2004）认为食品质量安全应包括从食用农产品种植、食品加工到零售整个过程的安全控制，为激励企业保障食品质量安全，就必须实行食品供给链的纵向契约协作。部分学者还针对纵向一体化对企业控制食品质量安全风险的影响展开研究。例如，在乳品安全事件频发背景下，各大型乳品企业纷纷自建牧场以降低乳品安全风险。肖兴志和王雅洁（2011）研究发现，该模式并不能达到有效降低乳品安全风险的目标。他们认为，产生乳品安全问题的两个组织结构根源分别是食品链上下游主体间的利益不相容以及乳品加工企业对奶源的过度需求，企业自建牧场可缓解利益不相容问题，但无法解决对奶源的过度需求问题。显然，从产业组织结构角度看，食品质量安全问题并不能简单地通过食品链纵向一体化来解决，还需其他政策的有效配合。

鉴于我国面对不断增长的对安全优质农产品的需求与大量分散、小规模生产的矛盾，胡定寰（2005）强调，为稳定有效地供应安全优质的农产品，需要把众多小农户组织起来，扩大生产经营规模，在技术上给予指导并在生产过程中进行监督。应通过加强纵向食品链组织间的合作，引导农户进入超市零售终端以提高食用农产品安全水平。钟真和孔祥智（2012）从生产与交易两个维度构建了产业组织结构与农产品安全间的逻辑关系，认为提高农业产业链组织规模可有效提升农产品安全水平。刘震和廖新（2012）指出食品产业链的集中度与其完整性是相辅相成的。根据食品产业链完整性的分析和完全可追溯性的要求，在食品产业链中存在巨大的管理成本，而这种管理成本不是小作坊、小企业所能承受的。

作为食品链上游的食用农产品安全生产越来越受到重视，国内不少农业经济管理学者对各类农户生产行为进行了调查分析，为从源头控制食品质量安全提供了丰富的实证资料。周洁红（2006）以及吴林海等（2011）分别对菜农蔬菜种植过程中的安全控制行为、蔬菜加工企业安全管理行为进行调查。调查研究结果表明，影响蔬菜安全控制行为的因素主要包括菜农认知水平、种植面积、收入结构、道德责任感等。在食品加工环节，企业进行安全控制的动力主要来自市场，且其安全控制行为可带动上游农户提高蔬菜安全水平。

与一般产业演变相似，生鲜农产品零售业态演变有其内在规律。部分研究围绕产业组织演变动力展开。艾德诺和利文索尔（Adner and Levinthal，2001）认为创新是产业演化的主要推动力。玛莱巴、尼尔逊和奥森尼格（Malerba、Nelson and Orsenigo，2007）则强调技术会随需求多样化发生变化，从而形成产业的生命周期。而我国经济转型过程中，产权改革是产业组织演变的内在动因（朱淑枝，2005）。进入信息时代，企业不断进行调整以适应变化的外部环境，此过程中企业边界发生变化，从而引起产业组织演变（张燕和姚慧琴，2006）。通过与日本流通模式的比较，郑铁（2014）认为我国生鲜农产品流通存在成本高、损耗高、信息技术落后以及质量难保证等问题，而日本生鲜农产品流通模式以批发市场为中心，农业合作组织发挥重大作用，流通渠道规范，值得借鉴。关于如何推进我国生鲜农产品流通产业升级，刘刚（2014）提出生鲜农产品零售演变动力主要包括法规政策促进、需求引导、信息和物流技术推动等，诸如生鲜电商正是借助信息技术平台让“产销对接”。综合来看，制度环境和技术创新是产业组织演变的两个基本动力。

国内学者通过分析影响生鲜农产品质量安全因素发现，产业组织发展演变是影响企业控制食品质量安全的重要因素。但目前尚缺乏针对生鲜农产品零售产业组织演变与质量安全控制间关系的研究。而就政府管制对生鲜农产品质量安全控制影响的研究，更多研究成果主要侧重研究如何提高管制效率问题，相对缺乏从零售业态演化角度研究管制的动态调整问题。随着农业产业化推进，我国农业正从分散走向集中。生鲜农产品零售业态演变过程中，零售端对质量安全的控制力不断增强。而政府则需根据演化规律调整管制政策，提高管制效率。诚然，政府应在种植业环节，通过土地流转等政策提高种植业的市场集中度，为借助市场声誉机制引导生产经营者加强食品质量安全控制创造条件。

（二）食品质量安全治理中的消费者行为研究

作为食品质量安全的直接受益者，消费者对食品质量安全信息的认知、对食品质量安全的支付意愿及其购买行为对食品质量安全治理起到关键作用。

食品质量安全问题是消费者在消费食品过程中产生的。塞格松（Segerson，1999）以及戈德史密斯等（Goldsmith et al.，2003）认为，如果消费者可识别单个食品质量安全特征，则企业可与消费者就安全进行交易，并从食品质量安全投资和创新中获得收益。而如果消费者无法识别单个食品质量安全特征，企业就缺乏在食品质量安全方面进行投资的激励。

国内外关于食品质量安全治理中消费者行为的研究主要集中在消费者的食品质量安全认知、支付意愿以及购买行为的影响因素等方面。

国外学者围绕消费者对食品质量安全的认知及其支付意愿做了大量实证研究。斯蒂格利茨（Stiglits，1989）研究了消费者的安全知识对食品质量安全的重要性，认为在具有完全信息的竞争市场和不完全信息但企业非常守信用的市场，市场能为知识型消费者提供高效安全的食品。且在消费者风险偏好有差异的情况下，即使一部分消费者缺乏知识，市场仍然是高效的。认识到食品质量安全问题，消费者会通过采取谨慎措施对与食品相关的潜在危害做出反应。布鲁尔、斯普劳尔和克雷格（Brewer，Sprouls and Craig，1994）的研究表明，化学因素、健康因素、污染因素和政策因素等影响了消费者对食品质量安全的认知。温迪和弗鲁尔（Wendy and Frewer，2008）通过对德国、法国、意大利和西班牙的实证研究表明，多数消费者把食品质量和安全看作关系密切的概念。消费者认为，食品安全和质量都很重要，且在购买食品时更多地关注食品质量。

国内对食品质量安全治理中消费者行为的研究主要从21世纪初开始。首先，对消费者对食品质量安全认知水平的研究。为提高消费者作为食品质量安全直接受益人控制食品质量安全的效率，一些学者研究消费者对食品质量安全的认知水平。何坪华等（2008）从消费者视角对我国食品质量安全信息缺失的原因进行分析。研究结论表明，影响消费者利用食品质量安全信号购买还是利用经验购买的主要因素包括信任度、食品质量安全意识以及受教育程度。王志刚等（2013）通过问卷调查分析我国消费者对农产品安全认证标识的认知水平、参照行为及受益程度。结果表明，尽管消费者对认证标识的认知水平偏低，并不完全信任认证农产品，但却能从认证标识中获益。针对消费者对食品质量安全认知水平存在差异，政府应有效地引导消费者对食品质量安全信息的认知，健全食品质量安全信息披露机制，完善消费者获取食品质量安全信息的渠道，并加强食品质量安全的教育与培训，提高消费者利用食品质量安全信息的能力。其次，对消费者对食品质量安全的支付意愿的研究。周应恒等（2004）的实证研究显示，消费者对可识别的安全食品表现出较强的购买意愿。张晓勇等（2004）从消费者对食品质量安全关注程度研究其支付意愿。结论表明，我国消费者对食物安全非常关注，特别是对蔬菜和奶制品，但却不愿为质量较高的食品支付过多费用。最后，对消费者对食品质量安全的关注度以及食品质量安全风险感知的研究。周洁红（2004）以消费者对蔬菜安全风险感知为对象展开研究，结论表明，消费者越重视蔬菜安全，则对安全蔬菜相关信息的关注度就越高。从社会学角度，张金荣等（2013）根据调查分析发现，公众对食品质量安全风险的感知存在主观因素和人为放大效应，并提出政府应积极引导公众具有科学理性的风险意识，同时弱化风险的主观和放大效应。

消费者对食品质量安全的认知水平、支付意愿以及风险感知等，都将直接影响到消费者对食品质量安全的控制意愿和能力。而我国不少食品质量安全事件还与消费者风险偏好有密切关系。因此，应将消费者风险偏好分析作为将来研究的重要内容之一。

七、研究评述

综上分析，尽管国内外学者围绕食品质量安全控制问题研究均有较丰富的成果，但仍然存在一些值得进一步探讨的问题。

第一，国外学者关于食品质量安全控制的研究主要比较不同制度对企业控制食品质量安全的激励作用，以及评价食品质量安全管制效率和效果。从研究结论看，由于食品质量安全控制结果的复杂性，部分研究结论存在分歧。这从一个侧面反映食品质量安全治理研究具有一定的挑战性。国内学者大多从食品质量安全市场失灵以及食品质量安全管制体制角度研究食品质量安全治理问题。这些成果均对促进我国食品质量安全的改善起到积极作用。但从广义上讲，食品质量安全治理主体有政府、第三方机构（如检测机构、认证机构以及行业协会等）、舆论媒体、消费者及食品生产经营者等，但目前研究多集中在如何发挥政府管制职能上，对其他主体在食品质量安全控制方面的研究尚显欠缺，这将是以后需要加强的一个重要内容。

第二，鉴于企业声誉在提高产品质量水平方面的重要性，国外不少学者做了较深入的研究，特别是一些发达国家，市场经济的发展历史比较长，在较成熟的市场环境下，企业十分注重通过提高产品质量水平在市场中建立良好的声誉。这样，国外不少文献重点研究企业声誉与产品质量间的关系，以及市场的声誉机制对企业失信行为的约束作用，也有部分针对食品企业信誉与食品质量安全间关系的研究。从国内研究现状看，一些学者主要从食品从业者道德观角度分析影响食品质量安全的因素，尚缺乏系统研究食品企业对声誉的关注与食品质量安全控制间的关系，这也是有待开拓的一个研究领域。

第三，国内一些学者通过分析影响企业控制食品质量安全因素发现，产业组织发展演变是影响企业控制食品质量安全的重要因素。但目前尚缺乏针对食品链上各生产环节（农产品种植、食品加工、食品零售以及餐饮等）的产业组织发展（如集中度）与食品质量安全控制间关系的研究，尤其缺乏从产业集中度角度研究集中度变化对声誉共私属性转化产生的影响，并由此导致企业维护声誉的动力不同，继而使企业提升食品质量安全水平的激励存在差异。而值得关注的是，我国农村土地集体所有制正面临土地流转等制度改革，在此背景下，需要探讨种植业规模变化对食品质量安全控制的影响等问题。国内学者对食品生产经营者行为研究主要集中在农户生产环节，比较缺乏对食品加工业、零售业以及餐饮业等在食品质量安全控制方面的研究，这要求加强对整个食品供应链的系统研究。

第四，国内对食品消费者行为研究主要集中于消费者对食品质量安全的认知水平、支付意愿、关注以及风险感知的研究。事实证明，消费者对食品质量安全风险偏好同样是决定消费者选择食品质量安全水平的重要因素。而目前尚缺乏针对消费者对食品质量安全风险偏好的分析，这将为相关学科的研究提供新的空间。

鉴于转型期我国“人为污染”食品质量安全事件是企业失信所致，本书从食品质量安全信息供给、质量安全标准制定主体的界定，以及产业链上食品质量安全控制激励机制角度，分析企业失信的原因，并探讨约束企业“人为污染”食品行为的激励机制。本书研究结论可为政府制定食品质量安全控制政策提供参考，这是本书研究的现实意义。由于本书综合经济学、产业经济学、管制经济学、食品学、法学和公共管理学等学科展开研究，因此，本书研究有助于丰富相关学科的发展，这是本书研究的理论意义。

第三节　研究思路、主要内容和主要创新

一、研究思路

本书研究的基本思路是，从食品质量安全市场以及质量安全信息属性出发，研究激励企业控制食品质量安全的机制，并重点分析市场声誉和政府管制在食品质量安全控制方面的替代和互补作用。鉴于企业失信（“人为污染”）导致的食品质量安全事件的主要诱因包括质量安全信息供给不足，以及质量安全标准偏离市场需求，本书首先探讨在食品质量安全信息供给和食品质量安全标准制定方面，管制机构与私人机构间边界的界定；其次从纵向产业链角度，分析区域声誉对农产品质量安全控制的激励机制，以乳制品为考察对象研究产业集中度对食品质量安全的影响，研究零售业态演变中生鲜农产品质量安全控制机制以及网络交易平台食品质量安全控制机制等。

二、主要内容

本书主要内容包括以下八章。

第一章，导论。本章主要讨论中国经济发展过程中所面临的企业失信（“人为污染”）导致的食品质量安全问题，阐述本书研究的意义。梳理关于食品质量安全控制和企业诚信的理论，对现有文献进行简单评价。以此为基础，本章进一步阐述本书的研究思路、研究内容、研究方法和主要创新。

第二章，食品质量安全控制机制的理论框架。本章将从食品质量安全、食品质量安全信息，以及企业诚信、失信、信誉、声誉等概念出发，探讨约束食品企业失信行为的制度安排，并分析激励企业控制食品质量安全的市场机制和政府管制机制，为本书研究提供基本理论框架。

第三章，食品质量安全信息供给主体。食品质量安全信息有效供给是供求双方交易顺利进行的基础。界定食品质量安全信息的共用性和私用性是分析供给主体的前提。本书在论证食品质量安全信息政府供给的必然性与局限性，以及第三方认证机构作为质量安全信息供给的必要补充的基础上，以调查问卷的形式收集数据资料，通过样本统计整理得出消费者对第三方认证机构的认知程度、对其认证标签的信任程度及其影响因素。本章对食品质量安全信息供给主体进行了界定。

第四章，食品质量安全标准体系及其制定主体。鉴于食品质量安全信息属性以及食品质量安全标准应迎合消费者需求的基本原则，本章首先分析食品质量安全标准实施强制性管制的必要性，以及私人组织在食品质量安全标准制定和执行上的作用。借助“地方小吃标准”等案例以及消费者问卷调查的分析，探讨食品质量安全管制标准与私人标准间的关系。本章为食品质量安全标准制定主体的空间提供了思路。

第五章，区域声誉对农产品质量安全控制的激励机制。区域声誉溢价效应具有激励农户向市场提供优质安全农产品的功能。而区域声誉的形成与维护取决于农产品生产经营组织化程度和管制制度。中国农产品生产经营组织化程度低，导致生产经营者既没有建设品牌的能力，也没有维护区域声誉的动力。本章以浙江丽水市政府成功运作“丽水山耕”这一品牌为例以及借助调查问卷获取数据，验证区域声誉对农产品质量安全的影响因素。研究结论为区域农产品质量安全水平提升提供了理论和实证依据。

第六章，产业集中度对食品质量安全的影响机制：以乳制品为例。本章以乳制品产业为研究对象，分析乳制品产业在演化过程中集中度的变化如何影响乳制品的质量安全水平。本章在回顾我国乳制品产业发展历程及现状的同时，对其产业集中度进行了系统分析，并得出目前尚存在消费市场依然巨大、乳制品质量安全问题严重、乳制品企业利润减少等结论。本章在分析产业集中度对声誉的共用性和私用性影响的基础上，论证产业集中度的提升对于提高乳制品质量安全水平的意义，构建计量模型运用相应数据进行实证检验，并分析乳制品产业集中度的提高可能面临价格管制及其对乳制品质量安全的影响。本章研究结论一方面解释了现阶段我国企业“人为污染”食品的原因；另一方面也为乳制品质量安全水平提升的路径指明了方向。

第七章，零售业态演变下生鲜农产品质量安全控制激励机制。控制生鲜农产品质量安全，关键在于增强上下游生产和零售企业控制质量安全的激励和能力。我国生鲜农产品零售业演变经历了城乡集市与庙会、“统购统销”、农贸市场、连锁超市和生鲜电商等五个时期。不同零售业态下，企业对生鲜农产品质量安全控制的激励和能力存在差异。本章在分析生鲜农产品零售业态演变动力的基础上，梳理我国生鲜农产品零售业态的演变过程及发展现状，从市场机制与政府管制两方面分析生鲜农产品零售业态演变对质量安全的影响机制，并就消费者的声誉感知和管制需求进行问卷调查，获取数据，实证分析零售业态演变对质量安全控制的影响。本章研究市场机制与政府管制在零售业动态演化过程中对生鲜农产品质量安全控制的激励机制，研究结论可为政府食品质量安全管制动态调整提供参考。

第八章，网络交易平台食品质量安全控制激励机制。复杂交易环境让网购食品质量安全信息变得更为隐蔽，增加了食品质量安全风险。但网络交易平台上的信息记录功能让食品质量安全信息披露传播更有效。尽管政府需履行网购食品质量安全管制的职责，但网络交易平台提高了食品零售市场集中度，让市场声誉机制在控制食品质量安全方面起到至关重要的作用。本章从市场声誉与政府管制角度，系统分析网络交易平台食品质量安全控制激励机制。在探讨我国网络交易平台食品质量安全及管制现状的基础上，分析网络交易平台声誉机制运行机理及抑制声誉功能发挥作用的因素，通过调查问卷收集大量数据，论证消费者对网络交易平台的食品质量安全信任程度、声誉感知程度及其影响因素。本章研究结论为政府完善网络交易平台食品质量安全管制制度提供了启示。

三、可能的创新之处

本书可能的创新包括以下三方面。

（1）研究视角的创新性。食品质量安全事件分“技术”范畴和“人为污染”范畴两种。目前中国从事食品质量安全问题研究的学者，更多侧重于不同制度对食品质量安全的控制作用。而在中国经济转型过程中，食品的信用品属性较易诱导企业通过“人为污染”食品获取利润。但目前研究对“人为污染”食品质量安全事件的关注尚不够。中国这些年频发食品质量安全事件主要是“人为污染”所致，本书在声誉理论和政府管制理论的基础上，从全产业链角度探讨企业控制食品质量安全的激励机制，系统研究如何通过完善激励机制有效地约束企业“人为污染”食品的失信行为。本书研究视角具有一定的创新性。

（2）研究内容的创新性。鉴于转型期我国“人为污染”食品质量安全事件是企业失信所致，本书从食品质量安全信息供给、质量安全标准制定主体的界定，以及产业链上食品质量安全控制激励机制角度，分析企业失信的原因，并探讨约束企业“人为污染”食品行为的激励机制。本书研究内容具有一定的创新性。

（3）研究方法的创新性。本书针对作为食品质量安全直接利益相关者的消费者设计问卷，进行调研，获取数据，系统研究消费者对食品质量安全信息和食品质量安全标准的需求，以及对市场声誉的感知和政府管制的需求，并借助典型案例分析食品质量安全控制的激励机制。以丰富的数据和翔实的案例为依据的实证研究，提高了本书研究的科学性和实践应用价值。本书研究方法具有一定的创新性。

第二章

食品质量安全控制机制的理论框架

鉴于本书研究企业失信导致的食品质量安全问题，本章将从食品质量安全、食品质量安全信息，以及企业诚信、失信、信誉、声誉等概念出发，探讨激励企业控制食品安全的市场机制与政府管制制度框架，为本书研究提供基本理论支撑。

第一节　食品质量安全市场与食品质量安全信息属性

一、食品质量与食品安全的内涵

食品安全概念从早期强调食品的数量安全向侧重质量安全转变。《中华人民共和国食品安全法》第99条将食品安全定义为食品无毒、无害，符合应当有的营养要求，对人体健康不造成任何急性、亚急性或者慢性危害。按照国家标准GB/T19000—2000（ISO9000：2000）对质量的定义是，一组固有属性满足要求的程度，而食品质量就是指食品的固有属性满足顾客要求的程度。这些属性主要包括食品安全性（微生物病原体、农药残留等）、营养性、外观评价（组成的完整性、口感）、包装和处理过程（牲畜安全和环境影响）等。显然，食品安全是食品质量诸多属性中的一种，是确保人们食用后不会发生食源性疾病的基本属性。如一份兑水牛奶，对正常成年人而言，其质量是差的，因为兑水后蛋白质、矿物质等营养物质降低，口感也会变差；但不能说其安全性很差，因为其中不含有毒有害物质，并不会对人体健康造成负面影响；但对亟须靠牛奶维持成长所需营养物质的婴幼儿而言，兑水牛奶显然不安全。安徽阜阳“毒奶粉”造成“大头娃娃”事件就是由于奶粉中营养物质严重低于正常水平所致。因此，食品安全是相对而非绝对概念。安全的食品其质量不一定高，但不安全的食品其质量一定不高。研究食品安全时与食品质量概念有区别，但又不能脱离食品质量讨论食品安全问题。鉴于此，本书采用“食品质量安全”概念则是为体现这层含义。

二、食品市场、食品产业链及食品质量安全市场

从食品市场的供求规律，可以简单概括食品市场的基本特征。

（一）食品市场

1. 食品市场需求。“民以食为天”，从食品的需求属性来看，食品消费是人类最基本的生理需要，食品直接关系公众卫生健康。显然，多数食品是公众为了维持生存所需要的基本消费品，例如，粮食、蔬菜、水果、肉类、乳品和饮料等。部分食品表现出较低的需求价格弹性（如粮食和婴幼儿乳品等），而部分食品则表现出较大的需求弹性（如水果和饮料等）。不同食品虽然表现出不同的需求弹性，但是，消费者一旦食用，则会直接对其卫生健康造成影响。食品消费具有“一次性消费，终生性需求”的特点。诚然，在同一类食品市场中一般都存在大量的买者。

2. 食品市场供给。根据食品特征，食品可分为不同的种类（如粮食、饮料等）。在不同种类食品间有一定的替代性，如肉类和鱼类等；在同一类食品中有较强的替代性，如大米与面粉。虽然不同食品生产对生产技术的要求不同（如粮食生产与饮料生产），但是，多数食品生产均不存在明显的技术壁垒，所以同类食品行业一般都存在许多企业竞争性生产的局面。而企业生产产品的差异性由于食品种类的不同存在区别，例如，粮食企业生产的产品差别较小；而饮料企业生产的产品则存在一定的差异。然而，随着人们对食品质量安全问题的关注，同类食品间由于食品质量安全性的不同亦使食品间存在差异。

根据食品市场供求特点，其属于垄断竞争市场，竞争企业制定的价格高于边际成本。作为一种特殊产品，食品的生产、销售过程中的信息不对称现象比较突出。一般而言，在不完备信息的食品市场，市场供给和市场均衡的

特征取决于影响需求和供给的一系列因素，包括食品特征、信息向消费者传递的成本以及消费者使用信息的能力。

（二）食品产业链

食品生产、加工、销售和处理等已融入了高度复杂的现代社会分工当中，包括了数量繁多的部门和环节。在从土壤、水源、种植、采集、加工、包装、储存、运输、销售直至消费的一系列环节当中，任何一个环节出现问题都会危及食品质量安全。如图 2-1 所示。

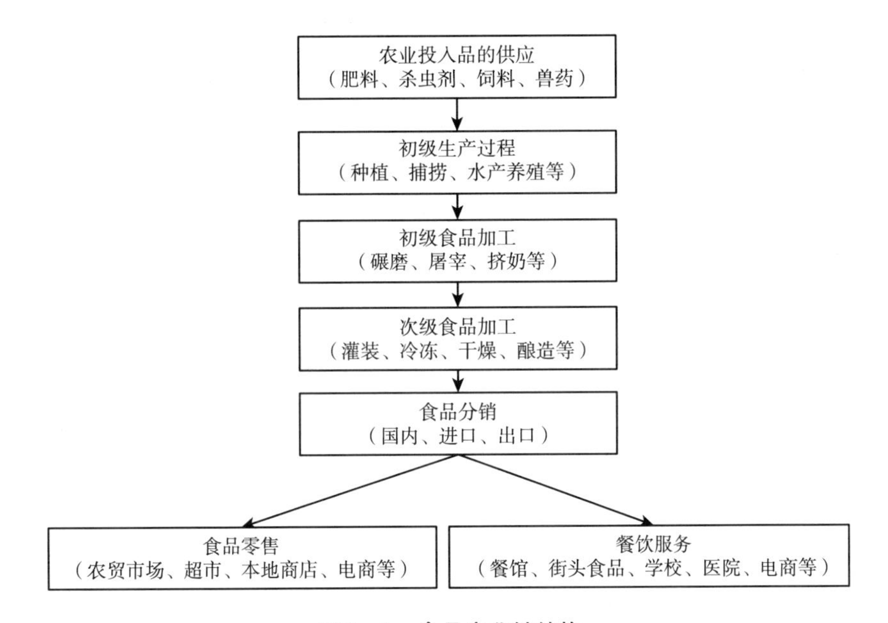

图 2-1 食品产业链结构

资料来源：胡楠等：《中国食品业与食品安全问题研究》，中国轻工业出版社 2008 年版，第 110 页。

（三）食品质量安全市场

与其他质量特征一起，可把食品质量安全看作有需求和供给，供求决定市场出清的价格和数量。[1] 也就是说，与其他满足欲望的商品一样，人们对

① Caswell, J. A. and E. M. Mojduszka. Using Informational Labeling to Influence the Market for Quality in Food Products. *American Journal of Agricultural Economics*, 1996, 78 (5): 1248-1253.

食品的安全性有不同的需要。企业在市场中辨别这些需求并通过满足这些需求获取利润。在理想市场中，特定食品市场的食品质量安全水平应由需求和供给共同决定。对于某一特定食品市场，在一定价格水平下，具有不同风险偏好的消费者（如婴幼儿、青少年、老年人以及身体免疫力低的群体等）对食品质量安全的需求存在差异，而具有不同生产成本的企业（如大规模企业与小规模企业等）对食品质量安全的供给也各不相同。

1. 食品质量安全需求。世界上不少国家越来越关注食品质量安全问题。科学不断努力地界定食源性疾病，并了解其可能存在的严重后果。随着收入水平不断提高、预期寿命逐步延长以及越来越了解饮食与健康之间的关系，消费者对食品质量安全的需求随之增加。尤其是，在经济发展过程中，人们从市场中获得食品的比例逐渐增加，与此同时，消费者对食品的加工和控制则逐渐减少。并且，随着技术和贸易壁垒的减少，进口食品已是不少国家食品的重要来源，这无疑让食品供应链面临新风险。这种趋势也强化了公众对更安全食品的需求。

根据经济理论，消费者对食品质量安全的需求取决于以下因素：个人收入、价格、食品的实际和感知风险、个体暴露在风险下的可能性、个体对风险的敏感性等。因此，消费者为获得更安全食品的支付意愿（willingness to pay，WTP）决定了市场中食品质量安全的需求，反映了他们获得收益的价值（即减少痛苦，更长的预期寿命）。收入增加，对食品质量安全的需求增加，也就是说，食品质量安全是收入富有弹性的商品。[①] 当收入超出一个最低水平时，消费者就有能力支付日常饮食，对食品质量安全的需求则会显示价格缺乏弹性的特性，消费者愿意为他们感觉十分安全的食品支付相当高的价格，但是，超出这个水平，他们为边际（incremental）安全性的支付意愿将下降。不过，如果消费者更能容忍风险，则其为改善的食品质量安全的支付意愿将降低。[②]

对食品质量安全的需求和支付意愿取决于消费者对风险的知识和认知。对于有知识的消费者，如果获得信息，其就可评估食品的安全特征。缺乏知

---

① Swinbank, A. The Economics of Food Safety. *Food Policy*, 1993, 18 (2): 83 - 94.

② Hayes et al. Valuing Food Safety in Experimental Auction Markets. *American Journal of Agricultural Economics*, 1995, 77 (1): 40 - 53.

识的消费者就算在获得信息的情况下也不能正确评估食品的安全性。显然，如果没有消费者了解食品的安全性，则就不会有对安全的需求。

由于安全食品可降低消费者的健康风险，因此，消费者从食品质量安全中获得相应的效用。可以用疾病（患病率）风险和死亡（死亡率）风险反映健康风险。为简单起见，在此仅分析患病率的情况。考虑一个静态模型，个体决策者居民户通过选择食品数量 $y_f>0$、非食品数量 $y_n>0$，规避健康风险的活动 a 以及医药支出 m 使其预期效用最大化。为使模型简单化，不考虑居民时间分配。假设健康风险与食品消费数量 $y_f>0$ 有关，而与非食品（也可以是无风险食品）消费数量 $y_n>0$ 无关。效用函数则为 $U(y_f, y_n, h)$，h 是消费者健康状况的等级指标，并假设 $h\leqslant 0$ 象征着死亡，也就是 $U(y_f, y_n, 0)=0$。暴露在风险 $e(r, a, \rho)$ 下的健康函数 $h(e, m, \varepsilon)$ 是递减的，且随着健康支出 m 而增加。居民户选择活动 a 规避健康风险 $r(y_f, \delta)$，这里，假设与食品相关的健康风险是食品消费的非负增函数，且 δ 是风险程度的参数，ρ 是暴露在与食品相关健康风险下的随机因素。需要注意的是，一定时期，风险也是累积性消费函数。消费完全安全食品则有 $r=0$，而消费具有正健康风险的食品则有 $r>0$。

在货币收入 I 和价格 p_f、p_n 以及 p_a 一定时，居民户的选择是在相应约束下，使效用 $U(y_f, y_n, h)$ 最大化。①

从理论上分析，消费者在决定食品质量安全消费水平以使自身效用水平最大化问题上，与一般商品消费最大化效用水平决策没有什么区别，即每单位货币支出食品质量安全得到的边际效用应等于单位货币支出非食品得到的边际效用。

为衡量消费者对食品质量安全的偏好，可通过市场调研了解消费者对食品质量安全的支付意愿（WTP），并据消费者对食品质量安全的偏好进行分组。对食品质量安全支付意愿的调查采用随机抽样调查进行。变量包括收入、年龄、性别、偏好、教育等。研究目的在于更全面理解消费者对于食品质量安全与其他特征间复杂的替代关系。这一信息将用来预测消费者的选择，并制定有效满足消费者选择的战略。可利用计算人的一生所放弃的收入评价死

① Antle, J. M. Economic Analysis of Food Safety, in *Handbook of Agricultural Economics*, ed. By B. L. Gardner, and G. C. Rausser, Vol. 1. chap. 19, Elsevier Science. 2001: 1083 - 1136.

亡所产生的风险。采用其他方法可以推断为了避免死亡风险的支付意愿。例如，面临不同风险的职业其工资的差异。

评价患病率风险减少常用的方法是估计疾病成本（cost of illness，COI），COI是根据患病医药成本加上由于失去工作时间所放弃的市场收入进行计算的。COI方法的优点反映在：计算结果很直观；可解释疾病的各种影响和严重性；可用医药和经济数据进行经验检验。然而，COI方法在理论上有缺陷：COI方法不等于支付意愿，且尽管在某些条件下降低患病率会显示更低的WTP，但是，当患病率和死亡率同时考虑时未必会有更低的WTP。也就是说，COI并不能完全替代WTP。

事实上，人们对风险和风险信息的态度存在很大差异（收入、风险认知、免疫力和知识的差异所致），或者说，人们对风险的偏好存在差异性，即在相似风险信息下，人们会有不同的行为。例如，尽管有大量关于食源性疾病风险的警示，一些人还是选择食用腌制和烧烤食品，而有些人则不会去冒险食用这类食品。行为差异的其他解释是，人们不仅需要得知风险，而且必须了解或相信其易受伤害的程度。据有关媒体报道，中国部分地区的奶企采购进口奶牛生产乳制品。国内奶企买洋奶牛产奶（价格比同类产品高1倍左右），源于国内消费者对高品质牛奶需求不断扩大，以及对牛奶的品质和安全要求的提高。

2. 食品质量安全供给。从理论上讲，食品质量安全供给指的是，用于减少食品质量安全风险而增加的机会成本。在完全竞争市场环境下，只要企业可弥补生产安全性的成本，企业就愿意为消费者提供具有安全特征的食品。[①]

食品企业为实现利润最大化目标，其所提供的食品质量安全水平取决于提供食品质量安全控制水平的边际收益和边际成本。在竞争性、完备信息的市场中，企业提供由消费者产生需求具有特定安全特征的食品。

在食品链上（从农产品的生产到分销、加工和零售等），规模不同的企业承担的食品质量安全的责任不同。一方面，从产业组织角度看，家庭农场的个人业主从事农产品生产，小规模肉类加工厂从事食品加工，或家庭杂货店从事食品的零售业务，这些小规模企业基本上都是市场中的“价格接受者”。另一方面，可能控制许多工厂的大型企业或跨国企业，其在一定的地

① Swinbank, A. The Economics of Food Safety. *Food Policy*, 1993, 18 (2): 83-94.

域、国家范围内或国际市场进行贸易，可能实施垄断或买方垄断的控制力。企业管理食品质量安全的能力、使其产品差异化的能力以及实施垄断控制力的能力通常取决于企业规模和产业组织。企业提供安全食品的激励受企业规模和产业组织的影响。

（1）食品质量安全供给的生产和成本函数。可通过企业生产安全差异化产品来分析食品质量安全供给问题。考虑一个企业经营一家工厂且生产一种产品 y，质量水平为 q。企业生产投入用 x 代表，资本存量用 k 表示。企业生产函数的一般形式是 $f(y, q, x, k)=0$。f 满足多产品技术的标准特征。质量被作为生产过程中的第二种产品，且可利用多产品技术。多产品技术的两个重要特征是投入产出的可分性和投入的非联合性。

投入的非联合性说明可分开定义生产函数，即 $y=f^y(x^y, k^y)$ 以及 $q=f^q(x^q, k^q)$。满足这一条件，对于分析食品质量安全性十分有用，这说明安全生产函数是存在的。可把函数 f^q 作为与质量控制有关的独特过程。佩兰（Perrin，1997）假定，肉类加工和肉类辐射是非联合过程。这个假设有一定的合理性，因为辐照是在所有其他的加工都完成后才对肉产品进行处理的。克莱因和布雷斯特（Klein and Brester，1997）把安全控制作为屠宰加工的一部分，包括停止生产线清理排泄物污染。这种情况下，安全性显然是总生产过程的一部分。

（2）利润最大化原则下的食品质量安全供给。从现实看，使食品供给完全安全的边际成本几乎是无穷大的。显然，完全安全的食品供给是违背效率原则的。根据经济学原理，追求利润最大化的食品企业所提供的食品质量安全水平取决于提供食品质量安全控制水平的边际收益和边际成本。其中，边际收益由市场中企业所面对的需求曲线决定，而边际成本则由上面所分析的成本函数决定。根据企业利润最大化的基本原则，边际收益等于边际成本决定了企业的食品质量安全供给的最佳水平。

三、食品质量安全信息的属性

随着现代食品科学技术进步，食品生产技术与组成成分的复杂程度使食品脱离了人们原有的知识和经验范围①，食品质量安全状况由此也更加难以

① 在中国，“地沟油”流向餐桌曾让一些研究食品科学的专家都难以相信。事实证明，“人为污染”食品的手段越来越离奇，不少已经超出科学家的想象。

把握，如食品组成、安全卫生状况等相关信息在食品消费者和食品生产经营者之间出现严重不对称。

从不对称的不完备信息角度，按照尼尔逊（Nelson，1970）对产品信息属性的分类，通常分为3种属性，即搜寻品、经验品和信用品。

第一类搜寻品是消费者在购买前就能了解到的食品质量安全信息（食品气味和标签标明的添加剂等）。在食品质量安全市场中，这类特征的信息比较容易获得，买卖双方都很清楚，这类安全信息几乎是完备的。具有这类安全信息特征的食品称为搜寻品。这类市场中，在提供消费者愿意且能够购买的食品质量安全特征方面，市场一般能够发挥作用，竞争的食品市场可以达到有效率的均衡。政府需要做的仅仅是对食品广告、商标等的管制，以防止假冒食品出现。

第二类经验品是消费者在食用之后才能了解到的食品质量安全信息（食品新鲜程度、食用后在一定时间内导致食源性疾病）。[①] 具有这类安全信息特征的食品称为经验品。这类食品市场中，如果消费者在购买前对信息无从了解，但购买后消费者能认识到食品的安全性，则可通过消费者重复购买某种食品，在这个过程中，声誉在决定市场均衡状态方面可能起到很重要的作用。企业可以构建起自己食品的声誉，在声誉机制作用下，消费者逐渐地了解食品质量安全性，提供更高安全性食品的企业可给食品制定更高的价格。可见，这种不拥有事前购买完全信息的市场与拥有完全信息的市场将会获得同样的结果。而当消费者仅一次性地购买食品时，只要消费者能以较低的成本获得食品安全性的信息，则也可达到有效率的均衡。企业可以为高安全性食品确立声誉，且制定相应的高价格以弥补生产食品的成本，并确立其质量声誉。许多食品市场满足允许企业确立安全声誉的条件。国内消费的食品基本可以进行重复购买。并且，通过口传、报纸、消费者信息公开等都可以低成本获取食品质量安全信息。另外，餐饮联营的兴起让消费者不管远近都可从同一家企业购买食品。

第三类信用品是消费者在购买前或购买食用后也无法了解的关于食品质量安全的部分信息（农药兽药残留指标、重金属含量指标、菌类总数、是否

① 食源性疾病的暴发也属于经验品特性，如大量婴儿食用奶制品患上尿结石后才发现部分奶制品含有“三聚氰胺”的成分。

含有抗生素和激素等)，由于消费者受自身专业水平限制和食品检测成本制约，即使在食用这类食品后，也没有能力对这类信息进行判断，而只有通过专家或其他专业性服务来鉴别，具有这类安全信息特征的食品称为信用品。我们知道，当食品包括化学成分、有毒化学物的污染或微生物时，消费者在购买前或购买食用后通常都无法了解食品质量安全性（例如，牛奶产于用激素喂养的奶牛这类食品，消费者一般难以识别这类信息）。然而，化学污染急性影响可能与食品原料有关系。但对于低水平的慢性影响（如致癌物质）就很难了解。因为这种影响会经过很多年，甚至几十年才会被发现。另外，人们还没有很好地了解癌症以及其他疾病的原因。因此，对消费者而言，很难把特定物质与疾病联系起来。一些有毒食品的急性影响或食源性疾病也会在很长时间以后才出现，这时，消费者可能无法把疾病与受过污染食品的消费联系起来。消费者通常也无法鉴别与生产过程有关的安全性。例如，食品辐照或牛奶通过激素养殖的动物生产。这时，消费者只有听任食品生产者和销售者单方面介绍和宣传，处于绝对弱势地位。

针对这类食品，消费者对食品的需求不会对特定食品质量安全的变化做出反应，因为消费者很难注意到这些变化。但需要注意的是，当消费者获得特定一种食品（如牛奶）的安全信息时，即使消费者不能发觉给定食品样本的安全特征，但对那一组食品的需求却可能作出反应。例如，即使消费者不能在单个样本中察觉到牛生长素在牛奶中的残留，也不能通过重复购买来决定特定品牌的残留水平，但关于牛生长素在牛奶中残留的信息会导致需求的变化。[①] 尽管如此，信用品消费者将无法鉴别特定食品安全性的提高（如特定生产者的食品)，因此他们不会为特定产品调整其需求。需求只能反映平均（如产业范围内）食品特征。结果，生产者缺乏对安全进行投资的激励，除非企业可向消费者以某种方式发出信号，即该企业的食品比产业的平均水平更安全。然而，单个生产者向消费者发出高安全性的信息通常比较困难。当生产者可能试图通过标签制度发出高安全性的信息（例如“有机”或“无农药残留”等信号）时，在安全性特征不是很容易辨别的情况下，消费者缺乏简易手段来验证这些信息的真实性。

---

① 2010 年 8 月武汉 3 名女婴疑因奶粉含有激素成分致性早熟，作为消费者，尽管所消费奶粉尚未发现激素，但不同程度上都会减少对奶粉的需求。

对于具有信用品属性的食品，食品质量安全信息具有隐性或短期内难以被发现的特点，消费者很难通过消费食品发现这类信息。“三聚氰胺”乳制品、“塑化剂”白酒等存在安全隐患的食品，消费者食用后也无法判别其危害身体的成分。尽管有些信息在食用较长时间后被发现，成为具有经验品属性的食品，但这时对消费者已造成较大伤害。如 2008 年“三聚氰胺”乳制品最终导致不少婴儿患肾结石。这样，部分企业认为，即使是食用其生产对消费者造成伤害的食品，但由于影响消费者健康的因素复杂，有些界定存在困难，企业借此可推脱对消费者造成伤害的责任。这种情况下，企业则存在隐藏信息的动机，企业很难确立食品质量安全声誉，市场声誉机制失效。

不完备信息对个人和公共机构行为会产生很大影响。食品质量安全的不完备信息会导致低安全性食品的过度供给，或完全停止交易。[①] 关于食品质量安全的不完备信息受到特别关注，因为不安全食品会产生巨大的社会和经济影响。为减少关于食品质量安全的一些不确定性，食品产业交易通常包括一些来自买者或政府的强制检查。例如，美国 1996 年的 HACCP 法就是联邦法律针对肉类和禽类中的大肠杆菌和沙门氏菌建立的检查政策和检测要求。[②]

从食品质量安全信息的分析可看出，消费者对搜寻品和经验品的需求会对食品质量安全的变化做出反应，但对信用品的需求却难以做出相应的反应。然而，根据安德森（Andersen，1994）通过对现实信用品市场的考察发现，当买方面临具有信用品信息的食品时，其并不是简单地拒绝购买或者只简单地依赖是否有第三方的监督信息，也存在买方会根据卖方的声誉来判断是否相信卖方所声称的质量的情况，即消费者存在有限理性，这表明在信用品市场上足够可靠的声誉机制也起作用，其关键是如何建立足够可靠的声誉机制。在中国食品市场也证明，某些食品质量安全信息属于信用品属性，但市场仍然有作用。例如，就光明乳业市场中的基础牛奶类型而言，分为致优全鲜乳、光明减脂 90% 鲜奶、光明减脂 50% 鲜奶、光明优倍新鲜屋高品质鲜奶、光明新鲜屋牛奶（香浓 3.5）等。不同乳制品应是质量差异，这种差异存在搜寻品和经验品属性，但更多具有信用品属性。然而，从市场销售看，这些不同

---

① 国内乳制品企业屡屡曝光安全问题，导致消费者转而购买进口奶粉就属于这种情况。

② Starbird S. A. Moral Hazard, Inspection Policy, and Food Safety. *American Journal of Agriculrural Economics*, 2005, 87 (1): 15 – 27.

品质牛奶同时存在，而且价格差异很大（有的相差50%以上）。这说明市场机制对具有信用品属性的食品仍然有效。

鉴于食品质量安全信用品属性，避免企业“人为污染”食品，消费者须转变消费观念，通过消费支出传递对安全食品需求意愿的信息，因为消费者意愿与支出是推动企业提供安全食品不可或缺的重要因素。[①] 人们通常认为，生产者是食品质量安全供给的责任主体，只要管住不安全食品进入市场，就能最大限度地确保消费者利益。但事实上，消费者通过安全需求和支付意愿传递的信号，能够对生产者安全食品供给形成内在激励，只有形成足够的购买力，企业才有动力提供一定数量的安全食品。食品是收入弹性较低的一种生活必需品。然而，从市场细分角度来看，安全食品具有一定的奢侈品性质，因为生产者为提高食品质量安全品质势必需要增加相应的检测成本或者信息成本，而该成本的市场反应就是较高的市场价格水平。对企业而言，只有在边际收益能够补偿边际成本时，其保证食品质量安全、提升食品品质的动因才有可能得到激励与强化。假如消费者对安全食品表现出偏低的支付意愿，则可能导致企业纷纷退出安全食品市场。[②] 诚然，在信息充分情况下，消费者会表现出很高的对安全食品的购买意愿，政府可通过提供食品质量安全方面的信息，将消费者对安全食品的潜在需求转化为实际购买，这必然对食品的生产、经营者和消费者都是大有裨益的。[③]

四、信息不对称导致资源配置的低效率

根据经济学原理，完全竞争市场是最具经济效率的市场。在完全竞争市场中假定，企业和消费者有关于资源和产品的完全信息。对于企业来说，完全的信息则反映关于各种资源的边际生产力的知识，关于把这些资源有效组合的适当技术的知识，关于对企业产品需求的知识。对于消费者来说，完全的信息反映关于产品价格和质量的知识。但是，在某些市场上，往往出现信息不对称问题。信息不对称是指交易双方占有的关于交易的信息不均衡，一

① 周小梅：《我国食品安全“人为污染”问题探究》，《价格理论与实践》2013年第1期。

② 赵翠萍、李永涛、陈紫帅：《食品安全治理中的相关者责任：政府、企业和消费者维度的分析》，《经济问题》2012年第6期。

③ 张蕾：《关于食品质量安全经济学领域研究的文献综述》，《世界农业》2007年第11期。

方比另一方占有较多的信息，处于信息优势地位，而另一方则占有较少的信息，处于信息劣势地位。

在市场交易过程中都不同程度地存在信息不对称问题。例如，在产品市场上，交易双方一般由生产者、销售者和消费者组成。其中，生产者一般只生产少数几种产品，能够充分掌握自己所生产产品的过程、质量和成本等方面的真实信息，对于销售者和消费者而言，明显处于信息优势地位。销售者虽然不可能像生产者那样占有第一手的完全的产品信息，但经过多年的销售活动对自己所经营产品的质量、可靠性、性能价格比等也有相当的了解，这对消费者而言，就形成了较大的信息优势。由此，在产品市场上，消费者完全处于信息劣势地位。信息不对称将导致“逆向选择”等问题，使市场不能有效配置资源。进一步分析发现，信息不对称现象导致不知情或得到错误信息的生产者和消费者很可能对产品的价值作出不恰当的判断。因此，他们不愿意出售或购买产品和服务，市场也就不能达到产出的社会效率水平。[①] 并且，对消费者而言，由于难以观察产品质量，其结果可能导致市场的崩溃。这是因为，产品质量的不可观察性导致所有不同质量的产品的售价都相同。若购买者预期价格与质量之间存在递增关系，则设定最高价总是符合销售者的利益。显然，销售者的定价违背购买者的预期。可见，在消费者没有掌握关于产品和服务质量信息的情况下，市场则无法按照“质高者价高”的原则来刺激生产者把更多的资源用于生产高质量产品，信息不对称导致低质量产品过度供给或市场完全终止交易。[②] 这时，市场则无从发挥对资源进行有效配置的作用。

第二节　食品企业诚信和失信行为

食品质量安全市场中的信息传播存在障碍是企业选择失信的主要诱因。下面将对诚信、信任、信誉和声誉的内涵进行阐述，讨论这些概念间的关系及区别。在此基础上分析食品企业诚信和失信行为，以及失信行为的收益和成本。

---

① 布鲁斯·金格马：《信息经济学》，山西经济出版社 1999 年版，第 99 页。

② 贝尔纳·萨拉尼耶：《市场失灵的微观经济学》，上海财经大学出版社 2004 年版，第 194 页。

一、诚信、信任、信誉和声誉的内涵

在经济理论中，诚信、信任、信誉和声誉的概念都是按照约定俗成的方式来理解。下面对这些概念的内涵进行简要阐述。

（一）诚信与信任

诚信就是个人、群体（如企业）或政府的行为，是指诚实和守信。诚实是说真话，在交易中传递真实的信息。例如，食品生产经营者告诉消费者自己的产品是哪种质量等级，是否符合国家标准，还有哪些特性等；守信是守诺言，对承诺言出必践，在规定的时间里完成对自己在交易的第一步答应的回报。[①] 但是，诚信不是无条件的、无原则的，而是必须要以社会道义为前提，离开这个前提，我们则无法判断一个人或一个群体的行为是否属于一种诚信的行为；另一方面，诚信也不是一个抽象的概念，而是广泛体现并作用于人类社会生产生活的各个领域。

科斯（1937）提出，市场组织生产的成本就是用于发现相对价格。当专门提供这类信息的人员出现时，尽管这类成本在一定程度上减少了，但很难彻底消除。因为会在市场交易中产生谈判和签约费用，这些费用属于交易费用。为了降低交易费用，便出现了企业组织。而交易过程中，企业彼此守信与否决定了契约的执行情况，以及能否降低交易费用。[②]

信任是指一个当事人对另一个当事人（个人、群体或政府）是否遵守自己所认同的社会规范和价值标准的期待，是指前者相信后者在行为方式上与自己一样。信任是当事人传递信息的结果。

市场中交易的前提是彼此间的信任，而交易往往在双方或多方存在不确定认知基础上进行。复杂性、不确定性和风险是决定彼此间信任与否的主要因素。彼此间信息完全对称情况下则不存在信任问题；彼此间完全不了解也无信任可言。显然，在知与无知两者间的情况下才有信任问题。在对对方诚信不确定时，便出现信任问题。随着现代社会复杂性、不确定性和风险的增

---

① 文建东：《诚信、信任与经济学：国内外研究评述》，《福建论坛（人文社会科学版）》2007年第10期。

② Coase，Ronald H. The Nature of the Firm. *Economica*，1937，16（4）：386－405.

加，信任的重要性也在增加。全球化背景充满了偶然性、不确定性，让信任变成一个突出的问题。正是因为不确定性和风险，信任是一种对他人在未来的行动的一种预期或信心。[①] 经济学者基本都认同，提高经济主体间的信任对于减少交易成本十分有利，与此同时，也提高了经济体系的运行效率。

（二）信誉与声誉

信誉是各种类型的经济组织为了追求长期利益而放弃短期利益的一种行为，是对经济组织的诚信及其声誉的评价。人们通常把信誉等同于诚实守信。

信誉既可归于道德领域研究的对象，同样也属于经济领域研究的内容。从经济领域来看，经济主体是否守信是在长远利益与眼前利益间进行权衡比较的过程。若经济主体守信，则是因为其守信的长远利益大于眼前利益；而若经济主体不守信，则是其不守信的长远利益小于眼前利益。从道德领域来看，是否守信则是一种价值观，反映相关主体在为人处事的原则。守信誉一定程度上属于道德约束的作用。经济活动过程中（如市场交易），道德约束力量不仅必要，并且十分重要。这是因为，由于存在“距离”，市场机制和政府干预对行为主体有时很难对“人的内心深处”起到约束作用。这种情况下，道德约束则可以弥补这个层次的空白。显然，道德约束是对市场机制和政府干预的有效补充，在社会中多数人信奉并坚持道德信念的前提下，它在社会经济生活中起到重要作用。

根据经济学变量特性，信誉属于过程变量（即流量）。这是因为，守不守信取决于当事人在与人交往时，是否会考虑长期收益而放弃短期收益，当事人承诺与其行动是否一致，这都需当事人在具体行动中体现出来。而声誉属于存量概念，是企业的生产经营行为、企业员工间、上下级间的关系及其社会行为的总和。良好的声誉会给当事人带来长期收益。当事人若考虑长期利益，则就算短期遭受损失，则也必然着眼维护好自身的声誉。需要注意的是，个别企业信誉的正积累只提高企业自身的声誉资本，但是，负积累则却会降低同类大批企业的声誉资本。显然，声誉能形成企业巨大的无形资本。诚然，声誉也非“免费午餐”，其需大量资源投入，是企业长年累月积累的结果。

---

① 柯武刚、史漫飞：《制度经济学——社会秩序与公共政策》，商务印书馆2000年版，第78页。

信誉具体分为组织信誉和个体信誉。组织信誉是指组织内个体在眼前利益和长远利益偏好间权衡的综合表现。个体信誉则是个体对长期利益和短期利益偏好间取舍的具体表现。尽管个体生命有限，然而组织的生命则可不断地延续下去。基于这一特点，与个体比较，组织则更看重长期利益。但是，必须认识到，任何组织内的个体行为都有负的外部影响，为了维护良好信誉，组织所付出的代价要远高于个体。组织信誉进一步可细分为国家信誉、企业信誉及其他各类群体信誉。

对企业而言，信誉是企业能否兑现承诺的标志。在一个企业自始至终都能兑现诺言时，说明该企业有良好的信誉。值得注意的是，企业的声誉不仅包括企业对诺言的履行情况，还应该包括企业对社会问题的关注、对生态环境的保护、对社会公益事业的热情、对企业内部员工的关心，以及对企业产品的质量和售后服务的责任但当意识等。

二、食品企业诚信与失信

企业诚信是指在生产经营活动过程中，企业向相关主体（组织）传递真实的信息。企业诚信包括对国家的诚信、对银行的诚信、对投资者的诚信、对消费者的诚信、对供应商的诚信、对社会公众的诚信等。

食品企业诚信则是指，食品企业在整个活动中通过提高自身诚信修养，忠实履行各种契约的承诺，在内部管理、生产加工、产品销售、售后服务整个过程中诚实守信；维护企业的信誉及良好的内部和外部形象，从而达到长久发展。[①]

我们知道，在人类社会从自然经济向市场经济发展过程中逐渐出现了私有制。随着私有制的产生，个人追求的则是个体利益的最大化。随着社会分工的深入，不断加剧了交易的复杂性，欺骗、讹诈以及机会主义等败德行为则成了满足个人利益的手段，这大大增加了个体在经济交往中的风险性和不确定性。这种情况下，仅靠道德的约束已很难对各种利益主体起到有效的约束作用。这样，在这种不安定的状态下，个人利益也很难得到有效的保护。这就要求通过经济往来方式的创新来降低相应的风险。为此，

① 于晨琛：《食品企业诚信问题研究》，山东农业大学硕士学位论文，2010 年。

必须通过比道德更为有效的约束手段来阻止那些应受到指责的败德行为。也就是说，为让诚信成为社会普遍遵守的基本规则，被多数人接纳，则必须设计强制性的法律制度。这是因为，只有强行规范的制度才会成为社会全体成员所遵守的普适性规则。而契约化的交易方式正好迎合了由此产生的社会诉求。

契约是在市场交易主体（双方或多方）间为设立、变更或终止法律权利和义务而达成的协议。而法律的强制执行力是履行契约的保障。在现代社会中，诚信应该是基于普遍约束力的契约诚信，并非仅仅依靠自律的道德约束。

食品企业的契约诚信主要包括：其一，食品企业与政府间的信用关系，即食品企业进入市场从事生产经营活动必须遵守法规；其二，食品企业与融资机构间的信用关系，主要是食品企业履行债务的基本责任；其三，食品企业间的信用关系，即企业彼此应履行契约的承诺；其四，食品企业与消费者间的信用关系，即食品企业应把消费者的基本利益放在首位，应提供质优且安全的食品，严格把好食品质量安全这一关；其五，食品企业与内部从业者以及经营者间的信用关系，主要是落实彼此间的权责、保障从业者的基本权益；其六，食品企业与投资者间的信用关系，即食品企业须履行向投资者提供关于企业生产经营状况真实财务信息的责任。

事实证明，食品企业坚守诚信有助于其在市场中获得竞争优势。基于诚信的道德观有利于食品企业与其他有重要利益关系的企业间建立起长期稳定的关系。尤其是，良好声誉有利于食品企业吸引消费者、投资者以及可能的合作伙伴。可以说，大多数消费者和投资商都十分注重食品企业的声誉。在竞争性的食品市场中，食品企业为了赢得广大的和忠实的消费者，其就必须讲诚信，包括为消费者提供安全食品等。显然，对食品企业而言，只有赢得广大的忠实消费者，才能提高市场占有率，才有可能实现企业获取利润的目的。

需要注意的是，仅仅基于制度的诚信是不够的，大量交易活动中，诚信靠声誉机制维持。信誉是维持市场有序运行的基本机制。[①]

我们知道，与企业守信相对的概念是诚信缺失，即企业失信。对于诚信

① 张维迎：《法律制度的信誉基础》，《经济研究》2002 年第 1 期。

缺失，有人认为诚信缺失是一种道德失范行为，[①] 有人则把诚信缺失看成是一种违法犯罪行为。[②] 在西方学者看来，诚信缺失就是一种机会主义行为。机会主义行为是指经济人的有限理性导致的诚信缺失行为，它会诱导经济人为了追求自身利益而采取微妙且隐蔽的手段。在追求自身利益时，企业会根据交易环境的变化而采取随机应变的行为来谋取最大的经济利益。如果当事人与潜在交易对象间的博弈是一次性的，则很容易发生机会主义。但若两者间的交易可无限地进行下去，则报复机制会起作用。报复机制的存在可促进诚信体系的完善。这是因为，通过报复机制，当事人如果在一次交易中欺骗了对方，则对方无疑会在下一次交易中予以反击。如果经济主体不注重未来利益，则会倾向于选择短期行为，这种情况下，惩罚机制对其就起不到多大作用。结果，经济主体就会不假思索地选择不诚实。[③] 不过，正是由于企业的存在，可使无限次的重复博弈成为可能。企业是由个人组成的非人格化的集体组织，并且是将一次性博弈转化为重复博弈以及声誉的载体。[④] 若集体组织价值决定个人利益，集体组织声誉又决定其价值，集体组织则会对内部成员进行严格管理，引导其注重个人声誉，以防止个人行为对集体组织声誉造成的损害。我们知道，生命的有限性制约了任何一个人所面临的博弈次数，这样，对其惩罚也受到限制，而诸如企业这类集体组织可让个人生命得到延伸，让有限博弈转化为无限博弈。由于集体组织成员的个人败德行为会不利于维护集体组织的声誉，进而使每个集体组织成员的个人利益受损。鉴于此，集体组织会对内部个人机会主义者实施处罚。[⑤] 显然，集体组织的生命周期决定了声誉机制作用的效果。

食品企业失信行为有“客观失信”和“人为失信”之分。“客观失信”是指食品企业在生产经营过程中，由于受到知识和处理食品质量安全手段的局限，让其没有履约的能力。“人为失信”是指由于考虑自己的利益，企业

① 唐任伍：《论信用缺失对中国管理的侵蚀及对策》，《北京师范大学学报（人文社科版）》2002 年第 1 期。

② 周汉华：《信用与法律》，《经济社会体制比较》2002 年第 3 期。

③ 多年来中国政府部门对食品安全问题选择“专项治理”式的管制方法，本质上就是一种“短期”行为，这无形中引诱了食品企业行为选择的“短期化”，即失信行为。

④ Kreps, D. Corporate Culture and Economic Theory, in J. Alt and K. Shepsle, (eds.), *Perspectives on Positive Political Economy*, Cambridge: Cambridge University Press, 1990: 90 – 143.

⑤ 李延喜等：《声誉理论研究评述》，《管理评论》2010 年第 10 期。

有履约的能力而不去履约。从信息经济学和新制度经济学角度看，“人为失信”属于与信息不对称相关联的一种机会主义经济行为。食品企业失信的表现有诸如偷税漏税、虚假财务报告、拖欠工资、隐藏食品质量安全信息等。根据本书研究内容，“人为失信”主要是隐藏食品质量安全信息，即“人为污染”食品行为。

从信息经济学角度看，可把失信行为分为两类。其一，隐藏知识。即有些信息只有一方当事人知道，另一方不知道，例如，猪肉生产经营企业知道猪肉含“瘦肉精”，但消费者并不了解，最终导致“逆向选择”，也称“签约前机会主义”。其二，隐藏行动。即在签约过程中，彼此都掌握相关信息，但是，在契约签订后，其中一方可利用另一方不了解签约后的信息，采取“偷懒”行为，由此给对方造成损失。可以说，“隐藏行动”就是“欺骗”。这类失信称为“道德风险”，也称“签约后机会主义”。①企业“人为污染”食品属于隐藏知识的失信。

食品企业失信的诱因主要在于其机会主义行为的收益大于成本，但对他人利益必定是一种伤害，从而导致市场失灵。

企业“人为污染”食品属于“签约前机会主义”。要约束这种失信行为，关键在于契约的法律效应。我们知道，食品交易通过契约进行，但契约可是有正规标准的正式契约，也可以是口头的非正式契约。通常非正式契约得不到法律的保护。然而，不管是经济发达国家抑或不发达国家，都有大量的非正式契约存在。现实中，更多的失信问题通常是非正式契约所致。②

三、食品企业失信的收益和成本

根据科斯定理，企业间彼此不守信会提高交易费用，阻碍经济有效运行，即企业守信有利于降低交易成本，提高利润。而诚实守信制度的构建可在很大程度上减少交易费用并提高经济运行效率。

我们知道，作为交易双方博弈的规则，制度是企业建立信誉机制的关键。

---

① 于立、于左、丁宁：《信用、信息与规制——守信/失信的经济学分析》，《中国工业经济》2002年第6期。

② 中国存在大量小作坊食品市场，这种非正式契约食品交易诱导食品生产经营者“人为污染”食品。

如果制度安排合理，则可让履约企业比不履约企业获得更多利益。在这种激励下，企业就会为了长远利益而主动维护信誉，并建立起彼此的信任关系。可见，食品企业守信与否不仅是道德问题，也是制度问题。

可以说，企业提供安全食品的主要动机，除了避免可能受到各种惩罚外，还在于其承担食品质量安全保障责任而能够提高企业声誉，并由此可能获得巨大潜在收益。[①] 相反，企业“人为污染”食品的诱因除了对此行为的各种惩罚力度不够外，还在于失信行为能够给其带来丰厚的收益。

在食品市场上，企业的生产经营活动都是以利润最大化为其主要目标的，任何企业在生产经营过程中都要权衡其成本和收益的大小，据此做出相应的决策。具体而言，如果预期收益大于预期成本，企业则采用该项决策。而如果预期收益小于预期成本，企业将果断地放弃该项决策。显然，企业在从事“人为污染”食品之前，同样要进行成本收益分析。对于企业的违法行为来说，其成本即为违法成本，其收益为非法收益。[②] 企业“人为污染”食品的违法成本是指其行为违反食品质量安全相关法规所必须付出的成本。这些成本主要包括：其一，受罚成本，指生产经营不合格食品企业在不合格食品受到查处后，根据法律规定对其违法行为的处罚。其二，机会成本，即食品生产经营企业为了生产不合格食品而投入的原材料以及人力等资源而放弃的将这些资源应用于生产合格食品时的最大产量。其三，降低信誉，主要表现为社会舆论的谴责和企业信誉的降低。其四，市场萎缩，指食品质量安全事故发生后，需求减少，相关行业市场的萎缩。其五，寻租成本，指违法食品企业在实施违法行为时向政府权力“寻租”过程中花费的成本，不合格食品的生产者或销售者为了免于被查处而向相关管制部门进行的贿赂支出。[③]

应该说，不少失信食品企业从现实的经验中逐渐认识到，消费者对企业的信任一旦受到质疑，就很难挽回企业在市场中声誉受损的局面。显然，这不同于一般意义上的财务业绩，从财务业绩来看，尽管发生亏损，但可在短期内扭亏为盈。然而，如果失去信任，则须经过长期努力才可能挽回声誉的

---

① Starbird S. A. Designing Food Safety Regulation: The Effect of Inspetion Policy and Penalties for Non-compliance on Food Processor Behavior. *Journal of Agricultural and Resource Economics*, 2000, 25 (2): 27 -45.

② 覃波：《我国环境违法成本低的原因分析》，《社会与法》2011 年第 5 期。

③ 于丽艳、王殿华：《食品安全违法成本的经济学分析》，《生态经济》2012 年第 7 期。

损失。鉴于此，食品企业秉承诚信原则，注重各种利益攸关者的需求，则可尽可能地降低这方面的损失。诚然，企业维护良好信任关系也是组织优势的源泉所在。

事实上，企业诚信为市场交易提供了公平、合理的游戏规则，或者说，这种游戏规则可以让守信企业得到相应的回报，而失信企业会受到应有的惩罚。作为电子商务的“凡客诚品”的“不满意就退货”承诺，尽管此项承诺提高了企业的经营成本，但从长期看，企业从产品的价格或销售量所得到的回报，让企业具有了持久的竞争力。

第三节　激励企业控制食品质量安全的制度安排

杨瑞龙（2002）提出，制度之所以能影响经济人的选择行为，是因为随着行为约束规则的变化，当事人的收益预期也会随之改变，从而会使追求主体福利或效用最大化的个人行为发生变化。制度的重要功能是给定市场主体的行为约束条件，使其产生明确的收益预期。制度规则越是稳定，行为人的预期越明确，市场竞争越是有序化。如果现有制度不能对采取损人利己行为的市场参与者给予足够有效的惩罚时，大家就会纷纷仿效这种侵犯产权的行为，从而导致劣币驱逐良币的信任危机。当社会越是缺乏信任，人们之间的分工和交易的障碍就越大，交易成本也就越高，公平竞争的市场秩序就会被破坏。[①] 走出这一不良循环的关键是要设计有效制度来约束市场主体损人利己的行为。

一、激励企业控制食品质量安全的制度体系

针对食品在不同程度上具有信用品属性，企业选择失信还是守信，取决于两种选择的收益和成本。而制度体系将直接或间接影响企业失信或守信的收益和成本。可见，制度体系对企业提供安全食品存在激励作用。从现实看，食品质量安全事件主要是约束企业失信行为的制度存在缺陷所致。鉴于此，

① 杨瑞龙：《关于诚信的制度经济学思考》，《中国人民大学学报》2002 年第 5 期。

首先分析制度体系的构成，并比较其优劣。

1. 制度体系的构成。企业提供安全食品，本质上就是让企业负责，承担生产经营不安全食品所引起的成本。这就需要一种制度安排以形成激励机制。从制度安排看，可通过市场、法律、管制①以及政府直接经营等制度来设计激励机制。然而，尽管政府直接生产经营可控制食品质量安全，但效率损失太大。综观食品产业链，各环节均可通过竞争性的市场满足消费者需求。因此，应依靠市场、法律和管制三种制度共同作用以激励企业提供安全食品。诚然，三种制度安排的激励作用并非相互排斥。例如，市场和管制，以及法律和管制均可同时起作用。

从制度选择看，其一，可通过管制政策激励企业控制食品质量安全（如强制实施承担赔偿金的责任，或对过程、产品质量进行直接管制）。其二，通过立法明确企业所要承担的食品质量安全法律责任及相应惩罚，进而运用司法工具对食品质量安全行为进行约束。其三，通过声誉或认证以及标签制度等市场激励对食品质量安全行为进行约束。具体表现为企业生产成本的降低、产品质量的提高、市场份额的扩大、产品售价的提高。市场机制激励企业从事安全投资属于事前间接方法之一。对企业而言，其将权衡从食品质量安全决策中获得的收益。例如，为获得更高市场份额，企业与负责规范食品质量安全的管制和法律部门建立良好关系，以及在食品质量安全投资方面获得竞争优势。因此，在企业决策背后，食品质量安全和激励结构不仅是管制或法律问题，还包括了市场激励机制。

根据相应制度对食品质量安全问题反应的时间和可衡量性，将食品质量安全管制分为事前激励与事后激励。可在四种非排斥性机制中进行选择以激励企业提供安全食品。这些政策包括直接事前管制和事后管制，以及通过间接的事前市场机制，或事后法律责任机制激励企业控制食品质量安全。从管制来看，事前管制是指管制机构在食品质量安全问题发生之前采取措施，其中包括食品企业准入制度、食品质量安全标准制定、食品上市前的检测管制；而事后管制是管制机构在食品质量安全问题发生之后采取的措施，其中包括

① 管制是政府以制裁手段，对个人或组织自由决策的一种强制性限制。管制主要是对资格或行动的限制（如制定食品安全标准）。就食品市场而言，可通过建立管制机构，制定食品安全标准，并强迫企业按照标准提供食品，对没有服从食品安全标准的企业实施惩罚，以促进企业建立声誉机制。

对消费者所遇食品质量安全事件进行行政受理、行政检查等。管制机构针对问题食品对企业的处罚，包括罚款、产品强制召回或销毁，企业停业整顿或永久性关闭等形式。事前市场机制激励企业控制食品质量安全措施主要包括品牌效应、第三方认证、质量保障计划、购买者对食品质量安全的具体要求、出口市场的要求等。而事后法律责任制度主要是在食品质量安全事件发生后，通过法院的刑事或民事裁决，使责任方承担刑事责任或对受害者承担损害赔偿或惩罚性赔偿的责任。在这种综合制度体系下，食品企业便有生产经营更安全食品的激励。食品质量安全控制制度体系如表 2－1 所示。

表 2－1　激励企业控制食品质量安全的制度体系

	事前	事后
直接	食品上市前的管制体系	食品上市后的管制体系
间接	市场体系	法律责任体系

根据杨居正、张维迎、周黎安（2008）基于网上交易数据的实证研究表明，市场信誉和管制都是维持市场经济秩序的基本手段，两者之间存在着交互作用。要维持一个良好的市场秩序，离不开信誉体系，而这需要必要的管制措施作为先导，比如完善的立法。同时，管制也不是多多益善，过多的管制会“挤出”信誉发挥作用的空间，甚至会影响信誉体系的建立和发展。① 根据此结论，表 2－1 中各种激励企业控制食品质量安全的制度也同时存在互补和替代关系，且各种制度间的替代性应控制在适当的边界。

2. 不同制度优劣的比较。根据制度经济理论，制度间的选择不是完善与不完善间的选择，而是不完善程度和类型以及失灵程度和类型间的选择。在选择过程中，需要比较不同制度的相对成本、有效性、灵活性和准确性。最优的激励制度环境设计是在这些不完备制度中进行权衡。②

我们知道，如果市场交易满足“交易越频繁，时间期限越长，交易赢利可能越大，建立和维持声誉的激励就越强”这些基本条件，则通过市场声誉激励企业提供安全食品比较有效。以乳制品为例，作为当年乳制品业的龙头

① 杨居正、张维迎、周黎安：《信誉与管制的互补与替代——基于网上交易数据的实证研究》，《管理世界》2008 年第 7 期。

② 周小梅：《激励企业控制食品安全的制度分析》，《中共浙江省委党校学报》2014 年第 1 期。

企业，三鹿集团生产的婴儿奶粉市场基本符合这些条件。从理论上看，可通过声誉机制激励三鹿生产安全乳制品。但三鹿似乎并未考虑声誉带来的利益，而是贸然地让“三聚氰胺乳制品”在市场上销售。事实证明，乳制品所含“三聚氰胺”的信用品特征应是企业选择失信的主要原因。因为这类信息具有隐性或短期内难以被发现的特点。因此，有些企业认为，即使是由于食用其生产的对消费者造成危害的乳制品，但由于影响消费者健康的因素复杂，界定存在困难，企业借此可推脱对消费者造成伤害的责任。抱着侥幸心理，企业继续生产问题食品。诚然，尽管乳制品中含有“三聚氰胺”在短期内具有信用品特征，但消费者经过一段时间食用会对身体产生不同程度伤害，使这一信息显性化，转为经验品，让企业伤害消费者利益的行为暴露，使其在市场中完全失去声誉，受到市场惩罚。然而，这种由信用品转为经验品的过程，不仅企业付出了成本，而且那些无辜婴儿付出了健康甚至是生命的代价。显然，对这类具有信用品特征的食品质量安全问题很难通过市场声誉机制实现，或者说，实现成本太高。①

对于食品质量安全问题，法律制度是通过把企业对消费者造成的成本内部化来引导企业提供安全食品的。如果由于消费不安全食品而对消费者身体或生命造成不良影响，消费者可通过法律途径起诉企业。若经确认属实，则要求企业对消费者造成的伤害进行赔偿，承担相应责任。尽管法律可引导企业提供安全食品，但前提是法律制度必须健全有效。且法律对企业所实施的惩罚等措施是一种事后制裁，问题食品对消费者已造成伤害，尤其是某些伤害无法通过经济补偿弥补。更何况，还有许多不安全食品对消费者造成的伤害是隐性且长期的，这使消费者很难通过法律来维护其利益。显然，法律制度对促进企业提供安全食品存在局限。

管制制度是通过促进声誉机制的建立来激励企业提供安全食品的。我们知道，信息不完备的食品市场会出现“劣币驱逐良币”现象。以乳制品为例，一般情况下，消费者鉴定乳制品质量主要依靠视觉和味觉来判断具有搜寻品特性（如品牌）和经验品特性（如口味）的信息，而关于乳制品的营养成分，以及是否存在对身体有害的成分等信用品特性，消费者很难作出鉴别。

---

① 周小梅：《对我国食品安全问题的反思：激励机制角度的分析》，《价格理论与实践》2008 年第 9 期。

基于这一特性，企业通过添加“三聚氰胺”等方式，以次充好，扩大乳制品产量。而那些严格按照乳制品安全要求进行生产的企业，其产品质量信息很难通过市场自动发出信号，结果出现“劣币驱逐良币”。这样，必须通过建立管制机构，确定食品质量安全标准，并强迫企业按照标准生产经营食品，并对食品质量安全进行常规检测，对违规企业实施惩罚，以促进声誉机制的建立。另外，与法律制度不同，管制主要可在食品进入市场前控制其安全性，有效地减少由于问题食品进入市场对消费者造成的伤害。

按照政府干预程度，可对激励企业控制食品质量安全的三种制度安排进行排序。市场机制基本没有政府干预，辅以法律约束。该制度安排虽可达到公平裁决的目的，但由于作为公众代理的法官仍拥有决策权，一定程度上仍存在人为干扰的因素。管制过程中，政府需要制定规则，审查企业资格，对提供存在食品质量安全隐患的企业进行惩罚。与法律制度安排相比，管制制度则大大增加了政府活动及其权力。通过表 2－2 可对三种制度进行比较分析。

表 2－2　不同制度的激励机制及其优缺点

制度类型	激励机制	优点	缺陷
市场	依靠市场声誉机制激励企业提供安全食品	声誉机制对食品企业形成激励，使企业获得应有回报，或受到应有惩罚，避免了集权成本	通过市场声誉机制很难解决具有信用品特征的食品质量安全问题
法律	法律责任使生产者承担对消费者造成损害的赔偿	依靠国家强制力量，具有威慑力	很难界定受到伤害的责任，并取决于法律是否健全，且是事后制裁
管制	利用管制的强制性要求激励企业控制食品质量安全	公开信息，让消费者更方便地使用相关信息。效果直接，时效性强	可能被食品企业“俘虏”，并受政府认知水平的限制

3. 不同制度替代过程中交易成本的变化。根据上文分析，就单个制度而言，在激励企业控制食品质量安全方面均有缺陷，最优制度设计需在不同制度间进行权衡。事实证明，尽管制度间存在替代关系，但是，在制度替代过程中，两种成本间也存在基本交替关系，即失调产生的成本和集权管理产生的成本。失调成本是指企业对他人产生的伤害；而集权管理成本是指政府把

失调成本强加给企业所付出的代价。从市场到法律，再到管制，企业权力在下降，政府权力不断增加。与此同时，来自失调的成本在下降，而由集权管理产生的成本在增加。詹科夫等（Djankov et al.，2003）把这种替代用制度可能性边界来表示①，如图 2 - 2 所示。

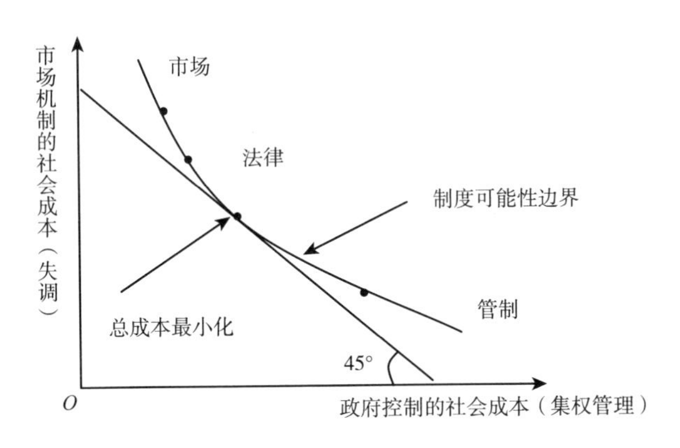

图 2 - 2 制度可能性边界

从交替角度考虑社会对交易进行控制的三种制度安排可发现，作为激励良好行为的制度，市场主要是声誉机制，市场交易主体不会存在腐败、集权管理成本高且规则实施滞后等问题。但市场在控制失调方面则显得无能为力。市场主体可能通过诸如提供不安全食品等损害他人利益，由此产生的外部成本无法通过市场机制内部化。

面对市场失灵，可借助法律诉讼使外部成本内部化，加强集权管理，达到控制失调的目的。这种激励机制的优势是不存在特殊利益的诱导。而法院也可在契约实施过程中获得有关经验和专业知识，这有利于快速有效地解决问题。不过，作为执行者的法官在不同程度上也可能被金钱、利益或提拔的承诺所贿赂，也会在没有为强势方裁决的情况下受到威胁。由于强势方通常拥有更多自由影响审判方式，法律不能总是作为强制实施社会所期望行为的有效制度。诚然，法律的公正性取决于一个国家法律制度的完善程度。如果法庭能独立于来自政治等方面的压力，则法律激励会更有效。

与法律制度相比，在控制失调问题时，管制制度存在很多优势。首先，

① Djankov et al. The New Comparative Economics. *Journal of Comparative Economics*, 2003（31）: 595 - 619.

管制机构成员通常由专家组成，并存在追求特定领域社会目标的良好动机。其次，管制机构执行社会政策的积极性很高。然而，由于管制机构成员也具有经济人特征，存在追求自身利益或被特定利益集团俘虏而滥用权力的风险。这样，尽管加强管制减少了失调成本，却增加了集权管理成本。尤其是，过多的管制可能会由于自由裁量权的下降等原因造成信誉的下降。[①]

我们知道，市场机制的本质是接纳自利行为，并引导这种行为满足人们需要。例如，在利润驱动下，企业努力开发消费者最为青睐的产品和服务，并以尽可能低的成本从事生产经营活动；消费者也是力争以利用最少资源的方式满足个人需求。可见，如果市场有效，就应尽量避免过多的集权管理。也就是说，属于市场机制范围内的事情不应期望用非市场手段去解决，企业的信誉只能靠自身守信行为来建立，市场机制存在着许多有效的市场途径来约束企业行为，如各种“信号传递机制”“信用激励机制”“应变合约”机制。[②] 另外，需要法律解决的问题不要期望政府行政机构去解决，这一方面是政府行政机构也会产生失信行为，另一方面是在现代市场经济中法律首先是约束政府行为的。[③]

在利用集权管理和失调的交替关系分析比较不同的制度时，需注意这种交替在不同国家，甚至于同一国家不同活动间的差异。对交替关系的分析有助于有效制度安排的选择，而制度选择应认识到特定环境以及国家政治结构和制度传统产生的约束。在不同法律体系下，应有不同管制和国家所有权的安排。若一国法律对政府约束不强，则管制和国家所有权的制度安排会出现低效率。

综上所述，通过对控制交易的不同制度安排所发生的成本进行比较，可分析在不同环境下什么制度安排可能是有效的选择。而有效的制度安排也可能表现出失调成本和集权管理成本。正如科斯（1960）指出，社会可利用制

---

① 杨居正、张维迎、周黎安：《信誉与管制的互补与替代——基于网上交易数据的实证研究》，《管理世界》2008 年第 7 期。

② 于立、于左、丁宁：《信用、信息与规制——守信/失信的经济学分析》，《中国工业经济》2002 年第 6 期。

③ 钱颖一：《市场与法治》，《经济社会体制比较》2000 年第 3 期。

度资源做最好的，但并不意味着所有的交易成本都消除了。[①] 在对三种制度安排的成本进行权衡时，应按照交易成本最小化的原则选择激励企业实施控制食品质量安全的路径。从图 2-2 可看出，三种制度安排权衡的结果应在总成本最小的点。诚然，现实中的制度选择不可能找出这样一个“点”，但其为食品质量安全控制机制设计和执行提供了基本思路。

二、制度优化的路径分析：交易成本最小化原则下制度间的互补合作

在考虑制度间替代时，应以交易成本最小化为基本原则。以此为基础，通过三种制度间的互补合作来有效激励企业控制食品质量安全。具体而言，市场机制通过自愿合作协调企业行为。许多提高食品质量安全控制的类型（如 ISO9000 系列标准）都由食品加工企业自愿实施，或有时是通过贸易和产业组织的推荐，集体一致行动有助于改善产业状况。后一种情况属于“准自愿性”。管制机制是通过管制机构针对企业提供安全食品问题做出强制性规定，而法律机制则通过争端调节起作用。而奥林格尔（Ollinger，2004）等研究认为，市场与管制的结合促进了美国肉类和禽类加工部门使用更为成熟的食品质量安全技术。且企业特征（如规模大小）可能对其所感知的不同激励存在影响。事实上，严格管制可能会减少企业实施其他友好型食品质量安全控制的市场激励。[②] 然而，正如前面所分析，每种制度均有缺陷，这些社会程序不可能完备地运作。鉴于此，必须让三种制度进行互补、协作、合作，共同激励企业控制食品质量安全，如图 2-3 所示。

事实上，任何企业对于控制食品质量安全的程度都有一定选择范围。一方面，即使没有考虑这些制度存在的严重失灵，面对消费者对食品质量安全水平的更高需求，企业也会采取积极行动。有的企业可能甚至自愿控制食品质量安全，其标准可能超出管制部门建议的水平。另一方面，认识到这些制度失灵的企业可能会逃避服从所推荐的食品质量安全控制水平。

---

① Coase, Ronald H. The Problem of Social Cost. *Journal of Law and Economic*, 1960 (3): 1-44.

② Ollinger, M., D. Moore, and R. Chandran. *Meat and Poultry Plants' Food Safety Investments: Survey Findings*, Agricultural Economic Report No 1911. Economic Research Service. United States Department of Agriculture. 2004: 48.

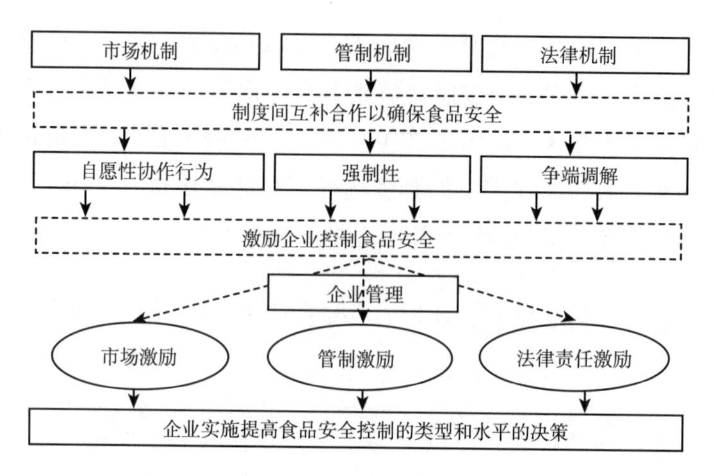

图2-3　激励企业控制食品质量安全制度间的合作

实践中，一些因素会激励企业更为严格地管理食品质量安全问题。例如，如果管理者意识到通过品牌和产品促销，以及与现有和潜在顾客合作可提高声誉，则这些都是很重要的激励因素。安特尔（Antle，2000）认为，管理者可能会选择超出管制机构强制执行标准，采取更为严格的食品质量安全体系。相反，如果管理者认为，难以承担与服从标准和食品质量安全法规或采纳自愿控制的相关成本（如重建工厂和投资新设备等），则决策主体可能就没有采纳诸如HACCP体系等食品质量安全控制的激励。另外，如果管理者认识到，这种决策可能由于缺乏价格竞争优势而减少企业收益（如通过减少管理费等降低生产成本），则企业就缺乏实施这类控制的积极性。① 不过，管理者也应认识到，如果不服从管制，则可能会给其带来大量与不服从管制相关的直接和间接成本。因为作为管制，通常要通过罚款、补偿、暂时或永久性地关闭工厂等来矫正企业的不当行为。企业利用一些已有的非政府干预控制方法（如ISO9000），通过减少消费者审查、满足某些出口管制和非管制要求、减少产品召回风险和法律以及产品责任成本等，达到降低成本的目的。

综上所述，企业控制食品质量安全的决策很大程度上由制度环境产生的直接或间接成本和收益决定。或者说，市场、管制和法律制度对企业实施提高食品质量安全控制的决策有很大的激励作用。并且，企业特征（如企业规

① Antle, J. M. No Such Thing as a Free Safe Lunch: The Cost of Food Safety Regulation in the Meat Industry. *American Journal of Agricultural Economics*, 2000 (82): 310-322.

模、主要业务和产品等）及其环境（如销售地区和主要顾客）可能对这些激励会有很大影响，并影响企业行为。

三、食品质量安全控制：市场机制与政府管制间的关系

前文对于约束企业“人为污染”食品行为的市场、法律和管制制度进行了比较分析。而鉴于本书重点研究约束企业“人为污染”食品行为的市场机制与管制制度的边界问题，下面将进一步讨论市场机制与政府管制间的关系。

（一）市场机制对企业控制食品质量安全的激励

在竞争性的食品市场中，企业对食品质量安全进行更多投资的激励主要源于两个方面，即通过与认证或标签相联系的声誉提升的需求推动，或是由于效率改善的供给推动。在许多情况下，这两种激励互相联系同时起作用。[①]而一旦发生食品质量安全事件，企业将面临召回食品、声誉下降、销售额减少、股票价值跳水、破产等经营危机。如何扭转这种局面，恢复企业声誉，是食品事件发生后企业必须面临的挑战。显然，来自食品质量安全市场的供求将直接影响食品企业的市场占有率和利润率等。[②]

在没有政府干预的情况下，消费者和生产者可获得的信息以及企业由于食品质量安全事件对伤害进行赔偿实际应承担的责任决定了食品的产量水平和安全性。如果消费者和生产者都在不同程度上认识到来自食品质量安全事件的伤害，不管企业是否愿意为伤害全额支付，其决定都是有效率的。对于搜寻品和经验品而言，在均衡状态下，即使缺乏功能健全的责任体系，市场也可为食品质量安全提供有效的激励。企业通过自愿实施食品质量安全控制对来自市场或消费者的压力做出反应。

相似地，企业会自愿地改变其产品或生产过程（例如，转向有机农业），努力向消费者提供更安全的食品。

从食品企业角度来看，包括正面激励和负面激励。正面激励是指，企业

① Henson, S. J., and J. Northen. Economic Determinants of Food Safety Controls in the Supply of Retailer Own-Branded Products in the UK. *Agribusiness*, 1998, 14 (2): 113 - 126.

② Rugman, A. M., A. Verbeke. Corporate Strategies and Environmental Regulation. *Strategic Management J.* 1998, 19 (4): 363 - 375.

采取食品质量安全控制措施后，出现生产成本降低、产品质量提高、市场份额扩大等与企业市场竞争力相关的各项激励因素。负面激励则是指，如果企业的产品发生安全事故，消费者将采取规避购买的行为，这将使该企业的食品市场销路受阻，给企业直接带来经济损失；同时，企业还将承受来自市场方面的声誉贬损，从而影响产品未来的销路。

在食品市场中，可依靠声誉激励，使企业为消费者提供关于食品的真实信息。声誉激励是行为主体基于维持长期合作关系的考虑而放弃眼前利益的行为，对"偷懒"的惩罚不是来自契约规定或法律制裁，而是未来合作机会的中断。由于声誉的考虑以及对未来收益的预期，市场机制中的声誉与法律的强制性有同样的作用。如果企业关注将来的发展，想在消费者中获得好的声誉，那么虽然食品市场中存在信息不对称问题，企业也会为消费者提供关于食品质量安全的真实信息。这是一种隐性激励。在声誉机制下，可通过市场激励企业确保食品质量安全。多数情况下市场机制十分有效，因为那些提供不安全食品的企业迟早会被消费者辨认出来，同时受到来自消费者的惩罚，这时对企业提供食品质量安全的管制，或来自法律的约束均没有必要。然而，声誉机制受到的限制是，如果声誉价值要大于欺骗的收益，那么，预期交易关系持续的时间必须相当长。也就是说，交易越频繁，时间期限越长，交易的赢利可能越大，建立和维持声誉的激励就越强。

从现实来看，由于企业生产更高安全水平的食品需要付出更多成本，如果企业可从生产更安全食品中获得补偿，竞争性食品企业（不管其位于食品供应链中哪个环节）显然愿意向消费者提供其所需求的具有安全特征的食品。

许多食品市场满足允许企业确立安全性声誉的条件。重复购买对于在国内消费的食品是比较普遍的。只要消费者交流食品质量安全信息或以较低成本获得食品质量安全信息。例如，通过口传、报纸、消费者信息公开等都可低成本获取食品质量安全信息。另外，餐饮联营的兴起让消费者不管远近可从同一家企业购买食品。

克莱因和拉丰（Klein and Leffler，1981）构建的声誉模型提出①，没有受

① Klein and Leffler. Role of Market Forces in Assuring Contractual Performance. *Journal of Political Economy*, 1981, 89 (4): 615－641.

到管制的市场在何种条件下将确保合同的执行，在这种意义上，企业将向消费者提供其所信任的产品质量。他们认为，在市场中，只要有大量对高质量食品有需求的掌握信息的消费者，更高的价格会使供给低质量食品的企业比供给高质量食品的企业产生更大的损失。

可通过分析竞争性企业选择产出和质量使其利润最大化的情况说明声誉模型的含义。在企业必须确立质量声誉的情况下，企业应承担确立声誉的固定成本，均衡就要求实现利润最大化的条件中包括确立安全声誉所需要的固定成本。也就是说，如果企业要建立质量声誉，就必须使其价格高于企业不需要确立质量声誉时的价格。如果确立声誉的固定成本是质量水平的函数，则质量的利润最大化水平就低于固定成本与安全没有函数关系时的利润水平。

根据克莱因和拉丰的观点，只有在企业获得连续租金收入流，且欺骗性地生产低安全性食品会遭受损失，企业才会供给高质量的食品。

假设所有企业面临同样技术，且拥有相同的总成本函数，$C=c(x, q)+F(q)$。其中，q 代表质量水平，F 是固定成本，而 $c(x, q)$ 是由于生产质量更好且产量更多的食品时产生的可变成本。更高质量和更多数量要求更高生产成本，则 $F_q>0$，$c_q>0$，$c_x>0$，并且边际成本随质量提高而增加，则 $c_{xq}>0$。在此，克莱因和拉丰区别了可收回和不可收回固定成本。可收回成本意味着长期生产要素承诺具有无须付出代价的可逆性。这里假设所有资本资产完全可收回。

虽然生产者知道其投入生产过程的质量水平，消费者购买前的检查仅了解质量是否低于某个最低水平 $q_{\min}$（超出最低质量水平则是经验品），而在没有消费食品的情况下，无法确定任何高于 $q_{\min}$ 的质量水平。这样，无论何时，消费者为所谓高质量支付的市场价格超出生产最低质量食品的成本，通过生产最低质量食品且欺骗性地作为高质量食品销售，企业就可增加其最初利润。然而，消费者从第一次购买后发现，把低质量食品当作高质量食品购买，在受骗后，标准“柠檬”效应出现了，企业所销售的所有食品将以 $P_0=P_C(q_{\min})$ 价格销售。在图 2-4 中，安全水平 q_h 和 $q_{\min}$ 代表不同的安全水平，相应的价格分别是 P_1 和 P_0。

为了决定生产者最优战略，必须推导出生产低质量食品而以高质量卖出的所得。P_1 是高质量食品的完全竞争性价格。以高质量的价格 P_1 卖出低安

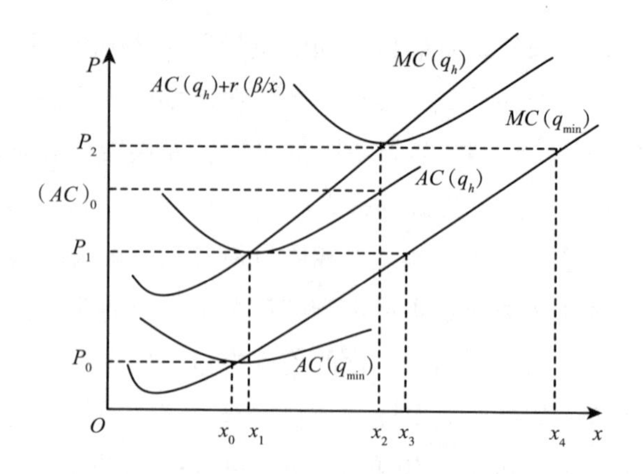

图 2-4　食品不同安全水平的定价和生产

全性的企业会根据 $P_1 = MC(q_{\min})$ 来确定产量水平，记为 x_3，因此，质量欺骗的现值就等于：

$$W_1 = \frac{1}{1+r}\{(P_1 - P_0)x_3 - \oint_{x_0}^{x_3}[MC(q_{\min})(x) - P_0]\mathrm{d}x\} \qquad (2-1)$$

只要 $W_1 > 0$，企业将欺骗消费者，且按照任何高于 $q_{\min}$ 质量的竞争性价格供给 $q_{\min}$。产生了“柠檬”均衡，因为消费者将认识到前面的结果，对任何购买前不能证实质量的食品仅愿意支付 P_0。那么，怎样才能引导企业生产高质量食品呢？

克莱因和拉丰假设一个可能的价格，$P_2 > (P_1)$，提供高质量食品的企业就会把其生产扩张到 x_2。P_P 是价格高于高质量最低平均成本的部分，属于价格溢价。在均衡中将会激励高质量食品的诚信生产，且不会使消费者剩余从购买高质量中完全消失。这种价格将会给生产高质量的企业带来长期准租金流，其现值等于：

$$W_2 = \frac{1}{r}\{P_P x_2 - \oint_{x_1}^{x_2}[MC(q_h)(x) - P_1]\mathrm{d}x\} \qquad (2-2)$$

由于是按照高价格供给最低质量的食品，所以，价格溢价也会增加食品企业的收益。选择欺骗的企业现在将把其产量扩张到 x_4，并在所有销售的食品中获得额外的溢价。因此，从供给低于承诺的质量水平中获得准租金的资本价值 W_3 为：

$$W_3 = \frac{1}{1+r}\{P_P + (P_1 - P_0)x_4 - \oint_{x_0}^{x_4}[MC(q_{\min})(x) - P_0]dx\} \quad (2-3)$$

只要在不欺骗和欺骗战略间的资本价值间存在差异，也就是说，$W_2 - W_3$ 是正的，企业将会看重其隐性安全合同。

在拥有完全可收回资本资产的竞争性市场环境中，上面分析的价格溢价难以维持。这源于自由进入退出的压力，因为只要价格溢价存在，企业就会持续进入市场，直到在 $W_2 = W_3$ 处溢价消失。因此，在一个完全可收回资产的完全竞争性市场环境下，“柠檬”均衡又一次出现，且 $P = P_C(q_{\min})$。

上面分析是在完全可收回资本资产的假设下。因为只有出现不可收回资产且欺骗可能会导致资本损失时，企业将生产高质量食品。现有企业经济利润消失后，竞争则会在非价格、企业特色等方面进行。也就是说，企业必须进行投资以防止由于被发现存在欺骗行为而产生的损失。消费者必须可通过终止贸易关系的威胁迫使企业执行隐性契约。

企业最常见的不可回收资产（专用资本）是对品牌和广告的投入。“品牌资本”与价格溢价相似，它代表高安全性价格 P_2 与剔除企业专用性支出的平均成本$(AC)_0$之间的贴现差额。用β代表品牌资本，则有：

$$\beta = \{[P_2 - (AC)_0]x_2\}/r \quad (2-4)$$

竞争性市场过程会迫使竞争性企业品牌资本的市场价值等于企业发生的总专用成本价值，反过来，等于来自高质量食品产生的预期溢价流现值。

如果保证质量的品牌资本水平与产量成正相关性（也就是 $d\beta/dx > 0$），则在其他条件相同的情况下，产量水平高的大企业会对品牌资本投资更多。对品牌资本的高投入通过高质量价格 P_2 获得相应的价格溢价。显然，价格溢价激励企业提高食品质量。

从以上分析可以看出，企业是否存在生产高质量食品的市场激励取决于企业对不可回收资产（专用资本）的投资。如果食品市场的进入和壁垒较小（拥有完全可收回资本资产的竞争性市场环境），企业不能通过提高食品质量获得价格溢价，则企业就不存在提高食品质量的激励。反之，如果企业对专用资本（例如，品牌资本）进行大量投资，则与品牌资本相对应的是高质量食品。例如，一般来看，拥有知名商标（品牌资本的市场价值高）的企业更可能生产安全性高的食品。

需要注意的是，激励企业增加对品牌资本的投资主要是针对具有搜寻品和经验品特征的食品生产。这是因为，品牌资本本身已经对具有搜寻品特征的信息进行了披露。而对于经验品，尽管消费者在购买前不能辨别安全性，但通过消费，消费者可了解企业生产食品的质量（例如，消费者食用后由于毒物残留和细菌致病体导致急性疾病，此时消费者可对食品质量做出明确判断）。由于消费者在购买之后可掌握经验品的质量和安全特征，其可通过市场重复消费对品牌资本价值进行评估。例如，通过多次重复消费，消费者可通过消费经验证实食品的安全性。如果食品的确是安全的，则会不断提升该食品品牌资本的价值；反之，食品品牌资本价值贬值。这种激励机制可使企业从更高食品质量安全中获得更高价格，显然可促进企业加大对品牌资本的投资。

对于有完全召回假设的经验品，重复博弈结构可引导最优的结果。而对于信用品，重复购买不会起作用，因为消费者甚至在消费后也无法判断其安全性。也就是说，在信用品的情况下，市场声誉机制失效。如果消费者不能识别质量，甚至是在购买后都无法了解产品质量，企业凭什么要对品牌进行投资呢？这种情况下，消费者无法精确地把某个特定食品与疾病联系起来。显然，提高食品质量安全性的市场激励失灵。

（二）食品质量安全管制供求分析[①]

1. 食品质量安全管制需求。

（1）外部性与食品质量安全管制需求。外部性是指一定的经济行为对外部的影响，造成私人（企业或个人）成本与社会成本、私人收益与社会收益相偏离的现象；根据这种偏离的不同方向，外部性可分为正外部性与负外部性。正外部性是指一种经济行为使他人减少成本或增加收益。负外部性则是指一种经济行为导致他人成本增加或收益减少。在食品市场中，不安全食品导致他人的收益降低或成本增加主要表现在：一方面，食用不安全食品损害消费者健康，甚至因为可能带来的疾病传播而影响他人的健康，而且这种危害有时严重到引起社会恐慌。同时，消费者忍受了病痛的折磨以及为了治疗疾病而损失的工资收益。另一方面，某企业生产的不安全食品带来的恶劣影

① 周小梅：《我国食品安全管制的供求分析》，《农业经济问题》2010 年第 9 期。

响会连累同类的其他企业，造成消费者对这类企业的不信任，而企业重塑产品信誉需花费时间和营销成本等，造成资源浪费。可见，由于外部性的存在，生产安全食品使企业不会因为产生外部收益而得到补偿，而生产不安全食品的企业不会因为产生外部危害而付出代价。鉴于此，政府须对食品质量安全进行管制，以保护消费者及企业利益。

（2）信息不对称与食品质量安全管制需求。信息不对称是指交易双方对所交易的对象拥有不对等的信息，交易对象的提供者往往比另一方掌握了更充分的信息。在这种情况下，前者出于追逐利润最大化的目的往往使后者处于不利地位。而信息不对称不仅直接导致了消费者的福利损失，其更深层次的影响还表现为消费者对生产者的不信任感普遍滋生，以及由此增加的市场交易成本，甚至导致买卖双方的交易无法达成。[①] 在食品市场中，消费者受自身专业水平的限制和食品检测成本的制约，没有能力对食品的安全性做出正确的判断。政府对食品质量安全实施管制，旨在从制度上保证消费者获得更多的食品信息，从而尽量降低市场交易成本。

（3）公共品与食品质量安全管制需求。公共品是指那些在消费上具有非竞争性和非排他性的物品。非竞争性是指不止一个消费者能够同时从既定的供给中获益；非排他性是指消费者不能够排除其他消费者的使用。由于公共品缺乏排他能力，公共品的提供者不能给使用方强制制定一个价格，因为使用者可以免费进行消费。因此，与所支出成本相比，任何人从公共品中得到的利益相当小，以致个人不会主动提供它。就食品市场而言，市场参与者所需要的信息本身就是公共品，一个消费者对信息的享用不影响其他消费者享用；同时，由于信息的易传递性特点，拥有信息的消费者要想限制其他消费者享用该信息也是不可行的。可见，政府向消费者提供关于食品质量安全信息的管制属于公共品供给。

（4）开放经济下的食品质量安全管制。[②] 近30年最显著的趋势是全球化贸易和竞争的增加，全球化竞争意味着消费者所购买的食品越来越多地由国外生产。这使食品质量安全问题日益被关注，并且成为国际食品贸易争端中

---

① 刘小兵：《政府管制的经济分析》，上海财经大学出版社2004年版，第203～204页。

② 周小梅：《开放经济下的中国食品安全管制：理论与管制政策体系》，《国际贸易问题》2007年第9期。

的主要因素。发达国家诸如美国亦连续发生“毒菠菜”“问题生菜”等食品质量安全问题，再次敲响了关注食品质量安全的警钟。随着世界经济开放程度的加大，食品进出口贸易将不断扩大，这意味着食品质量安全问题将成为世界性的问题。近年来，各国食品质量安全的意识不断提高，各国政府纷纷建立食品质量安全控制体系，逐步形成食品认证、追溯、召回等一系列制度安排，大大加强了食品质量安全的管制力度。另外，在食品市场中，供给者数量的增加和多样化意味着增加了消费者对食品信息的需求。市场中产品和服务范围的增加，提高了识别风险的难度。这使食品质量安全管制更具挑战性。

为保护国家的食品质量安全，各国在不同程度上都有相应的对进口食品的管制。发达国家对食品质量安全均存在较严格的管制，并且还存在逐渐增强管制的趋势。例如，作为美国社会性管制的一部分，食品质量安全管制有着几乎与这个国家的历史一样长的历史。美国对食品质量安全的管制是通过1906年颁布的《食品与药品法》和《肉类检查法》进行的。1938年，美国政府又颁布了《食品、药品和化妆品法》。为有效执行法规，美国政府还专门设立了“食品与药品管理局”（FDA）。通过《食品、药品和化妆品法》指导FDA确保在州际进行贸易的过程中食品不会受到污染，并保证食品生产的卫生条件以及不能贴错食品商标等。并且，为确保食品质量安全管制的有效性，面对现实中出现的问题，各种法规也在不断地完善。例如，美国1906年的《肉类检查法》要求对所有州际以及国外的肉类贸易进行检查，而1967年、1968年和1970年分别通过了肉类、禽类和蛋类检查法规，在原有法规的基础上，进一步要求美国农业部（USDA）通过食品质量安全和检查服务来检查屠宰场所，肉类和禽类加工工厂，蛋类的包装和加工工厂。正如前面所讨论的，由于感官很难对食品质量安全有全面精确的了解，尤其是对微生物或化学污染的检测。只有通过法规要求USDA利用屠宰设施对每一个流向市场的动物畜体进行检查。1994年9月，克林顿时期提议制定《病菌减少法》，以规定对肉类和禽类的微生物检查。在现有的法规框架下，FDA与USDA共同提出新的食品质量安全管制。新提出来的管制强制要求使用质量控制体系，即“危害分析和关键控制点管理”（hazard analysis critical control points，HACCP）。HACCP是一套通过对整个食品链，包括原辅材料的生产、食品加工、流通甚至消费的每一环节中的物理性、化学性和生物性危害进行分析、控制以及控制效果验证的完整系统。“9·11”事件后，美国国会在2002年6月通过了《2002年公共健康安全及生物恐怖主义的预防及对策法案》，拨款5亿美元授权FDA制定实施该法案的具体规则。该法规规定，FDA将给每个登记申请者分配一个专用登记号码，外国机构对美国出口的食品，在到达美国港口前24小时，必须事先向FDA通报，否则将被拒绝入境，并在入境港口予以扣留。按照FDA的说法，此举是为了能快速应对可能发生的或实际发生的恐怖主义在食品供应方面的袭击。

为确保食品质量安全管制的科学有效性，对于粮食和蔬菜的种植以及鱼类、海产品、畜类、禽类等的屠宰和加工过程均应通过设定质量标准进行管制。食品标准是确保食品质量安全得到控制的基础。1961年召开的第十一届粮农组织大会和1963年召开的第十六届世界卫生大会均通过了创建食品法典委员会（CAC）的决议，现今食品法典已成为全球消费者、食品生产和加工者、各国食品管理机构和国际食品贸易唯一的和最重要的基本参照标准。CAC标准都是以科学为基础制定出来的。从目前情况看，由于各个国家基础不一，应选择适合各自国情的食品标准，通过参照遵循这些标准，力争使国内食品标准与CAC标准接轨。

欧盟为应对疯牛病（BSE）问题于1997年开始逐步建立食品质量安全信息可追溯系统。按照欧盟《食品法》的规定，食品、饲料、供食品制造用的家畜，以及与食品、饲料制造相关的物品，在生产、加工、流通各个阶段必须确立食品信息可追溯系统。可追溯作为食品质量安全风险控制管理的有效手段越来越受到各国的关注，继欧盟以后，加拿大和美国等国家也建立了比较完善的信息跟踪系统，日本、新西兰等国都在大力推广这一系统。

显然，要确保食品质量安全，对进口食品实施严格的准入管制是必不可少的条件。全球化的意义不仅在于影响食品市场的结构和竞争，而且影响管制体制。近20年，在不同交易市场中，已逐渐成为国内潜在的非关税壁垒。WTO成员国被迫把管制措施建立在风险的科学评估基础之上，并确保这些措施不会对贸易产生不必要的障碍。政府将会不断校正风险管制的强制形式，尤其是这些十分严格或不正常的管制。与此同时，一些传统管制正在与私人部门主导的标准制定进行合作，国内采纳的标准得到国际贸易协调的支持。

针对现有法规和将要实施的措施，这些趋势提出了各种重要的挑战。现有管制是否会对食品贸易产生影响？这是在利用食品质量安全管制制度激励企业提供安全食品的过程中必须考虑的问题。例如，不少发达国家的管制制度要求企业实施 HACCP 体系，为了便于贸易往来，作为出口到发达国家的食品生产国的管制制度，在制定管制标准时，就应该考虑要求食品企业实施 HACCP 体系。也就是说，国际贸易往来将要求不同国家互相认可 HACCP 管制。可能影响这种公认的趋势是，采用 HACCP 体系作为一种国际贸易的标准。

尤其需要强调的是，发展中国家与发达国家间的贸易可能存在很多争议。发展中国家出口到发达国家市场必须满足他们的 HACCP 体系标准。在发展中国家实施 HACCP 体系的边际成本可能较高，因为发展中国家基本的卫生设施较少，且受过培训的 HACCP 体系专业人员较少。但是，卫生标准可能也阻止了不能认证 HACCP 体系国家的食品。显然，来自国际贸易的压力，食品质量安全管制是避免来自进口国关于食品的非关税壁垒的必要制度。

食品质量安全问题已经成为一个全球性的问题，没有良好的国际合作，食品质量安全信息无法在各国之间传播，进行食品质量安全控制也就显得非常困难。当发生突发性风险时，美国通过国际组织（如世界卫生组织、联合国粮农组织、国际兽医局和世界贸易组织）构成的全球信息共享机制，使其他国家和地区也能立即获知信息。欧盟的《食品安全白皮书》要求，通过法律规定，在发生食品质量安全事故时，扩大与第三方国家的信息沟通。

2. 食品质量安全管制供给。食品质量安全管制是通过一系列强制性管制政策和手段，强化对食品生产、销售者个人利益最大化的制度约束，使之形成正确的价值取向和价值判断，做出符合社会总体利益的行为。①

管制是政府以制裁手段，对个人或组织自由决策的一种强制性限制。管制主要是对资格或行动的限制（例如，制定食品质量安全标准）。针对食品市场而言，社会可建立一个管制机构，制定食品质量安全标准，并强迫企业按照标准提供食品，对没有服从食品质量安全标准的企业实施惩罚，以促进企业建立声誉机制。

市场失灵只是政府管制的必要条件，而非充分条件。因为造成市场失灵的一些因素如信息不全、交易成本为正等因素，在政府管制中同样存在，而且管制由于有收入再分配的性质和关于市场配置的作用，如果政府管制出现

① 蒋建军：《论食品安全管制的理论分析》，《中国行政管理》2005 年第 4 期。

失灵，它所造成的不良影响可能比市场失灵更大。鉴于此，界定市场与政府管制间的边界就成为很重要的问题。[①] 针对消费者食用不安全食品造成的负内部性[②]，根据前面分析，可通过两种方式解决由此产生的市场失灵：一是被伤害者提起诉讼，由法院来执行；二是由专职的管制机构，根据有关的法规对其侵权行为直接进行行政管制。[③]

作为一种制度，食品质量安全管制对企业控制食品质量安全的激励作用，其效率如何？我们可对食品质量安全管制的成本—收益进行分析。

理论与实践证明，为弥补由于食品市场中信息不对称产生的市场失灵，管制食品质量安全属于政府的职责。面对食品质量安全管制问题，发达国家开始重视对管制影响的评估，以减少政府预算支出，这种趋势强化了管制影响评估的应用。例如，美国农业部专门成立了管制评估成本—收益分析办公室。

从食品质量安全管制的成本收益角度看，并不是在所有的信息不完备市场都需要政府管制，是否实施管制应对不同的管制进行评估，并据此确定更符合实际的管制。即在市场失灵领域政府管制不一定完全有效率，只有当管制的收益大于成本时，政府管制才有其必要性。美国农业部的食品质量安全监督局通过测算食品质量安全管制的收益和成本对所强制实施的 HACCP 管制进行效率评估。

（1）食品质量安全管制的收益函数。通过食品质量安全管制可降低食用可能被细菌等污染过的食品而导致疾病和死亡的可能性。因此，食品质量安全管制的收益包括食源性疾病风险的减少。食品质量安全管制的收益取决于以下函数：

$$B = e \cdot p \cdot n(c \cdot s \cdot f_s + v \cdot d \cdot f_d) \qquad (2-5)$$

各项含义为：

e：预防食源性疾病管制的有效性；

---

① 周小梅、卢玲玲：《论中国食品安全管制效率：基于收益成本的分析》，《消费经济》2008 年第 5 期。

② 内部性是交易一方在市场交易活动中对交易对方造成的伤害，而外部性则是交易一方在市场交易活动中对与此交易活动无关的第三方所造成的伤害。

③ 程启智：《政府社会性管制理论及其应用研究》，经济科学出版社 2008 年版，第 49 ~ 50 页。

p：食源性疾病占食品致疾的比例；

n：人口数量；

c：以美元衡量的生病成本或避免生病的平均支付意愿（COI 或 WTP），此变量较大程度上取决于消费者是否正确地认识到消费产品存在的潜在风险，据此相应调整他们为安全产品的支付意愿；

v：以美元衡量的生命价值；

s、d：所观察到的人群中因食源性疾病致疾和致死的人数；

f_s、f_d：人口中所观察到的疾病和死亡的人数转化成可计量的比率，这两个因素主要考虑到通常我们会低估由食品污染所引起的疾病和死亡数。

不过，现实中虽然可直接应用该方程，但是部分假设存在一些缺陷，主要反映在以下三方面：

第一，方程中的比例因素 e 表示管制在减少食品病原体中发挥的有效性。该方程假定，食品中病原体的含量与食源性疾病的数量是成比例的，美国食品安全监督局在评估政府管制时使用了这个假设，而美国食品安全监督局承认这个假设并不是十分合理。

第二，很难从既有的信息中确定 e 的大小。把一项新的措施应用于政府管制时，比如强制实施 HACCP 体系，还没有可依据的数据或经验来评估其管制的有效性。美国在实施 HACCP 体系时，食品安全监督局曾推测管制在减少食源性疾病方面是绝对有效的，这显然缺乏科学性。鉴于此，美国食品安全监督局最后采取从 10% ~100% 的有效性范围，计算出能获得净收益的最小有效性。食品安全监督局也意识到当前仍然很难推测真实的有效性是多少。例如，假定管制在消除与肉禽产品相关的疾病和死亡问题上 100% 有效，则美国食品安全监督局估计每年食品安全管制的收益是 9.9 亿 ~36.9 亿美元。如果管制的有效性是 20%，则收益在 1.98 亿 ~7.38 亿美元。[①]

第三，方程的另一个假设要求 f_s、f_d 这两个变量是精确的，也就是说必须要有关于食源性疾病漏报的确切数据。事实上，在对食源性疾病致病致死的研究中，曾有调查指出，美国每年有 650 万 ~3300 万例由于食源性细菌所导致的疾病或死亡的事件，死亡人数在 500 ~9000 人，这种不确定性使数据

---

① John M. Antle. No Such Thing As a Free Safe Lunch: The Cost of Food Safety Regulation in the Meat Industry. *American Journal of Agricultural Economics* 82, 2000.

的精确性出现问题。

另外，企业提供安全食品，还应包括给企业自身带来的收益，即包括由于企业生产安全食品提高了消费者对食品的需求，由此增加了企业的收益。

（2）食品质量安全管制的成本函数。政府对食品质量安全实施管制的成本，包括被管制企业的生产成本的变化以及政府管制成本。被管制企业生产成本的变化主要是指，食品企业为了服从相关的食品质量安全管制，其在处理不安全食品（食品危害）时都要发生相应的成本。这样，企业必须投入资源减少不安全食品。例如，企业可购买新设备，降低食品危害，并且同时产生了可变成本（例如，劳动）。政府管制成本包括管制政策制定、监督以及管制执行的成本，并应该包括管制机构所花费的资源成本以及与税收相关的无谓损失。

从企业的食品生产成本变化角度考虑，当加入质量控制因素时，企业生产成本一般会增加。克莱因和布雷斯特（Brester）根据一个企业的数据分析中得到，生产成本在实施管制后要高出7%。[1] 企业的成本函数可表示为下式：

$$C(y,q,\omega,k,\alpha,\beta,\gamma)=vc(y,q,\omega,k,\alpha)+qc(q,\omega,k,\beta)+fc(k,\gamma) \quad (2-6)$$

在这个式子中，总成本 C 包括了成本 vc、qc 和 fc。其中，vc 这项成本将传统的生产投入和质量控制投入相结合；而 qc 这项成本与质量 q 有关而与产出 y 无关；固定成本 fc 与产量和质量均无关。式子中的其他各项含义分别为：ω 为与投入相应的价格矢量；k 为资本；α、β、γ 为各项成本函数的参数。

根据模型分析，政府可通过绩效标准和设计标准这两种手段进行管制。在绩效标准中，政府要求企业达到一个质量水平 q_p，而不具体对达到这个质量所使用的技术进行规定，假设管制前企业生产的质量是 q_0，那么通过管制导致成本增加量为：

$$\Delta c(y,q_0,q_p,\omega,k,\alpha,\beta,\gamma)=\Delta vc(y,q_0,q_p,\omega,k,\alpha)+\Delta qc(q_0,q_p,\omega,k,\beta) \quad (2-7)$$

其中，

$$\Delta vc(y,\ q_0,\ q_p,\ \omega,\ k,\ \alpha)\equiv vc(y,\ q_p,\ \omega,\ k,\ \alpha)-vc\ (y,\ q_0,\ \omega,\ k,\ \alpha)$$

① John M. Antle. No Such Thing As a Free Safe Lunch: The Cost of Food Safety Regulation in the Meat Industry. *American Journal of Agricultural Economics* 82, 2000.

$$\Delta qc(q_0, q_p, \omega, k, \beta) \equiv qc(q_p, \omega, k, \beta) - qc(q_0, \omega, k, \beta)$$

而另一种手段是设计标准管制，政府要求企业必须使用一种既定的技术，而不像绩效标准中那样要求企业达到一个结果。在这种管制中，政府可能要求企业重置制造产品的设备或改进生产过程。技术的改进表现在资本 k_d 和成本函数的参数 α_d，β_d，γ_d，产品的质量 q_d 是一个没有做出具体规定的外生变量。由此可得出成本的增加量为：

$$\begin{aligned}&\Delta c(y, q_0, q_d, \omega, k_0, k_d, \alpha_0, \beta_0, \gamma_0, \alpha_d, \beta_d, \gamma_d)\\&= \Delta vc(y, q_0, q_d, \omega, k_0, k_d, \alpha_0, \alpha_d) + \Delta qc(q_0, q_d, \omega, k_0, k_d, \beta_0, \beta_d)\\&\quad + \Delta fc(k_0, k_d, \gamma_0, \gamma_d)\end{aligned} \tag{2-8}$$

在运用该函数分析食品质量安全管制成本的过程中，应该注意到该成本函数存在的不足。

第一，在一般的成本收益分析中，成本应该考虑管制政策制定、监督以及管制执行的成本，并应该包括管制机构所花费的资源成本以及与税收相关的无谓损失。

第二，该函数没有考虑到企业的策略性反应。例如，为何有些企业支持政府强制实施 HACCP 体系，而有些则持反对意见。并且，还应考虑到 HACCP 体系的实施可能会使小企业处于不利地位。例如，通过模型估算显示，每单位肉类的管制成本由于企业规模的不同而不同，小企业成本更高。这个问题也反映出短期或静态的成本收益分析可能会有误导作用，而如果由于这种管制导致产业集中度发生变化以及不完全竞争，则可能会低估其真实成本。

美国食品安全监督局在对政府管制影响评估时采用上述成本收益理论模型来估测每年的管制收益与成本，估算结果是，若政府采取减少由四种病原体致病致死的风险管制，且管制是完全有效的，那么实施 HACCP 体系和减少病原体管制将产生 9.9 亿～36.9 亿美元（按 1995 年美元计算）的收益。而卫生设施、病原体致病致死样本调查以及 HACCP 计划的设计和实施成本是每年 1 亿美元。美国食品安全监督局由此得出结论，管制的净收益为正。[①]

诚然，虽然针对食品质量安全管制可提出成本收益分析的框架，也就是

① Antle, J. M. Economic Analysis of Food Safety, in *Handbook of Agricultural Economics*, ed. By B. L. Gardner, and G. C. Rausser, Vol. 1. chap. 19, Elsevier Science. 2001: 1120.

说，政府应该在干预的成本小于收益的情况下进行干预，但没有简单的判断可明确，任何案例其管制的成本是否小于收益，尤其是因为社会中的个体所感知的收益和成本具有主观性。[①] 尽管如此，把成本收益分析的理念融入食品质量安全管制制度的设计有助于提高食品质量安全管制的效率。

3. 管制激励企业控制食品质量安全对市场结构的影响。针对食品质量安全的外部性问题，现实中的管制并没有采取庇古福利经济学建议的税收会补贴对外部性进行矫正，而是规定食品使用某种投入或阻止使用特定投入。由于食品质量安全管制限制进入产业的企业数量，因此，提高了企业利润。限制进入的一种方法是阻止低成本技术，仅高成本或适当（特别是受到专利保护）技术可能用来生产某种产品。

假设事先受管制产业由大量竞争性企业组成。任何企业面临的单个需求曲线可简单地表达为 D/n，D 代表市场需求，而 n 代表企业数量，产业的竞争性属性一定，企业将按照其边际成本曲线定价。

根据马弗尔和麦考密克（Marvel and McCormick，1982）的分析，见图2－5，可观察到管制对代表性企业的影响。在没有投入/质量管制的情况下，每个企业生产 q_0 产量，按照市场价格 P_0 销售。

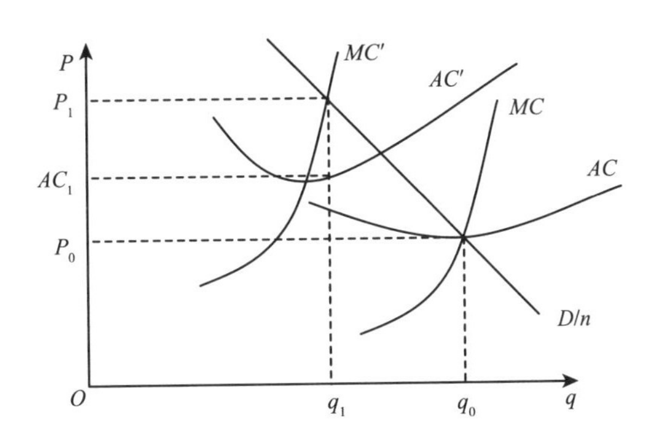

图2－5 管制对食品企业成本的影响

现在假设政府强制管制阻止使用某种投入。例如，啤酒制造商在生产啤酒时不再使用化学防腐剂（如亚硫酸盐）。假设制造商只有选择受专利保护的非化学防腐剂方法，而这种化学制品必须从专利持有者那里购买，或制造

① Buchanan, J. M. *Cost and Choice: An Inquiry in Economic Theory*. Chicago: Markham Publishing Co., 1969.

商可放弃使用任何防腐剂，或以冷藏方式运输，或就在本地销售。有效地限制了两种方法的进入，每个企业的有效平均成本曲线 *AC* 向上移动。

从图 2－5 看，*AC* 移动到 *AC′*，而 *MC* 移动到 *MC′*。为使企业利润增加，*AC′*的最低点必定在单个企业需求曲线 *D/n* 的左侧。具体而言：（1）管制前受限制的投入水平必须在某个产量时成本是最小的；（2）受限制产出不会是低档品；（3）投入限制会使管制前的平均成本与管制后增加了的平均成本曲线间存在差异。

与实际产业相比，这些条件包含一些含义。第一个条件要求产业中一些企业必须在管制前就按照受管制水平运营。通过观察质量管制发现，虽然管制提高了低质量生产者的质量，对已在建议标准运营的高质量企业而言可能从中获益，所以，质量管制提高了产业中所有成员的标准不可能仅增加单个企业的利润。管制仅提高了某些企业的成本，而对于已在管制标准运营的企业是不受影响的。

第二个条件说明低产出水平对生产高质量食品企业而言更有吸引力。该条件要求，高质量生产者必须通过限制产出而不是增加生产来获得更多利润。通过前面的分析发现，高质量企业更可能对品牌资本进行投资（不可收回的资产）。也就是，当受管制的最低质量水平提高时，企业拥有大量不可回收的资产，这样就更可能生产高质量食品，获得超常规回报。

第三个条件说明管制后的评价成本比管制前的平均成本更缺乏弹性。该条件有助于确保 *AC′*的最低点在需求曲线 *D/n* 的左侧，这就保证企业不存在把产量扩张到超出 q_1 的激励。[①]

显然，管制产生的平均成本的上升把边际企业驱除出市场，产业集中度将会增加，产业总产出水平会下降。也就是说，由于受管制最低安全水平的提高，市场集中度会提高，而产出水平会下降。

以强制食品企业实施 HACCP 体系为例。事实证明，企业实施所需的大量投资和技术存在规模经济，这有助于大企业实施 HACCP。[②] 对小企业而言，增加的控制技术和 HACCP 体系培训的固定成本可能是较大的障碍。这样，

---

① Marvel, R. and R. McCormick. A Positive Theory of Environmental Quality Regulation. *Journal of Law and Economics*, 1982, 25 (1): 99.

② MacDonald, James M. and Crutchfield, Stephen. Modeling the costs of food safety regulation. *American Journal of Agricultural Economics*, 1996, 78 (5): 1285－1290.

其强制执行对于小企业而言就会有较大的负担，这将导致在加工产业中集中度的提高。有学者建议，需要针对小企业的公共教育。还有人建议，一旦HACCP体系实施，通过更好地组织劳动或过程可获得更高效率，[①] 如果克服了开始所需成本投入，小企业就可实施HACCP体系。然而，由于实施HACCP体系需要人力资本投入，具有明显规模经济，因此，大企业实施HACCP体系更有效率。这样必然促进产业集中度的提高。

除了食品产业集中度的提高，HACCP管制可能也为整个生产加工的控制食品质量安全的垂直协调提供了更好协调的激励。在上下游交易中不需要检测产品，与上游签订合同或控制生产过程成本比较低廉。这些激励有助于更好的协调，例如，产品的一致性或规定的质量特征迎合特定市场需求，同时也增加了需求。[②] 这样，在发达国家，HACCP管制将为食品产业强化了这两个趋势。

（三）市场声誉与政府管制间的互补与替代关系

食品市场经济良好状态的维持离不开政府管制和声誉机制，两者相辅相成。杨居正、张维迎、周黎安（2008）指出声誉机制与政府管制之间存在着互补与替代关系。[③] 如图2-6所示，声誉机制的经济效益表现在交易成本的降低，一定程度的政府管制措施为声誉机制发挥作用奠定基础，实现一定成本下的最高效益。

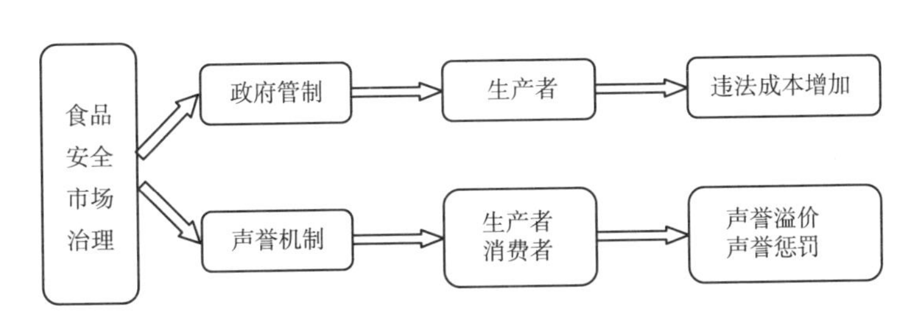

图2-6 食品质量安全控制的市场声誉与政府管制机制

① Mazzocco, Michael. HACCP as a business management tool. *American Journal of Agricultural Economics*, 1996, 78 (3): 770-774.

② Hennessy, D. A. Information asymmetry as a reason for food industry vertical integration. *American Journal of Agricultural Economics*, 1996, 78 (4): 1034-1043.

③ 杨居正、张维迎、周黎安：《信誉与管制的互补与替代——基于网上交易数据的实证研究》，《管理世界》2008年第7期。

管制是政府以制裁手段，对个人或组织的自由决策的一种强制性限制。管制主要是对资格或行动的限制（例如，价格控制或制定质量标准）。针对食品质量安全市场而言，社会可以建立一个管制机构（政府或非政府，主要是政府机构），制定食品质量安全标准，并强迫食品企业按照标准提供产品或服务，对没有服从食品质量安全标准的企业实施惩罚，以促进企业建立声誉机制。政府管制与声誉的建立有密切关系。政府管制与声誉的关系可从需求和供给两个方面考察：从需求方面看，企业越不注重声誉，政府管制就越多；从供给方面看，管制程度本身会影响声誉，必要的管制有助于声誉的建立，但当管制超过一定程度后，政府管制越多，企业越不注重声誉。图 2－7 表示政府管制与声誉的需求和供给曲线。其中，横坐标代表政府管制程度，纵坐标是企业注重声誉程度。

向右下方倾斜的需求曲线表明声誉和政府管制有一定的替代性。企业越注重声誉，对政府管制的需求就越小。在声誉对企业具有完全约束力的情况下，政府管制就可能是完全不需要的；相反，如果声誉对企业没有任何约束力，就需要最高程度的政府管制。

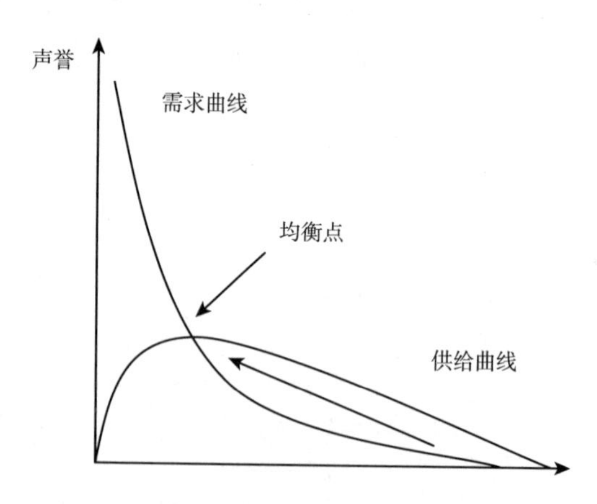

图 2－7　政府管制与声誉的需求和供给曲线

资料来源：张维迎：《产权·激励与公司治理》，经济科学出版社 2005 年版，第 237 页。

供给曲线表明，政府管制对企业声誉的影响并不是单调的。如果没有任何的管制措施，声誉机制就很难发挥作用。一般而言，有助于识别交易主体身份、提高博弈的重复性、传递交易行为信息和对欺骗行为实施有效惩罚的政府管制，会有助于市场声誉的建立。在供给曲线的早期，政府管制增加，市场声誉也增加。但是，随着管制的增加，由于政府的自由裁量权增大，增加了企业面临的不确定性，导致企业更多注重短期利益而不是声誉的建立。并且管制增加不仅会创造垄断租金，而且腐败通常是与管制和许可证同时存在。[①] 所以，过度管制会降低声誉机制的约束力。

从图 2－7 可以看出，在管制与声誉之间是否存在均衡，取决于管制供给曲线的位置和形状，而管制供给曲线由管制效率决定。在图 2－7 中，需求与供给曲线的交点就是管制和声誉的均衡水平。

但是，在图 2－8 中，由于管制效率不高，供给曲线在需求之下，两条曲线无法相交，这时进入“管制陷阱”。在这种情况下，因为企业不注重声誉，政府增加管制，但是管制的结果是企业更加不注重声誉，政府管制不断增加，企业也更加不注重声誉，最后达到死角，只有管制，没有声誉，交易只能在政府的指导下进行。显然，只有在管制效率比较高的情况下，管制才会更有效。这个结论也说明，发达国家的管制比较有效率，管制在发达国家会更有吸引力。相反，在缺乏民主的国家由于滥用权力的风险很大，管制效率低下，在这类国家利用管制方法无疑不是最佳选择。

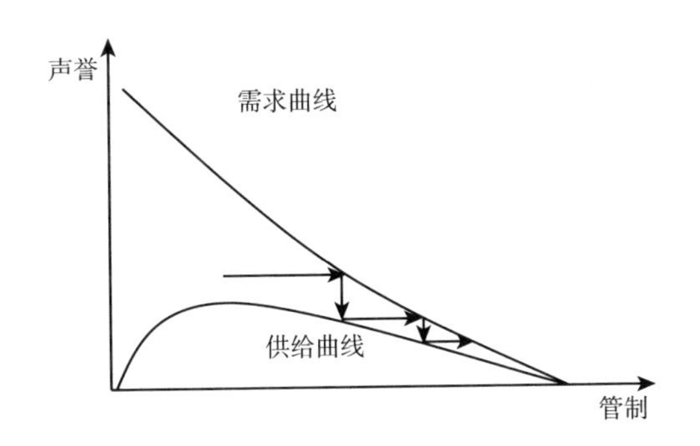

图 2－8　管制陷阱

资料来源：张维迎：《产权 · 激励与公司治理》，经济科学出版社 2005 年版，第 239 页。

我国食品市场发育尚不成熟，声誉机制对企业“人为污染”食品行为的约束力有限。而目前食品质量安全管制制度存在种种缺陷，导致不仅管制效率低，效果差，且陷于“管制陷阱”，让声誉机制失去了应有的约束力。

① 科斯、哈特、斯蒂格利茨等著：《契约经济学》，李风圣主译，经济科学出版社 1999 年版，第 78 页。

第四节 本章小结

有效激励企业控制食品质量安全，必须从最低交易成本角度考虑制度选择和优化问题。我国这些年难以从根本上遏制食品质量安全事件，原因主要在于，食品市场中存在大量的中小企业，这类企业很难通过市场声誉获得应有的收益，这样，“人为污染”食品（失信）就成为这些企业在市场中获取更多利润的明智之举。而部分大企业的失信行为主要是法律和管制制度的约束力不足所致。目前，我国处于经济体制转型期，法律和管制制度不完善，尤其是受到政府管制能力局限，企业失信成本很低，无形中诱导企业提供不安全食品。可以说，激励企业控制食品质量安全的三种制度在不同程度上均存在“失灵”，是我国食品质量安全事件频发的根本原因。

值得注意的是，不同激励制度间的替代关系具有动态性。在食品市场演化过程中，食品产业链上大企业纵向控制能力会不断提升，并且食品市场集中度也将不断提高。这样，通过市场声誉机制激励企业提供安全食品的效果会更好，且效率会更高。目前在市场经济比较发达的国家或地区，市场机制在引导企业提供安全食品方面发挥着越来越重要的作用。诚然，这个过程中，法律和管制制度的不断完善可对食品企业起到约束作用，促进其提供更安全的食品。然而，部分市场发达的国家或地区近年也偶有食品质量安全问题发生，且是企业故意所为。这与这些国家或地区存在不同程度的放松食品质量安全管制不无关系。

要解决这类由于企业失信行为造成的食品质量安全问题，在制度设计过程中，不仅应考虑制度运行的交易成本，还应考虑对食品企业收益和成本的影响。而制度间存在的替代关系，决定了制度设计的动态性。在我国食品市场发育初级阶段，加上我国转型期的法律和管制制度不完善，导致食品质量安全事件频发。食品质量安全关系到每位公民的身心健康，无人愿意接受必须经历食用问题食品的阶段。鉴于此，在法律和管制制度的完善问题上，政府应尽快确定短期、中期和长期目标，通过不断提高法律和管制与市场制度间协作的效率，最终从根本上遏止企业提供不安全食品的行为。

第三章

食品质量安全信息供给主体

企业“人为污染”食品行为根本上是对食品质量安全信息的“隐藏”。随着技术进步和全球化食品贸易进程的加速，农业和食品工业发展到新的阶段。一方面，人们可方便快捷地选择物美价廉的食品；另一方面，新生产方式也让食品链变得更复杂，消费者获取食品质量安全信息的难度在加大，这让企业从食品质量安全的改善中获得回报变得困难，降低了企业生产经营优质安全食品的积极性。显然，信息缺乏增加了市场中食品质量安全的交易成本。不论是食品链终端的消费者，还是中端加工企业，信息的有效传递对提高食品质量安全起到了促进作用。因此，质量安全信息有效供给是降低食品市场交易成本的关键。面对频发的食品质量安全问题，消费者要求政府加强披露有关食品质量安全信息。然而，政府管制机构获取和披露任何食品质量安全信息均需支付相应成本。尤其是从“田园到餐桌”供应链的延伸，政府很难掌握企业生产加工食品的所有关键信息。因此，通过第三方认证机构①向消费者传递相关信息，不仅可弥补政府信息供给不足，且可节约政府开支。第三方认证机构的信息搜集与传递，消费者借助市场声誉机制“用脚投票”，可避免因政府管制对市场的扭曲。事实证明，食品质量安全信息供给不能单凭政府或第三方认证机构。本书针对食品质量安全信息供给主体，探讨政府与第三方认证机构间通过优势互补，缓解食品质量安全市场中的信息不完备问题。

---

① 第三方认证机构（third-party certification，TPC）是指在市场驱动下，通过对企业原材料采购至产成品完工的整个生产过程进行关键点信息的搜寻、采集、分析处理，最终以加贴标签或是认证评级等方式将产品信息提供给消费者的独立非政府机构。TPC是一种产品信息披露的非政府社会治理工具，源于满足市场交易活动、建立信用以及降低交易成本等需求。

第一节　食品质量安全信息供给对消费者和企业行为的影响

作为食品供应链上的终端接受者，消费者行为以及需求偏好会在一定程度上引导食品企业的生产选择，间接改变食品企业行为选择甚至生产模式，对于食品质量安全这类具有信用品属性的商品来说亦是如此。如果消费者选择优质安全的食品，则会引导企业生产优质安全食品；反之，企业则生产质量低劣的食品以迎合消费者需求。而对于消费者而言，其选择行为及偏好往往受制于其所能接收到的相关信息多少以及可靠程度。显然，食品质量安全信息供给对消费者选择以及企业生产经营行为都有重要影响。

一、食品质量安全信息供给对消费者行为的影响

食品质量安全信息供给，是指与食品质量安全相关的基本生产、原料配方、添加剂以及认证审核等所有真实信息，被食品生产商、其他利益相关机构或是外部独立的第三方势力通过食品供应链或其他传播媒介最终传递至终端消费者处的过程。诚然，食品质量安全信息传递过程可能通畅，也可能受阻。

食品质量安全信息传递通畅情况下，一般假设：（1）与食品质量安全所有相关的信息都能够有效且及时地传递至消费者；（2）消费者有能力分辨处理所接收到相关食品质量安全信息；（3）食品市场不存在进入退出壁垒。这种情况下，一旦食品市场中出现劣质安全系数低的食品，消费者必然拒绝购买。其结果则是此类食品及其生产经营企业被市场淘汰。也就是说，在信息完备条件下，消费者购买选择引导食品企业提供优质安全的食品。

而在食品质量安全信息传递受阻情况下，一般假设：（1）与食品质量安全相关信息在传递给消费者过程中受到某种程度的阻碍，即食品企业或其他竞争者利用各种手段阻碍信息传播，或传递虚假信息；（2）消费者受到专业知识局限，没有能力辨别处理所接收到的食品质量安全信息；（3）食品市场不存在进入退出壁垒。也就是说，在信息不完备条件下，很难通过消费者选

择引导食品企业提供优质安全的食品。

二、食品质量安全信息供给对企业行为的影响

食品质量安全信息从食品链上游向下游传递，在一定约束下，随着食品链的延长，从上游到下游，食品质量安全信息缺失程度在加剧。而信息缺失程度则取决于信息传递效率的高低。

食品质量安全信息传递通畅情况下，一般假设：（1）食品的品质及安全性与企业投入呈正相关；（2）特定的食品市场属于垄断竞争市场，不同企业生产有差异但同时是可替代的食品；（3）食品质量安全信息的传递在食品链中是通畅的。这种市场环境下，企业生产优质安全食品所需的高投入可在市场中以高价格得到补偿，这对企业向市场提供优质安全食品有很强的激励作用。

然而，食品质量安全信息传递受阻情况下，一般假设：（1）食品的品质及安全性与企业投入呈正相关；（2）特定的食品市场属于垄断竞争市场，不同企业生产有差异但同时是可替代的食品；（3）食品质量安全信息在供应链中的传递受到阻碍。这种情况下，企业作为信息优势方，如果生产更高质量安全水平的食品所需更高的边际成本得不到补偿，或者企业通过回避信息披露能够获得更高利润，则企业就没有激励去提供质量安全信息。尤其是具有信用品属性的食品质量安全市场，一旦质量安全信息的传递受阻，企业则可能利用信息优势侵害消费者利益。

第二节 食品质量安全信息投入费用及供给主体

随着日新月异的科学技术越来越多地应用到食品加工中，让食品制造工艺及材料选择越来越多样化，同时因为其生产技术、制作工艺以及材料成分趋于复杂，超出了多数消费者的认知和经验范围。根据第二章食品质量安全信息属性分类，食品质量安全信息分为搜寻品、经验品与信用品等。现实中，只有在质量安全投入能获得应有回报时，食品企业才有动力生产优质安全食品。但对于具有信用品属性的食品，受消费者获取信息的局限，则会诱导企

业通过隐藏存在安全隐患的信息以获取更高利润。可见，食品质量安全事件多数由于消费者无法获取具有信用品属性的质量安全信息所致。

客观而论，消费者获取食品质量安全信息的局限取决于获取信息的费用。也就是说，不论是搜寻品、经验品还是信用品，获取信息都需付出一定成本。其中，信用品属性的信息则需通过专业检测来获取，其所需成本较高。张五常（2015）认为，隐瞒信息有利可图，而可靠信息的获取需要很大的投资。与其他投资无异，获取信息的投资也需通过市价来弥补。① 如果食品属于“劣”品，信息投入费用占食品市价比重较高，信息费用则很难通过市价得到补偿，会先遭到淘汰；如果食品属于“优”品，信息投入费用占食品市价比重较低，信息投入费用则可通过市价得到补偿，会有生存机会。② 也就是说，市场出现“劣币驱逐良币”现象，其本质在于这所谓“良币”并非真“良币”，因为“良币”或“优品”的市价有能力承担信息费用，而“劣币”或“劣品”的市价没有能力承担信息费用，这样，优质的会淘汰劣质的。也就是说，鉴定食品质量安全信息的专业检测机构的出现需要食品“值钱”。显然“不值钱”食品的质量安全信息费用很难通过市价得到补偿。这就涉及政府与第三方认证机构在食品质量安全信息供给方面的分工问题。

根据信息经济理论，可分享性将信息划分为共用与私用信息。谢俊贵（2004）指出，共用信息是指基于信息共享特征，由政府机构在行政过程中产生、收集、整理、传输、发布、使用、储存和清理，并能为全体社会公众共同拥有和利用的信息。③ 而私用信息是指那些不能免费获取使用的信息，除非你为此支付一定费用，具有排他性。对于食品质量安全信息来说，因为其边际成本为零，或说信息复制成本微不足道，因而食品质量安全信息拥有与生俱来的非竞争性，但最初信息生产成本（固定成本）却很高。诸如质量安全信息的搜寻与加工处理成本，这绝非单个消费者能够承担得起的，需要具备一定规模的专业机构才能承担食品质量安全信息供给，此时具有共用信

① 张五常：《经济解释》，中信出版社 2015 年版，第 657～677 页。

② 例如，品质较差蔬菜，在没有信息投入情况下，其售价 1 元/斤，如果信息投入 0.1 元/斤，则相当于蔬菜成本提升 10%；对于品质较好蔬菜，在没有信息投入情况下，其售价 2 元/斤，如果信息投入 0.1 元/斤，则相当于蔬菜成本提升 5%。显然，信息投入对于品质好的蔬菜而言，有助于提升市场竞争力。

③ 谢俊贵：《公共信息学》，湖南师范大学出版社 2004 年版，第 44～45 页。

息的属性。然而，信息会在特定条件下实现排他性，因为任何消费者可通过搜寻成本的付出以换取属于自己享有的质量安全信息，这种搜寻成本可以是时间、技术或是货币支出，而其他消费者则无法获取。换句话说，该食品质量安全信息的“产权”属于该消费者，此时信息又具有私用属性。诚然，部分信息由第三方认证机构提供，其认证费用则通过食品销售让消费者负担。购买食品的消费者是信息费用的支付者，也是信息的享用者。其结果，未付费的消费者则不能获得相应信息。排他性让信息具有私用属性。这样，如果食品属于“优品”，就可通过消费者的货币支出补偿信息投入以获得所需信息。由此可见，食品质量安全信息第三方认证机构供给必须满足两个条件，即食品属于“优品”以及信息供给的排他性。

第三节 食品质量安全信息供给主体的选择

一、食品质量安全信息政府供给及其局限性

（一）食品质量安全信息政府供给

我们知道，部分食品质量安全信息属于公众普遍需要的基本信息，诸如定期公布食品质量安全总体状况的信息，以及在发生食品质量安全事件情况下，需及时向公众发布关于事件应对及处理情况的信息等。这类信息供给（披露）具有共用品属性，即相关信息一旦生成，增加消费者对信息的获取与使用不需增加成本，同时也不能对信息使用者进行收费。也就是说，食品质量安全信息生成后具有非竞争性和非排他性。以价格为导向的市场机制无法提供这类信息，这就需政府承担披露这类公众普遍需要信息的责任。诚然，政府管制机构的公信力也为其在披露食品质量安全基本信息方面提供了应有的优势。

（二）食品质量安全信息政府供给的局限性

尽管部分食品质量安全信息的共用性决定了政府供给的必要，但就信息供给而言，政府供给也有局限性。

1. 政府供给需付出不菲的交易费用。质量安全信息政府供给，实质上是

政府对食品质量安全信息实施管制，是政府针对质量安全信息与企业签订契约，并对企业履约情况进行监督。这个过程中，与政府实施食品质量安全信息管制相关的费用属于交易费用。这些交易费用一方面包括对质量安全信息的搜寻、管理和寻租费用，以及由于食品企业对管制不服引起的行政执行成本和纠纷诉讼费等；另一方面还包括政府为确保质量安全信息披露制度的执行而需扩招管制人员、增加信息检验披露费等。显然，面对作为信息优势方的企业会选择隐藏信息的现状，为改善管制效果，在专业技术水平限制下，政府管制机构需要付出大量人力物力，这些正是政府实施食品质量安全信息管制需承担的交易费用。

2. 产权界定不明晰导致政府供给不足。尽管政府管制机构担当向公众提供食品质量安全信息的责任，但产权不明晰是信息政府供给不足的重要原因。这是因为，尽管公职人员为政府管制机构服务，但任何公职人员都不拥有政府管制机构的产权，这种情况下，作为管制者的公职人员则缺乏信息供给的激励。就算是由于信息供给不足引发食品质量安全事件，消费者对政府管制机构产生信任危机，但这对管制机构的公职人员而言并没有直接的利益损害。因此，缺乏激励下政府管制机构很难满足公众对食品质量安全信息的需求。

3. 政府供给下的“俘虏”问题。斯蒂格勒（Stigler，1971）认为，尽管政府实施信息管制是为满足公众需求而提供的规避市场机制可能存在风险的强制性契约，但政府在履行管制职责过程中，也有自身利益需要得到满足。这样，企业通常存在激励采取某些手段（如货币、选票等）“俘虏”管制者，使其提供有利于该企业集团的管制政策。[①] 政府管制效率受信息租金（政府与企业间信息不对称引发的成本）制约。如果信息传递通畅，食品企业则失去获取信息租金的动力，也就没有激励去操纵管制结果。如果信息传递出现障碍，食品企业则有激励去抽取信息租金，企业利益集团通过寻租手段要求管制机构披露对其有利的信息，同时，管制机构为抽取租金流而提供满足利益集团的信息披露制度，最终被利益集团“俘虏”。也就是说，政府管制初衷是保护消费者利益，但一旦被“俘虏”，政府管制机构则包庇企业利益集团，消费者权益遭到损害，而管制机构却满足了自身利益的要求。

---

① Stigler. G. The Theory of Economic Regulation. *Bell Journal of Economics & Management Science*, 1971, 2 (1): 3－21.

4. 政府供给下的委托—代理关系。可以把政府对食品质量安全信息实施管制视为委托—代理关系，即消费者与政府管制机构间的委托—代理关系，以及政府管制机构与食品企业间的委托—代理关系。[①] 在消费者与管制机构的委托—代理关系中，作为代理方的管制机构，为消费者提供所需要的食品质量安全信息。消费者作为委托方，期望政府能够真实有效地披露食品质量安全信息以缓解其与食品企业间的信息不对称。而管制机构与食品企业的委托—代理关系中，管制制度作为强制性契约，食品企业作为代理人，强制性受托向政府提供必要的质量安全信息，向消费者供应优质安全的食品。在委托—代理关系中，代理人存在机会主义倾向。在这种"双重"委托—代理关系中，一方面由于食品质量安全信息供给并非为了满足政府管制机构本身的需求，其缺乏按照消费者需求提供应有信息的动力，甚至可能被食品企业"俘虏"；另一方面，政府管制机构受到财政预算的限制，在对食品企业机会主义行为实施管制的过程中，可能会让管制达不到预期的效果，给食品企业生产经营存在安全隐患的食品提供了可能。显然，"双重"委托—代理关系让政府管制出现一定程度的"失灵"。

鉴于政府供给的局限性，除了具备非排他性和非竞争性的食品质量安全信息由政府供给外，其他则应由市场中的第三方认证机构供给。

二、食品质量安全信息的第三方认证机构供给

（一）食品质量安全信息私用性为第三方认证机构提供发展空间

布坎南（1991）提出共用品收益的排他性有强弱大小之分，排他的实现取决于排他成本是否高昂；排他范围小至社区团体，大至国家，呈不同程度分布，如果排他成本过高，则政府应承担供给责任，通过税收，共用品实行免费供给；如果可实现成本补偿，则应让私人机构进入市场。[②] 尽管按照边际成本原理，多增加一个消费者的成本为零，但这并不能忽略共用品本身存在成本补偿的要求。也就是说，当不存在任何技术障碍的排他性前提下，共

① 让·雅克·拉丰：《激励理论：委托—代理模型》，中国人民大学出版社 2002 年版，第 110 页。

② 詹姆斯·布坎南：《公共财政》，中国财政经济出版社 1991 年版，第 92 页。

用品可在特定范围内由私人机构提供。就部分食品质量安全信息（如认证信息）而言，某类食品质量安全信息通过认证，多增加一个消费者获取认证信息不会增加认证成本，但认证机构可通过认证食品的销售获得认证费用，"共用品"转为"私用品"。鉴于食品质量安全认证等信息在获取使用上存在排他性，通过市场中第三方认证机构提供具有可行性。根据产权理论，第三方认证机构拥有食品质量安全信息收益权，说明信息自食品生产出来就明确了产权归属，这可激励第三方认证机构的信息供给。

（二）第三方认证机构食品质量安全信息供给的必然性

1. 第三方认证机构为延伸的食品链搭建"桥梁"。现代社会专业化分工越来越明确，食品链也逐渐延伸，为促使相互间没有传统社会那种"熟人"关系的供求双方建立起交易的信任基础，第三方认证机构担当起交易双方信任的"桥梁"。这是因为，处于食品链下游的需求方需获取拟购食品的质量安全信息以做出最优购买决策，而食品链上游供给方则需获得需求方对其食品具备的优质与安全属性的认可以补偿其质量安全的投入成本。因此，介于供需双方间独立的第三方认证机构凭借专业优势，将食品质量安全信息通过披露和转化（认证标识和产品评级）真实有效地向消费者传递，促使供需双方完成交易。

2. 第三方认证机构满足了消费者需求的多样性。与食品在市场中的多样性类似，公众对食品质量安全信息的需求也呈现异质性，除上述需政府管制机构向公众提供普遍需要的食品质量安全信息外，诸如食品质量安全认证等信息①则主要第三方认证机构提供。

在食品质量安全市场中，消费者收入、教育水平和偏好等存在不同程度差异，因此在面对同一类食品时其需求也就各不相同，这其中包括对食品质量安全水平的需求。当消费者收入、教育水平较高时选择食品的质量安全水平会较高；反之，则较低。为满足消费者食品质量安全需求的多样性，在质

① 如前文所分析，第三方认证机构的认证信息供给前提之一是食品足够"优"，市场中有认证标识的食品应具备高品质特征。而企业愿意选择第三方认证制度的原因在于，不同企业能够通过产品认证的成本与其生产能力成反比。也就是说，能力强（提供优品）的企业，可以较低成本获得认证机构的认可；反之，实力较弱（提供劣品）的企业要获得认证则需要支付较高成本。显然，认证制度不仅可区分优劣品，还可区分实力不同的企业。

量安全信息供给层面就必不可少地出现差异化。

面对消费者食品质量安全的差异化需求，则应由具有专业优势的第三方认证机构提供相应差异化的食品质量安全信息。具体而言，第三方认证机构根据食品企业所生产出食品的质量安全风险程度的不同，利用其声誉担保的信息传递机制转化为一种易于消费者识别的标签或标识，从而让消费者选择购买使其效用最大化的食品。与政府统一强制性披露的标准信息不同，第三方认证机构所认证的不同食品标签传递了代表不同质量安全风险程度的信息，这种对某一类食品质量安全程度的细分满足了各层次消费者的偏好。

3. 第三方认证机构可弥补政府信息供给不足并提高管制效率。客观而论，信息供给不足是食品质量安全问题时有发生的原因之一。近年来政府管制机构在食品质量安全问题治理上的公共支出不断增长，但综观整个食品链，全方位管制不仅从专业技术层面很难实现，所需花费人力物力的投入对于政府管制机构而言也是“心有余而力不足”，尤其是政府管制还会引诱食品企业的寻租以及由此产生的腐败现象。与政府管制机构不同的是，明确的产权制度使市场中的第三方认证机构的从业人员有着更强的激励披露真实有效的食品质量安全信息，因为如果消费者对第三方认证机构产生了信任危机，对第三方认证机构而言则是被市场淘汰出局。显然，在市场竞争的约束下，拥有明晰产权的第三方认证机构在食品质量安全信息披露方面可弥补行政垄断下的政府管制机构信息供给的不足。

在引入第三方认证机构提供食品质量安全信息后，消费者可通过市场机制获取必要的食品质量安全信息，这就相应地降低了对政府管制机构提供食品质量安全信息供给的需求，相应地减少了政府管制机构在食品质量安全信息方面的公共支出。尤其是，第三方认证机构拥有政府管制机构没有掌握的食品质量安全信息，政府管制机构则可向第三方认证机构购买这类信息，对食品质量安全市场进行有效的管制。因此，第三方认证机构参与质量安全信息的供给会在很大程度上提高政府管制机构的效率。第三方认证机构成为政府管制食品质量安全市场、披露食品质量安全信息的重要补充。

与政府垄断食品质量安全信息供给相比，第三方认证机构提供食品质量安全信息，不仅可以减少政府财政的压力，且在竞争约束下有助于提升资源配置效率。诚然，第三方认证机构作为非政府机构在食品质量安全信息供给层面也存在先天不足，这就需要在制度设计方面进行完善。为了能够切实做到为公众利益服务，弥补政府管制与市场机制的失灵，实现社会福利最大化的目标，TPC 在市场活动中应当遵循的基本原则有：（1）客观性原则；（2）独立性原则；（3）权威性原则；（4）标准化原则；（5）公开性原则。

TPC 机构将食品企业的信息（尤其是具有信用品特征的信息）通过揭示和转化（认证标识和信用评级）如实地反映出来，如图 3－1 所示，使消费者可以直观地了解何种企业的食品属于优质安全值得购买，并且可满足对食品质量安全有不同程度需求的消费者，以便他们做出最优购买决策，以此来消除食品质量安全市场的不对称，促进市场公平交易。

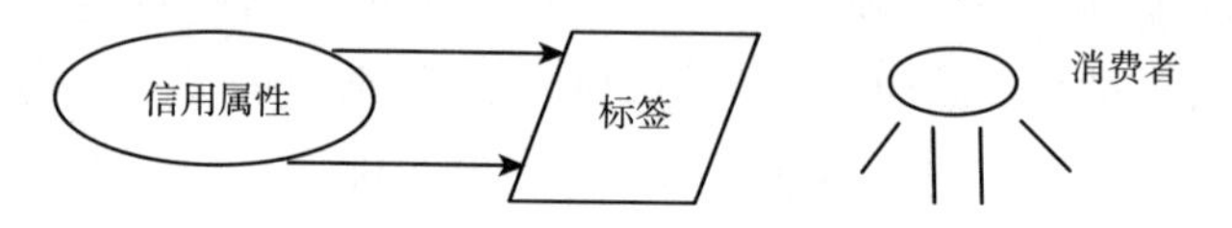

图 3－1　食品第三方认证机理示意

TPC 机构的食品质量安全信息供给可概括为以下三大功能：（1）辨别集约功能，TPC 机构是专业化的信息搜集与处理中介机构，可避免单个消费者搜寻和辨别质量安全信息所形成的重复与无效成本，具有信息成本的集约功能；（2）信息整合功能，TPC 机构是专业化信息传播与披露中介机构，可将食品企业复杂的生产工艺与原材料采购所形成的信息，通过加贴标签转化为简单的标识信息，是一种对质量安全信息的提炼与简化，促进信息有效传递；（3）传递润滑功能，TPC 机构将声誉资产作为抵押，为被认证食品进行担保，促进食品质量安全信息的传递，缓解市场中的信息不对称。

为确保 TPC 机构的食品质量安全信息对外披露的功能能够正常运行，其自身的中介信用系统是不可或缺的重要组成要素。现实生活中，社会信用系统通常可划分为两个子系统：交互信用系统与中介信用系统，如果参与交易的双方之间互相提供信用，例如甲信任乙，同时乙信任甲，这就是互相提供信用。如果甲信任丙，同时乙信任丙，这样丙就成了乙向甲提供信用的中介，如果缺少了丙这个信用中介，则甲很难信任乙。换句话说，即使如果甲不接受乙的承诺，但甲愿意接受丙的承诺，同样乙也愿意接受丙的承诺，而这种承诺可以被应用于甲和乙的交易中，这就是信用中介系统。① 在食品质量安

① 李钢、程远先：《论市场经济条件下的信用选择》，《经济问题》2003 年第 4 期。

全市场中，TPC 机构就是介于消费者甲和食品企业乙之间的交换中介丙。在最初简单的市场体系下，产品交易在小范围内进行，交互信用系统可保障食品质量安全信息的有效传递，因此可不需要 TPC 机构的存在。但在现代社会市场体系下，随着食品供应链的延伸，使供应链上下游以及企业与消费者之间很难建立起交互信用关系，因此，TPC 机构就成为消费者与食品企业间让质量安全信息有效传递的信用中介。

食品企业的声誉效应从基于消费者或供应链下游生产商的角度来看，可作为一种凭借 TPC 机构专业化的搜集处理以及提炼转化而向外界披露的易于辨别与传播的质量安全信号，在现实中具象化就是企业品牌。企业品牌存在的本质是向市场传递关于食品质量安全信号，以降低消费者搜寻成本，促进食品质量安全市场的信息交易。因为作为一种可传递的质量安全信号，声誉效应本质上就是企业独一无二的“身份证”，企业通过该“身份证”可向消费者传递自己产品在性能、质量、安全等方面的优势，从而降低消费者“逆向选择”发生概率，形成外在的品牌信用，因此能够作为一种可让消费者识别的质量安全信号在市场中广泛传播。根据《中国八大城市食品质量安全公众认知度调查报告》可以得知，品牌、标签标识是消费者选购食品时进行安全性判断的优先考虑因素，二者合计的占比高达 63.81%，而根据单纯的食品价格因素就判断其安全性从而选购食品的比例仅占 4.83%（见表 3－1）。

表 3－1　消费者选购食品判断食品安全性的依据

选择依据	购买场所	品牌	标签标识	价格	亲友推荐	总数
样本量	881	1474	969	185	320	3829
占比（%）	23.01	38.50	25.31	4.83	8.35	100

资料来源：唐民皓：《食品药品安全与监管政策研究报告（2012）》，社会科学文献出版社 2012 年版，第 136 页。

根据我国目前食品质量安全市场，仅凭价格信号传递食品质量安全信息不能满足消费者的需求，亟待非价格信号缓解质量安全市场中的信息不对称，促使消费者支付价格能够补偿食品企业因质量安全投入而产生的溢出成本。当作为信用中介的 TPC 机构融入食品质量安全市场的供需双方后，其通过对食品“加贴标签”的方式，将消费者难以察觉而食品企业却投入巨大的无形资产——声誉具象化在食品标识上传递给消费者或是下游生产商，而根据迈克尔·斯宾塞（Michael Spence）的信号传递理论，尽管企业存在激励会主动向消费者传递质量安全信号以让消费者能够区分其自身的产品并得到认可，但在面对具有信用品特征的质量安全市场时，作为信息优势方的企业，一方面会隐瞒食品的部分关键信息，另一方面也诱使企业夸大虚报食品的部分信息，导致消费者在决策过程中可能质疑企业传递信息的真实性，此时消费者更倾向于信任独立的第三方，借助第三方的相关认证对某个品牌产生信任。因此，食品企业声誉的信号能够被 TPC 机构搜集转化传递，从而得到认可，这样就可弥补价格信号因为信用品特征而造成的供需信息不对称，促使食品质量安全市场达到均衡。

在上述声誉信号传递过程中，认证作为一种建立信用同时传递信用的手段，在建立信用方面，TPC 机构可有效地将自身声誉资产与被认证的食品企业信用重组成一个崭新且附带认证标识的复合食品信用，以此获得供应链下游企业与消费者的认可，并完成被认证企业及其产品的信用增值；而在信用传递方面，TPC 机构愿意为认证食品提供信用担保，是基于它检测后完全获取了认证食品信息，即认证食品与 TPC 机构间是一种信用交互关系，TPC 机构以声誉资产交换食品质量安全信息，认证食品以信息换取 TPC 机构以声誉作为担保的信用，该过程是一种信用交互，正是这类过程的客观存在，TPC 机构才可能从事信用中介活动，形成社会化专业性中介信用关系。交换过程是信息传递过程，即认证活动的开展是基于 TPC 机构与被认证企业间的质量安全信息是完全的，否则认证活动就是无效的。同时，TPC 机构获取信息并非为了霸占，而是为将获取信息转化为市场通用信息（认证标识和信用评级）。TPC 机构以认证标识为信号向市场传递信息，在使用声誉资产的同时，又因为消费者的认可使声誉资产实现了自我增值。通过认证标识的传导机制能够弥补信息不对称，降低信息搜寻成本，因此，认证收费是一种信息租值。

企业愿意选择第三方认证制度的原因在于，不同企业能够通过产品认证的成本与其生产能力成反比。也就是说，能力强（提供优质产品）的企业，可以较低成本获得认证机构的认可；反之，实力较弱（提供劣质产品）的企业要获得认证则需要支付较高成本。这样，就可通过认证制度将不同企业分离开来。

假设市场上只有两种类型的企业：实力较强和较弱企业。实力较弱的企业能够提供符合认证要求的边际产品为 a_1，实力较强的企业能够提供认证要求的边际产品为 a_2，其中 $a_1 < a_2$。假设企业总数为 L，其中实力较强企业所占比率为 b，且 $0 < b < 1$，则实力较强企业总数为 bL，实力较弱企业总数为 $(1-b)L$。为简化起见，假设生产函数是线性的，则消费者可获得符合认证要求的期望产出可表示为：$y = a_1(1-b)L + a_2bL$。如果信息市场为完全竞争市场，则消费者就有充分信息向不同实力企业支付不同水平的货币，即 $w_1 = a_1$，$w_2 = a_2$，此时企业的期望利润为零。但在信息不对称时，企业知道自己的真实行为，而消费者在与企业交往之前并不能识别企业行为，于是只好向所有企业支付等于它们平均劳动生产率的货币：$w = (1-b)a_1L + ba_2L$，对实力较强企业而言，显然有 $w < w_1$，这正是“逆向选择”的表现。这种情况下，实力较强企业无法接受。在认证制度下，消费者能够获得区分两种类型的某种信号，就可根据不同市场信号给予不同支付，“逆向选择”问题就有可能化解。设 e_1 和 c_1 分别表示实力较弱的企业获得认证的程度和单位成本，e_2 和 c_2 分别表示实力较强的企业获得认证的程度和单位成本。此时 c_1e_1 为实力较弱企业获得认证的总成本；c_2e_2 为实力较强企业获得认证的总成本。假设实力较弱企业的单位认证成本比实力较强的企业高，即 $c_1 > c_2$。现在有两种决策需要考虑，企业必须对获得多少认证作出决策，而消费者则必须对向具有不同认证程度的企业支付多少货币作出决策。为简单起见，假定获得认证的唯一价值就是提供了区别不同企业类型的信号。这时必然存在一个市场均衡：实力不同企业获得不同程度认证，而消费者则把权威认证当作区分不同类型企业的信号。假定消费者使用这样的决策规则：任何获得认证达到或高于 e^* 的企业都作为实力较强的，并给予高货币支付 a_2；任何获得认证低于 e^* 的企业都作为实力较弱的，并给予低货币支付 a_1。企业选择的 e^* 可以是满足下述不等式中的任意一个取值：$(a_2 - a_1)/c_1 < e^* < (a_2 - a_1)/c_2$ 在 $a_1 < a_2$ 和 $c_1 > c_2$ 条件下，一定存在这样一个 e^*，只要 e^* 的取值满足上述不等式，则每个实力较强的企业都将选择 e^* 的认证水平，每个实力较弱的企业都将选择 e_1 的认证水平，从而达到均衡状态，上述信号均衡也被称为“分离均衡”，其可有效地将不同类型的产品分离区分。[①] 因此，第三方认证的根本作用在于向市场

① 樊根耀：《环境认证制度与企业环境行为的自律》，《中国环境管理》2002 年第 12 期。

传递易于识别的信号，使消费者能够根据这一信号做出最优购买决策。在分离均衡的情形下，因为其信号传递作用，实力较强的企业更愿意选择第三方认证，以区别于实力较弱企业。实践表明，利用第三方认证的标签作为信号传递弥补市场价格机制，可获得更多消费者的“货币选票”。

显然，在引入第三方认证机构提供食品质量安全信息后，消费者通过市场获取必要信息，这就相应地减少了政府信息供给方面的支出。另外，第三方认证机构拥有政府没有掌握的信息，政府可向其购买这类信息，对食品质量安全市场进行有效管制。[①] 因此，第三方认证机构的信息供给不仅成为政府披露和管制食品质量安全信息的重要补充，且在很大程度上提高了政府管制效率。

（三）市场信用是第三方认证机构信息供给真实有效的保障

第三方认证机构作为非政府机构在信息供给方面也有先天不足。为确保第三方认证机构信息供给真实有效，市场信用的约束是前提。认证作为一种建立信用同时传递信用的手段，在建立信用过程中，第三方认证机构可有效地将其声誉资本与被认证企业的信用重组成一个崭新且附带认证标识的复合食品信用，以此获得食品链下游企业与消费者的认可，并完成了被认证企业及其产品的信用增值；而在信用传递方面，第三方认证机构愿意为认证食品提供信用担保，是基于它检测后完全获取了认证食品信息，即认证食品企业与第三方认证机构间是一种信用交互关系，第三方认证机构以声誉资本交换食品质量安全信息，被认证企业以食品信息换取第三方认证机构以声誉作为担保的信用，该过程是一种信用交互，正是这类过程的客观存在，第三方认证机构才可能从事信用中介活动，形成社会化的专业性中介信用关系。交换过程就是一个信息传递过程，即认证活动的开展是基于第三方认证机构与被认证企业间的信息是完全的，否则认证活动无效。同时，第三方认证机构获取信息并非为了占有，而是为将获取信息转化为市场通用信息（认证标识和信用评级）。第三方认证机构以认证标识为信号向市场传递信息，在使用声誉资本的同时，又因为消费者的认可使声誉资本实现增值。也就是说，第三

---

① 根据项目组到食品监管机构的调研，受专业性及财政预算的约束，部分食品质量安全信息均通过政府监管机构向第三方机构购买获得。

方认证机构自身信用的约束是信息供给真实有效的保障。

三、实践中政府与第三方认证机构食品质量安全信息供给

实践中的食品质量安全信息供给，政府与第三方认证机构有不同的定位和分工。

（一）食品质量安全信息的政府供给

1. 政府履行常规信息的收集与披露责任。鉴于部分关于食品质量安全信息是为满足公众普遍的基本需求，政府借助其公信力和强制力向社会公布这类基本信息。现实中，政府在履行常规食品质量安全抽查过程中，对于发现的问题均借助相应信息平台进行通报。[①] 政府管制机构披露的信息主要包括国家食品质量安全总体情况、食品质量安全风险评估信息和食品质量安全风险警示信息、重大食品质量安全事故及其处理信息、其他重要的食品质量安全信息和国务院确定的需要统一公布的信息。另外，消费者还可在政府信息披露平台对食品企业相关资质进行检索，获取企业征信以及基本生产经营信息，确保在需要时能够了解食品生产经营企业基本信息。

诚然，政府管制机构在信息披露过程中还存在一些问题，如管制机构发布的多数信息都是以通报工作的形式发布，且很多关键信息都是事后发布，而并未进行分类整理，不便于公众查找，且发布信息效率也较低。另外，目前食品质量安全信息披露的官方渠道基本集中在政府网站、公报、新闻发布会、广播电视，辅以报纸杂志和网络平台等。现行食品质量安全信息发布渠道尚比较落后，未建立完善的长效机制，尤其是关键的食品质量安全信息更新不及时，各渠道间缺乏沟通协调，缺乏统一标准，这为信息失真留下隐患，易引起消费者信任危机。

2. 政府管制机构应对紧急食品质量安全事故——以三聚氰胺事件为例。2006 年初，我国已初步形成一套较为完善的突发食品质量安全事故的应急方

① 农业部、质检部、工商总局以及食药局在经过检验检测后，会将信息公布至政府公共信息披露平台上，诸如国家食品工业企业诚信信息公共服务平台（http：//www. foodcredit. org. cn/）、国家食品药品监督管理总局（http：//www. sda. gov. cn/WS01/CL0001/）、国家食品质量监督检验中心（http：//www. cfda. com. cn/）、中国质量监督业务平台（http：//www. cqs. gov. cn/）等相关政府机构设立的官方网站。

案体系，这其中包括一旦发生重大食品质量安全事故，政府对食品质量安全信息的披露应急机制。三聚氰胺事件前，政府管制机构处于管制真空的严重失职状态，对于劣质奶粉的质检信息披露严重不足。三聚氰胺事件后，政府对社会舆论的引导发挥了至关重要的作用，实时披露中央及地方检测机构的最新检验结果，对劣质奶粉一经发现，及时通报披露并反馈给执法部门，确保第一时间进行处置。在官方宣传平台科普报道乳制品的有关知识，同时将三聚氰胺检测结果等信息免费向消费者及生产加工企业开放。另外，对出现的部分误导性的虚假报道予以及时澄清，确保消费者不因虚假信息过度恐慌。在三聚氰胺引发的质量安全危机事件中，作为处理危机事件主体的政府充分发挥其优势，对处理方案自上而下地有效披露，同时将搜集到的信息自下而上进行有效反馈，确保消费者以及乳制品行业的信息传递通畅，借助新闻媒体及其他官方平台第一时间报道事件的最新进展，将当时乳品行业危机影响降至最低。

（二）食品质量安全信息的第三方认证机构供给——以方圆标志认证集团为例

方圆标志认证集团（方圆标志认证中心，CQM）是经国家工商部门批准的，从事认证、培训、咨询、科研、政策研究、标准制定业务的企业集团，其核心企业方圆标志认证集团有限公司是经国家认证认可监督行政主管部门批准，在中国注册的具有独立法人资格的第三方认证机构。其集团下属 24 家控股子公司、5 家分公司，目前已形成覆盖全国的服务网络。并且始终以打造标准、认证、检验三位一体协调发展的集团为目标而不断发展壮大。经国家认证认可监督行政主管部门批准，方圆具备质量、环境、职业健康与安全、食品安全及危害分析与关键控制点管理体系（HACCP）国家注册审核员、内审员培训资格；同时，其还为顾客提供管理改进、标准制定等多项个性化增值服务。

在食品质量安全认证方面，方圆标志集团在同行中鹤立鸡群，为满足消费者差异性偏好以及细分市场，其第三方认证分为体系认证与产品认证。方圆标志集团的认证业务不仅覆盖范围广，且有鲜明层次性，即不仅包括对食品基础的质量安全检验认证，在一定程度上分担了政府部门的检测压力；还具有更高质量安全标准的质量检测认证，以满足对食品质量安全有更高要求的消费者偏好。另外，方圆标志集团在其所有的认证标签上都会有其署名——CQM，以此为其认证的食品质量安全信息“背书”。借助在认证标签上“署名”建立起来的信用可为认证信息的真实性作担保，且提高了信息的可追溯性。从竞争角度看，通过在认证标签上“署名 ”，有助于与其他第三方认证机构所出具的产品认证进行区别，建立自己的声誉。市场声誉的“优胜劣汰”可有效地激励第三方认证机构的信息供给。另外，方圆标志集团作为认证行业的龙头企业在收费方面自始至终都是规范化与标准化，由于认证费用最终会间接转嫁至消费者，因此合理的认证费用会吸引食品企业进行认证，从而扩大方圆标志集团在认证行业的市场占有率，同时提高消费者对方圆标志集团的认知程度。可见，竞争约束下的第三方认证机构信息供给避免了行政垄断下政府信息供给固有的不足。

第四节　基于消费者调查问卷的实证分析

一、问题的提出与数据来源

在食品市场中，认证将隐藏的信用品信息转化为具象化的搜寻品信息，让消费者在购买决策时获取充分信息。而消费者作为认证信息接收者对第三方认证标签的认知与信任度决定了第三方认证机构的生存与发展。鉴于此，有必要分析消费者对这类认证信息的认知以及影响消费者信任第三方认证标签的因素。

为调查消费者对第三方认证质量安全标签信号的认知程度，以及影响消费者对第三方认证标签信任的因素，分析食品质量安全信息第三方认证机构存在的问题，项目组选择 300 名消费者进行问卷调查，调查方式以网络问卷调查与实地走访调查相结合，网络调查主要由“51 调查网”提供问卷发布平台与数据的基本整理。同时，本研究选择年龄、性别、受教育程度等人口统计学变量因素。这些因素直接影响消费者对有机认证的了解与信任程度，进而对购买行为产生影响。

本研究问卷共有 20 个问题，除个人基本信息调查问题外，有 8 个问题调查消费者对第三方认证标签和食品质量安全信息的认知程度及态度评价，7

个问题调查消费者信任第三方认证以及其认证标签的影响因素。

二、调查问卷数据统计分析

本次调查研究受访者中，平均年龄为 27 岁，其中男性 137 人，占 45.7%，女性 163 人，占 54.3%。受访消费者普遍具有较高学历，本科及以上学历消费者所占比例高达 61.3%，较好的教育背景代表着这部分消费者接受新生事物的能力较强、态度也会较为积极。具体统计数据分析如表 3-2 所示。

表 3-2 人口统计学变量的描述统计

变量	变量特征	百分比（%）	变量	变量特征	百分比（%）
年龄	20 岁以下	3.3	家庭人均收入	10000 元以下	12.1
	20~30 岁	62.3		10000~30000 元	25.3
	30~40 岁	13.3		30000~100000 元	43.3
	40 岁以上	21.1		100000 元以上	19.3
性别	男	45.7	从事职业	外出打工	12.0
	女	54.3		自办企业	10.0
教育水平	高中及以下	14.7		机关事业单位	22.0
	中专及专科	24.0		企业雇员	26.3
	本科	40.3		学生	17.0
	研究生及以上	21.0		其他	12.7

资料来源：根据调查问卷整理得出。

三、消费者对食品质量安全信息和第三方认知标签的认知程度

问卷数据经过整理分析显示见表 3-3，有 49% 的消费者表示知道某些产品认证标签，但也局限于知道，真正表示全部熟知的仅有 2.3%，这说明消费者对食品认证标签的理解有限，亟须加深理解认识；绝大部分受访者对食品质量安全信息认证的态度持正面积极态度，分别占 91.7% 和占 82.7% 的受访者认为质量安全信息有必要进行第三方认证以及认证对消费者是有利的。同时，调查对象中占 87.0% 的比例表示，政府当前提供的质量安全信息无法满足消费者日常需要。这一方面表明食品质量安全信息政府供给不足，另一方面表明消费者渴望食品质量安全信息的第三方认证机构供给。

表 3-3 消费者对常见的食品标签认知度

熟知标识	熟悉几种标识	听说过标识，但不清楚	不清楚标识
2.3%（7人）	49.0%（147人）	31.7%（95人）	17%（51人）

表 3-4 反映消费者对有机食品标志的留意度并不高，仅 28% 受访者会主动留意认证标签，经售货员推荐而关注的占 37%，从未关注的占 35%。这说明目前消费者缺乏对第三方认证的了解，第三方认证机构的传播影响也亟须提高。

表 3-4 消费者购买时对食品标签的关注度

很关注	经介绍时关注	从未关注
28%（84人）	37%（112人）	35%（104人）

在专门针对有机食品的问题调查中，有近 83% 的消费者认为第三方认证机构加贴的有机食品认证标签会影响购买决策，见表 3-5。

表 3-5 有机食品认证对消费者购买决策的影响

非常重要	比较重要	不太重要	完全不重要
39%（116人）	44%（131人）	16%（49人）	1%（4人）

受访者中对当前食品质量安全认证标签的真实性与可靠性持不信任态度的比例高达 62%，见表 3-6。但上述调查数据也显示，受访者对食品质量安全的第三方认证表现出欢迎与支持。显然，造成这种状况的原因可能是因为消费者对市场机制下以盈利为目的的第三方认证行业，基于“唯利是图”的观念而怀疑当前食品质量安全市场中的认证标签。占 75% 受访者对以盈利为目的的第三方认证机构持怀疑态度，见表 3-7。

表 3-6 消费者对当前食品质量安全标签的信任度

非常可信	比较可信	不太可信	完全不可信
2%（6人）	36%（109人）	57%（171人）	5%（14人）

表 3-7 消费者对盈利性第三方认证信任度

非常相信	比较相信	不太相信	完全不相信
4%（12人）	21%（63人）	59%（177人）	16%（48人）

四、消费者信任第三方认证机构标签的影响因素分析

第三方认证能否被消费者所认知和认可是第三方认证行业的竞争力所在。调查问卷显示，部分消费者认为在购买决策时第三方认证标签所传递的信息必不可少，但同时部分消费者对目前第三方认证标签的真实性持怀疑态度。因此，借助调查分析哪些因素会对消费者信任第三方机构的认证标签产生影响显得尤为重要。

本次问卷共有 7 个问题涉及消费者信任度的调查研究，从最终统计结果看，第三方认证机构的信息透明度，对事后认证责任的承担，政府对第三方认证机构的扶植与帮助，政府管制力度，认证机构规模大小，以及认证企业声誉价值等均会对消费者是否信任第三方认证机构的质量安全标签产生一定影响。

表 3 – 8 中的数据显示，第三方认证机构提供信息透明度越高，其认证标签越能得到消费者信任。在调查研究统计结果中，绝大多数受访者认为产品包装上第三方认证标签的基本信息越详细越值得信任，有 81.7% 受访者认为包装上不仅有认证标志，还同时显示认证机构名称以及具体联系方式最值得消费者信任。政府管制在权威性与公信力方面通常有一定优势，而诸如第三方认证机构社会监督的权威性与公信力则需要依赖市场机制向消费者传递。因此，第三方认证机构在食品质量安全信息传递中所承担责任的大小直接决定消费者对其认证标签的信任程度。问卷结果显示，如果第三方认证机构能够对其贴加的认证标签承诺一旦发生食品质量安全问题将会承担相应的连带赔偿责任，仅 1.3% 受访者对该标签持不信任态度，绝大多数均会不同程度信任该认证机构认证的食品标签。另外，增强政府对认证行业的管制力度也有助于提高消费者对第三方认证标签的信任度。高达 83.7% 的受访者会选择有政府管制的第三方认证所贴加的食品标签；并且，如果政府在某些社会公众平台大力宣传与报道以帮助消费者了解认证行业及其认证标签，89.7% 受访者表示政府此类行为会有助于提高消费者对认证标签的信任度。

表3－8　　影响消费者信任第三方认证机构的因素统计分析

哪一种认证信用度高	百分比（%）	承诺承担连带责任的认证机构信用度	百分比（%）
1. 产品包装上只是显示有机认证标志	6.3	1. 可信度非常高	28.3
2. 产品包装上不仅显示有机认证标志，还有认证机构的名称产品	12.0	2. 可信度较高	58.7
3. 包装上不仅显示有机认证标志，还有认证机构的名称和认证机构的具体联系方式	81.7	3. 可信度一般	11.7
		4. 可信度非常低	1.3
政府管制对第三方认证信用度的影响	百分比（%）	政府对第三方认证的宣传与报道对其信任度的影响	百分比（%）
1. 更加相信	83.7	1. 有帮助	89.7
2. 没有影响	16.3	2. 没有帮助	10.3
第三方认证企业规模与知名度大小对信任度的影响	百分比（%）	消费者对出现过安全问题认证机构的信任度	百分比（%）
1. 有影响	83.0	1. 继续相信	19.3
2. 没有影响	17.0	2. 不再相信	80.7

资料来源：根据调查问卷整理所得。

以上调查问卷分析表明，政府与第三方认证机构在食品质量安全供给方面可互相补充。一方面，政府以其公信力、权威性以及强制性管制为第三方认证机构向消费者担保，促进消费者对第三方认证标签的信任，从而使第三方认证机构在食品质量安全信息供给方面弥补政府供给不足。另一方面，因为第三方认证机构的信息认证属于市场机制范畴，即第三方认证机构还须通过市场竞争机制获取消费者信任。这样，认证机构规模与知名度则成为消费者衡量其可信度的一个重要标准。问卷数据显示，第三方认证机构的总资产规模或是知名度会显著影响消费者对认证标签的信任度，这一比例占受访者的83%。另外，注重声誉这类无形资产的第三方认证机构也会获得消费者青睐。根据调查问卷，如果经第三方机构认证的食品出现了质量安全问题，消费者是否会继续相信该机构所认证的食品标签，80.7%的受访者选择不再相信。由此可见，第三方认证机构声誉维护至关重要。第三方认证机构一旦失去消费者信任，则不可避免被市场淘汰出局。

第五节　本章小结

研究发现，由于部分质量安全信息具有信用品属性导致消费者获取相关信息存在障碍，这种情况下，如果食品企业通过隐藏存在安全隐患的信息获利，则食用这类食品的消费者会受到伤害。因此，信息有效供给是避免食品质量安全问题的关键。本章就食品质量安全信息有效供给问题展开研究，得出如下结论。

（1）信息政府供给：必然性及其缺陷。鉴于政府管制机构在披露食品质量安全信息方面的强制性与权威性，其在食品链中覆盖范围最全面，受众群体也最广。因此，在政府主导的信息供给中，其侧重点是食品质量安全中最为基本的信息，即满足消费者最低生存需求的基本质量安全信息。此类信息应满足消费者在质量安全层面上的一致性需求，包括定期公布食品质量安全状况，及时向公众发布关于食品质量安全事件等的信息。这类信息具有共用品属性，政府须承担披露这类信息的责任。诚然，食品质量安全信息政府供给有其必然性，但也存在固有缺陷，主要有：一是政府在对食品质量安全信息实施管制过程中，要付出包括搜寻、管理信息以及寻租等不菲的交易费用，政府管制机构在财政预算限制下，管制很难达到预期效果；二是产权不明晰导致政府缺乏动力按照消费者需求提供其所需要的信息，由于政府管制机构是“花别人的钱为别人办事”，信息供给过程中，不仅效率低，效果也大打折扣；三是作为履行食品质量安全信息管制职能的政府，为满足自身利益，很可能被管制对象“俘虏”，这有悖于政府管制是为了保护消费者利益的初衷。

（2）信息第三方认证机构供给：与政府间的互补性。第一，尽管食品质量安全信息具有共用性，但信息供给可借助食品销售获得收入，让共用品转为可通过市场收费的私用品，这为第三方认证机构信息供给提供了空间。然而，并不是所有食品质量安全认证信息都能通过食品销售获得收入。因为信息认证发生的成本通过食品销售收回，其前提是认证食品属于有能力承担认证成本的“优品”。第二，随着食品链的延伸，增加了需求方获取食品质量安全信息的难度，动摇了供求双方交易过程中的信任基础，这样，第三方认证机构为食品交易双方搭建起信任的“桥梁”。第三方认证机构凭借信息供给的专业化与细分市场优势，将被认证食品的质量安全水平优劣、安全风险程度高低有效鉴定、区分，从而传递至对质量安全具有差异化需求的消费者。第三，由于第三方认证机构拥有认证信息的收入权，明晰的产权可有效激励第三方认证机构从事食品质量安全信息供给，这不仅可弥补政府信息供给不足，且可提高政府管制效率。诚然，第三方认证机构信息供给的真实有效性是以其在市场中的声誉资本作担保的。第三方认证机构面对市场中“优胜劣汰”的竞争约束让行政垄断下的政府信息供给相形见绌。

（3）消费者对食品第三方认证标签的认知尚欠缺。在由第三方认证机构作为中介供给质量安全信息的模式中，第三方认证机构以其声誉资产吸引食品企业进行认证，从而换取质量安全信息，同时，消费者对第三方认证机构的信任而选择购买具有认证标签的食品，这其中的认证标签起着由抽象信息转化为具体信号的功能。因此，消费者对第三方认证标签的认知程度就变得尤为重要。根据本书调查问卷的分析，多数受访者对各种食品认证标签缺乏应有的认识，更多停留在“听说过”的层面。诚然，第三方认证机构未得到消费者的认可，有消费者不了解的成分，也存在第三方认证机构对食品质量安全信息进行认证过程中的不规范因素。而消费者对第三方认证机构所认证标签的认可，是食品质量安全信息的“共用性”转为“私用性”的前提。第三方认证机构在市场中的不断发展，一方面让消费者逐步认可其认证行为，另一方面，市场也将逐步淘汰不规范的认证机构。

根据研究结论，得出以下政策含义。

第一，凭借强制力与公信力，政府管制机构确保食品质量安全的基本信息供给。为满足消费者对食品质量安全基本信息的需求，政府管制机构应通过常规的抽检制度获取食品质量安全的基本信息。如果受到财政支出和专业能力的限制，政府管制机构也可向第三方认证机构购买获取必要的信息。并借助各类官方媒体或政府信息披露平台定期向公众公布。另外，在出现突发性食品质量安全事件的情况下，政府管制机构应及时准确地向公众披露事件发生的原因以及应对措施，以避免公众产生不必要的恐慌。

第二，完善法律法规体系，促进第三方认证机构食品质量安全信息的有效供给。根据不同需求层次，政府管制机构与第三方认证机构提供食品质量安全信息，确保食品质量安全市场有序运行。我国目前食品质量安全信息供给不足与第三方认证机构发展受阻密不可分。第三方认证机构的发展，一方面需要市场优胜劣汰机制把不规范机构淘汰出局；另一方面则要求完善健全的法律制度对违规、作假的第三方认证机构实施处罚，以规范并引导第三方认证机构有序发展。担当中介角色的第三方认证机构，市场参与者的认可度决定其生存与发展。而市场认可度就是第三方认证机构的声誉资本，完善法律制度能够激励第三方认证机构注重建设与保护其声誉。法律制度不仅让第三方认证机构在体制层面得到食品链上下游的认可，促使食品企业主动申请第三方认证；同时也能够增强消费者对第三方认证的信任，确立第三方认证在消费者心目中的权威，让消费者愿意为第三方的认证费“埋单”。显然，法律制度的约束可促进第三方认证机构食品质量安全信息的供给。最后，从市场基础看，第三方认证机构的发展依赖于更多有能力承担信息认证费的“优”质食品，而这有待于消费者的消费水平的提升。

第三，提高消费者安全意识，增强对食品认证标签的认知。如果第三方认证机构所传递的食品质量安全信息的具象化工具（食品标签）不被消费者所熟知（认可），则第三方认证机构将无法在市场中生存。根据本书的调查问卷分析，多数受访者对 TPC 认证标签的认知尚比较欠缺。鉴于此，政府可通过官方媒体或信息平台向消费者宣传食品标签认证的相关知识。基于对食品质量安全标签的了解，消费者才能根据标签所提供的食品质量安全信息来选择满足自身需求的食品。事实上，消费者购买配有认证标签的食品，就是对第三方认证标签的认可，这可增强第三方认证机构的声誉价值，而第三方认证机构以其声誉资产为担保来吸引食品企业的认证，这就形成了质量安全信息供给的良性循环。

附录

关于第三方机构食品认证的消费者调查表

您好！

欢迎您参加我们承担的一项科研任务。为了保证研究的科学性，请您在回答问题时，注意以下几点：

1. 本问卷目的是调查消费者对产品认证现状的了解情况，测验数据将用于科学研究；

2. 答案没有“好、坏”与“对、错”之分，也不涉及对您的评价；

3. 此次测验以匿名的方式进行，我们将对您的数据保守秘密，请放心作答。

谢谢您的合作！

一、个人基本情况

1. 您的性别是（　　）。

A. 男　　B. 女

2. 您的年龄是（　　）。

A. 20岁以下　　B. 20~30岁

C. 30~40岁　　D. 40岁以上

3. 您主要从事的工作是（　　）。

A. 自家务农　　B. 外出打工　　C. 自办企业　　D. 机关事业单位

E. 企业雇员　　F. 学生　　G. 其他

4. 您的教育水平是（　　）。

A. 初中　　B. 高中　　C. 中专　　D. 专科

E. 本科　　F. 研究生

5. 您的家庭人均年收入状况是（　　）。

A. 5000元以下　　B. 5000～10000元

C. 10000～30000元　　D. 30000～100000元

E. 100000元以上

二、主要问题

1. 您对食品标签上的“QS、绿色食品、有机食品、无公害食品、HACCP、ISO9000、ISO14000”等认证标志了解吗？（　　）

A. 不清楚　　B. 听说过，但不太清楚

C. 熟悉几种标识　　D. 非常熟悉

2. 您认为食品质量安全信息需要有第三方认证吗？（　　）

A. 有必要　　B. 没必要　　C. 不知道

3. 您认为食品标签上有第三方认证的食品（如“QS”“绿色食品”等）与没有此类信息的食品之间是否有明显区别？（　　）

A. 很大　　B. 有点大　　C. 不大　　D. 没差别

4. 如果您听说食品质量安全信息的第三方认证机构是以盈利为目的，您还相信其提供的认证信息吗？（　　）

A. 非常相信　　B. 比较相信

C. 不太相信　　D. 完全不相信

5. 您认为我国目前食品质量安全信息的第三方认证标签真实可信吗？（　　）

A. 非常可信　　B. 比较可信　　C. 不太可信　　D. 完全不可信

6. 您认为食品质量安全信息的第三方认证对消费者有利吗？（　　）

A. 有利　　B. 无差别　　C. 没利

7. 您购买食品时是否会留意标签上的“QS”“绿色食品”等这类食品质量安全信息认证的标识？（　　）

A. 很留意　　B. 售货员在介绍时会了解一下

C. 未留意

8. 您对目前政府部门所提供的食品质量安全信息满意吗？（　　）

A. 满意　　B. 不满意

9. 您认为有机食品认证的可信度（　　）。

A. 非常重要　　B. 比较重要　　C. 不太重要　　D. 完全不重要

10. 您认为哪一种食品质量安全认证的可信度更高？（　　）

A. 产品包装上只是显示有机认证标志

B. 产品包装上不仅显示有机认证标志，还有认证机构的名称产品

C. 包装上不仅显示有机认证标志，还有认证机构的名称和认证机构的具体联系方式

11. 如果认证机构承诺对食品质量安全问题承担连带赔偿责任，您认为这类认证机构做出的认证（　　）。

A. 可信度非常高　　B. 可信度较高

C. 可信度一般　　D. 可信度非常低

12. 政府部门对食品第三方认证机构的有效管制是否会让您更加相信其认证的食品标签信息？（　　）

A. 更加相信　　B. 没有影响

13. 政府部门在电视媒体、互联网、社区讲座等平台上的宣传报道有助于您认识了解有机食品的认证标签吗？（　　）

A. 有帮助　　B. 没有帮助

14. 食品第三方认证机构的知名度或是规模大小会影响您对它的信任程度吗？（　　）

A. 会影响　　B. 不会影响

15. 如果第三方认证机构认证过的食品出现了质量安全问题，您还会再相信该机构所认证的食品吗？（　　）

A. 继续相信　　B. 不再相信

第四章

食品质量安全标准体系及其制定主体

时有发生的食品质量安全事件让我国食品质量安全标准成为公众关注的重点。其中不乏观点认为我国食品质量安全国家标准“过低”。如“三聚氰胺”重大食品质量安全事件后，我国出台的乳业新标准在“蛋白质”含量以及“菌落总数”的标准有所降低，被舆论抨击为“全球最低乳业标准”。在争议声中新修订的《中华人民共和国食品安全法》被称为“史上最严”《食品安全法》，如在农药管理上明令禁止将剧毒、高毒农药用于蔬菜、瓜果、茶叶和中草药等农作物。但该法仍未解决人们对食品质量安全标准水平的困惑。食品质量安全标准的提高是否意味着食品质量安全水平随之提升？本书将围绕食品质量安全标准高低，以及如何界定食品质量安全标准政府管制与私人制定间的边界等问题展开讨论。

第一节　食品质量安全标准体系

食品质量安全标准体系中包括国家标准、行业标准、地方标准和企业标准等。

一、食品质量安全标准管制

汉森和卡斯韦尔（Henson and Caswell，1999）将管制手段从公共和私人视角进行划分，较早提出合作管制和自律管制的结合。另一种管制则是划分为事前管制和事后管制，其中事前管制以设定食品质量安全标准为代表，通过强制性、推荐性标准来确定进入市场食品符合一定的质量要求，从而在事前确保消费者购买食品的安全性；事后管制则主要是问责和惩罚制度，对违反食品质量安全相关法规行为主体加以惩处，形成威慑力并对受害群体进行补偿。食品质量安全管制实践在早期主要强调事后问责和惩罚，一旦发现食品质量安全事故则要求相关责任人付出相应代价；但更有效的事前预防控制逐渐受推崇。事前干预程度最低的是提供相关信息以影响市场主体判断、行为，而不对其具体行为加以直接干预。食品质量安全标准管制属于事前行政法律管制手段，包括食品质量安全标准制定、实施和修订。食品质量安全标准管制是指政府有关职能部门对某些产品或服务质量提出标准要求，企业未能达到规定标准就不能在市场中销售这些产品或提供该类服务。

我们知道，食品质量安全问题主要源于消费者无法获取有效信息，声誉机制失效，企业有生产存在安全隐患食品的动机。而通过强制性标准规范，市场准入的食品可满足人们对食品质量安全的基本要求。在信息不完备领域，消费者督促政府采用标准管制，要求企业实施质量标准体系，确保进入市场的产品或服务质量安全以保障消费者权益。部分食品质量安全信息的信用品属性导致市场失灵，因此，食品质量安全标准管制则成为必要的制度安排。而食品质量安全国家标准是强制执行的标准。

值得注意的是，以往的研究中对食品安全和食品质量的区分并不明显。但本书研究食品安全标准主要包括的内容为法律规定的下列内容：（1）食品相关产品中的致病性微生物、农药残留、兽药残留、重金属、污染物质以及其他危害人体健康物质的限量规定；（2）食品添加剂的品种、使用范围、用量；（3）专供婴幼儿的主辅食品的营养成分要求；（4）对与食品安全、营养有关的标签、标识、说明书的要求；（5）与食品安全有关的质量要求；（6）食品检验方法与规程；（7）其他需要制定为食品安全标准的内容；（8）食品中所有的添加剂必须详细列出；（9）食品生产经营过程的卫生要求。所规定范围均与“食品安全”密切相关。

二、食品质量安全私人标准

20世纪90年代初，大型跨国企业在全球扩张，为保障产品质量并节约成本，开始对供应商提出一定的产品要求，这些要求逐渐演变成较为规范的质量标准体系。与此同时，一方面，人们对食品质量安全的关注从数量安全开始转变为质量安全，消费者对食品的偏好也在改变，尤其“疯牛病”等安全事件更是提高了消费者和政府关注度；另一方面，食品质量安全责任更多落实到企业，特别是2002年欧盟《通用食品法》中“食品质量安全的第一责任在于食品商”，这一规定直接促使食品供应者发展出一套自律系统。[①] 在此背景下，私人标准朝多样性和事实约束力方向发展，并得到越来越多的国家鼓励制定和推广。

私人标准按制定者可分为三类：（1）企业制定的标准，一般都是由大型企业主导，如家乐福、乐购等零售商制定的标准；（2）行业协会制定的标准，如英国零售商协会标准（BRC）；（3）非政府组织制定的标准，如国际食品标准（IFS）。[②]

与食品安全国家标准相比，私人标准的优势在于：（1）较好发挥专家作用，政治影响小，熟悉该产业私人主体制定的标准适应性好、可操作性强；（2）私人主体参与制定，降低遵从成本，改善执行效果；（3）快速反应，能适应技术变革和市场需求；（4）节约政府制定标准的成本。因此，发达国家更多地引用私人主体制定的标准。例如，美国国防部一年就采用近5000项私人标准。美国政府部门极少自制标准，内容也仅限于卫生、安全、环保领域，并鼓励企业参与私人标准的修订。

当然，私人主体制定标准也存在不足，从标准发展史不难发现问题，“标准源自工业化需求”，实质是大型企业排除竞争获取最大利益的需求。因此，一些与食品安全密切相关的指标评估不全面；缺少劳工组织和消费者参与，二者权益往往被忽视；反竞争问题，缺乏小企业参与，容易受大型企业操纵，以及倾向于低标准以防止违反反垄断法等。但这些缺点并不能否定私人标准在食品安全中发挥的作用。政府并非标准的最终使用者，也不具备相应技术和信息，标准制定最重要的是实现消费者、企业、政府等利益群体间的平衡。[③]

---

① 林静：《WTO视角下食品安全私人标准问题研究》，《福建论坛（人文社会科学版）》2014年第9期。

② 卢凌霄、曹晓晴：《私人标准对农业的影响研究综述》，《经济与管理研究》2015年第5期。

③ 高秦伟：《私人主体与食品安全标准制定基于合作监管的法理》，《中外法学》2012年第4期。

第二节 消费者偏好与食品质量安全市场的差异化：管制标准导向与私人标准引入

消费者作为需求主体对食品质量安全供给有决定性作用。因此，食品质量安全标准的制定应以消费者偏好为依据。

一、消费者偏好理论

兰开斯特的消费理论将商品视为属性组合，而属性对消费者产生效用并形成偏好，这就是消费者需求的来源。在实证研究消费者偏好之前，需从理论层面探讨消费者在购买行为中如何决策，并分析影响消费者偏好形成的因素。

（一）消费者行为理论——兰开斯特的消费理论

消费者购买决策一般包含下面四个阶段：认识需要、信息搜集、评价和选择方案、购买行为。

兰开斯特①（1966）在《消费者理论新探》中提出，效用并非直接来自商品，而是来源于商品所具有的属性和性质，理论模型如图 4－1 所示。

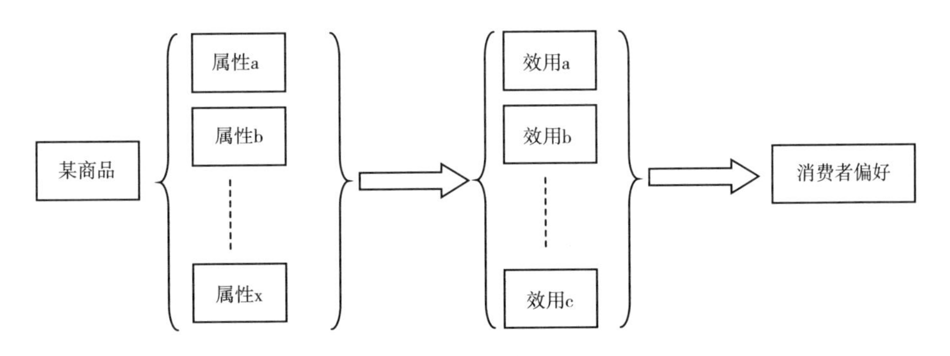

图 4－1 兰开斯特消费者行为模型

① 张进铭：《凯尔文·兰开斯特福利经济思想评介——潜在诺贝尔经济学奖得主学术贡献评介系列》，《经济学动态》2000 年第 9 期。

一般而言，商品本身拥有的属性不仅一个，而同一个属性也会在其他商品中发现，商品组合也可能产生新的属性，属性的共存性是该理论的核心。然而，消费者所关注的属性永远只有其中一个或多个。兰开斯特消费者理论强调产品属性产生消费者偏好和效用，可通过对属性集排序而确定产品效用（或者说偏好）次序，这使该理论在消费者偏好研究中获得了广泛应用。区别于传统经济学中商品带来的“直接效用”，该理论认为消费者关注的是商品所具有的属性给自身的“间接效用”，即商品是属性的集合体，属性是消费中的产品。

（二）消费者偏好的内涵

消费者偏好（consumer preference）是构成市场有效需求的基础，是指消费者对一种商品（或商品组合）的喜好程度。偏好是经济学的基础概念，是一种主观且相对的概念。消费者根据意愿对可供消费的商品或商品组合进行排序，这种排序反映了消费者需要、兴趣和嗜好。[①] 消费者对某种商品（或服务）的需求量与其对该商品（或服务）的偏好程度正相关。因此，一般而言，消费者偏好直接影响消费者选择，进而在一定收入约束下，决定消费者对不同商品的需求量。本书研究基础是兰开斯特消费理论，故消费者偏好是对商品所具有的属性组合的选择。

在传统经济理论中，消费者购买商品或服务的均衡选择在于消费偏好（用效用来衡量）与价格间的权衡。本书关于消费者对食品质量安全的需求正是基于这一基本原则展开。在分类上，可根据消费者特征分类，偏好既有个体差异，也有群体特征。比如北方人喜爱面食，而南方人更偏爱米饭，这就是一种群体性偏好；再具体到个人，则有的北方人早饭喜欢吃面条，有的人却喜欢喝碗小米粥，个体由于生活环境等影响都会有其独特的饮食习惯。此外，在研究方法方面，偏好可分为显示性偏好和陈述性偏好。显示性偏好是指在一定价格下，消费者的购买选择暴露（显示）了其内在偏好。其相对概念是陈述性偏好，通过直接对消费者询问来了解其消费取向，常用于市场调查中以获取消费者偏好。如采访消费者支付意愿就可以知道不同消费者对

---

① 王建华：《消费者需求分析引论对古典和现代需求理论的分析与批判》，山东人民出版社1993年版，第21~25页。

某个新产品的接受、喜爱程度。该问题在后面具体实验设计时再细述。

（三）消费者偏好的影响因素

我们知道，不同消费者在购买中不同的选择体现出不同偏好，这种差异性偏好与其说是与生俱来（已有科学家证明了遗传对个人口味偏好的影响），更不如说是年龄、习惯等个人因素，以及家庭、社会文化等外部客观因素决定了消费者偏好。

二、消费者偏好对食品质量安全标准及政府管制的影响

食品质量安全治理的主体是消费者、企业和政府。消费者根据偏好选择不同安全水平的产品；企业根据需求和成本收益生产符合利润最大化目标的安全产出；政府管制市场，规范企业生产符合最低质量安全要求的产品，保证消费者权益。下面将分析消费者偏好对食品质量安全标准及政府管制的影响。

（一）消费者偏好对食品质量安全标准的影响

理想状态下，食品越安全越好。然而，在收入约束下，消费者衡量食品质量安全属性和其他属性权重时，其选择并非要求绝对安全，且技术上也无法实现。因为提高食品质量安全水平需原材料、动力、人力、技术等成本投入。在食品质量安全提高过程中边际成本逐步增加，而消费者边际费用支出意愿不断递减，当他们感知风险不大时，会以更低价格评估额外安全。需求曲线向下与供给曲线上升会产生市场出清产量，此时食品质量安全水平为市场可接受的风险水平，那么食品质量安全风险就一定不为零。[1] 提供更高安全意味着消费者要放弃其他选择，消费者须权衡对这些属性的偏好程度，在食品不同属性的性价比相等下选择食品质量安全性。

消费者是企业生产商品的价值实现者，商品须得到消费者认可企业才得

① Caswell, J. A., E. M. Mojduszka. Using Informational Labeling to Influence the Market for Quality in Food Products. *American Journal of Agricultural Economics*, 1996, 78 (5): 1248 - 1253.

以生存。[①] 人们对食品各种属性的需求有层次性，可就此根据食品不同属性所满足需要的重要性对食品属性进行层次划分。例如，食品质量中的安全属性是最基本需求，人们不能因为食用食品而导致食源性疾病；而食品质量中的口味、外形等属性则是更高的要求。20 世纪 90 年代前食品质量安全问题主要集中于数量上是否能满足公众需要。而随着经济发展和生活水平的提高，人们逐渐关注食品农药残留、营养价值等问题。事实上，食品属性需求层次性反映了消费者偏好差异，而市场细分就是企业根据消费者偏好的主动调整。因此，市场中既有喝山泉、吃稻谷、听音乐长大而价格高昂的“走地鸡”，也有集中饲养、快速出笼、价格便宜的“饲料鸡”。显然，消费者偏好差异让食品质量安全水平在市场中出现细分。也就是说，现实中并非企业没有能力生产更安全食品，而是消费者“逆向选择”导致企业铤而走险。可将消费者偏好对生产企业的影响分为三类：（1）导向作用，偏好决定消费者选择，从而只有得到消费者认可的安全食品才能有市场并获得投资者青睐，这可引导食品企业健康发展；（2）监督作用，若消费者更偏好于食品质量安全属性，则会增加相关知识并有助于在购买中识别安全食品，减少企业投机的可能性；（3）动力作用，企业为扩大市场份额会主动根据消费者不同偏好生产相应产品，并在产品差异化中形成细分市场。

因此，消费者偏好引导企业产品定位的差异化。差异化是连接消费者偏好、需求、企业行为的桥梁。现实中，企业根据消费者差异化需求进行生产。在差异化分类中，食品质量安全差异化属于纵向差异化，即消费者对所面对选择集的偏好次序相同，既定价格下消费者普遍认为安全性高的食品更好。食品质量安全作为质量属性之一，安全标准制定应该考虑消费者偏好因素，即以消费者偏好为导向进行差别化。

（二）消费者偏好对政府食品质量安全标准管制的影响

消费者福利是政府绩效评价的最重要标准。首先，消费者决定食品质量安全市场的均衡，政府只有满足消费者需求才不会过度供给食品质量安全；其次，政府管制需成本投入，一方面是政府财政支出增加，另一方面是生产

① 周应恒、马仁磊：《在食品安全监管中确立消费者优先原则》，《人民日报》2014 年 3 月 3 日。

企业成本上升。政府管制要考虑市场需求，当消费者收入有限时所追求的质量差距非常大，市场价格一定程度体现了质量，“撇开价格谈质量是荒谬的”。① 例如，与30元一份的盒饭相比，5元一份的盒饭其食材的安全性更低，在收入约束下，部分消费者仍会选择安全性更低的盒饭。而如果政府一味取缔这类安全性较低的盒饭，结果必然是部分消费者需求不能得到满足。

消费者决定产品销售情况，而消费者偏好变化会导致需求曲线移动，这表现在消费者支付意愿对食品质量安全标准管制效果的影响上。当消费者对食品质量安全属性偏好较低，则消费者支付意愿下降，食品质量安全的需求曲线下移（$MPV \to MPV^*$），则食品质量安全水平也会随之下降（$q \to q^*$）；此时，市场均衡价格、标准都有所下降，由图4－2可知生产者、消费者剩余乃至社会福利都会减少。

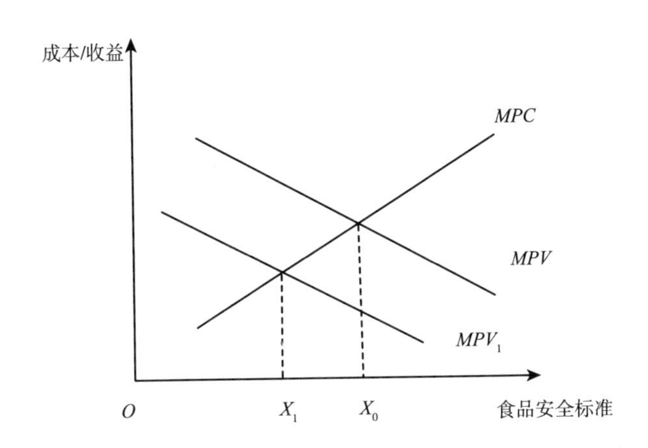

图4－2　支付意愿对食品质量安全标准高低的影响

三、食品质量安全标准管制与社会福利

食品质量安全标准对社会福利的影响具有不确定性，这取决于标准的形式、市场结构、消费者地位与偏好等因素。部分学者认为标准可增加消费者福利，主要从生产规模效应、购买者间共同利益和标准网络效应等肯定标准的经济性。② 还有观点认为标准可带来产品和服务价格下降，并可增加产品

① 周燕：《破除食品安全中政府监管的迷信》，《南方都市报》2014年11月23日。

② 王益谊、葛京：《标准化活动的福利效应——研究综述与展望》，《世界标准化与质量管理》2008年第2期。

相似性从而加剧价格竞争。原因主要在于，标准具有兼容性，可促进信息传播，降低企业成本，还可保证最低质量水平。[①] 而认为标准对消费者福利损害的研究，主要从信息过分沟通、产品多样性降低、标准过度惯性和过度惰性等角度出发。标准降低了产品多样性，被标准一致性福利锁定的企业缺乏向更高标准转移的动力等；凯兹和夏皮罗（Katz and Shapiro，1985）认为标准会导致过度惯性（使用者推迟使用新技术或推迟在众多技术中进行选择）和过度惰性（消费者趋向选择较落后的技术）。[②]

可见，标准对社会福利的影响具有不确定性。但标准无疑会降低产品多样性，即限制产品差异性和消费者选择空间。汪晓辉（2014）等学者已关注到标准的“普遍性”对市场竞争的限制，并提出食品质量安全标准“过度管制”及产生的食品质量安全问题。我国食品质量安全标准在立法上已明确其“强制性”，其实质属于食品进入市场的最低质量要求。我国食品质量安全标准存在的问题之一是将属于食品质量范畴而与食品质量安全不直接相关的部分内容作为食品质量安全标准进行强制执行，而这些质量指标更多应属于产品差异化竞争。标准化在一定程度上会损害这种差异性。消费者会权衡食品的价格、安全性、营养和口味等，企业为获取利润和市场份额也会生产适销对路的食品。而强行管制标准是对市场的替代，且有管制成本、执行成本和消费者服从成本。这些均在不同程度上降低了社会福利。

四、消费者偏好对食品质量安全标准管制效果的影响

（一）食品质量安全标准的市场选择与政府管制

本书探讨消费者偏好对食品质量安全标准管制的影响，实质上是在食品质量安全标准问题上市场与政府边界的划分，即消费者偏好及其对市场供需的调节，以及食品质量安全标准管制中政府应秉持的基本原则。本书强调政府在食品质量安全标准管制中，保障最基本安全底线，将食品营养、口感、外观等属性交给市场。政府管制手段要有“收”有“放”，厘清市场与政府

① Farrell, J., Saloner, G. Standardization, compatibility and innovation. *Rand Journal of Economics*, 1985, 16 (1): 70-83.

② Katz, M. L., Shapiro, C. Network Externalities, Competition and Compatibility. *The American Economics Review*, 1985, 75 (3): 424-440.

的边界。[①]

张维迎（2005）指出市场机制和政府管制并存的合理性，但是要控制政府力量以避免管制陷阱——管制成本、腐败寻租、自我膨胀以及遏制市场活力。[②] 如果从科斯交易成本理论分析市场与管制选择，管制在本质上亦是组织协调人类相互关系的过程，因此也会产生签订、执行契约的成本，而市场与管制机制的选择其实也是由二者成本决定。[③] 例如，电风扇是一种有诸多厂商提供的普通产品，完全可在市场中完成而不需要政府干预。但如果购买食品则不然，食品的安全属性具有信用特征且后果严重，消费者在鉴定安全性和承担交易成本上存在困难，这时候政府介入成本会低一些；如果是其他属性，消费者看得见、摸得着、感受得到，这时市场交易成本比较低。

（二）消费者偏好、食品质量安全标准与食品质量安全水平

根据前面分析，消费者偏好在食品质量安全市场中不可忽视的作用，即通过偏好选择引导企业生产，进而影响政府食品质量安全标准管制的效果。解决食品质量安全问题并不能简单地靠提高食品质量安全标准来实现。因为消费者偏好直接决定企业产品的市场份额，是政府和企业的服务对象，也会决定食品质量安全标准的执行效果。所以，政府制定标准要尊重消费者需求。市场以价格为媒介调节供求，企业在市场中永远是食品质量安全供给主体，它们通过竞争机制能够有效配置资源，为不同消费者提供最合适的差异化产品。也就是说，食品质量安全标准政府管制是兜住底线，而非完全取代市场成为“食品质量安全标准”提供主体。

第三节 我国食品质量安全标准体系现状与评价

一、我国食品质量安全标准体系

我国食品安全标准体系一直处于动态调整中，目前管制体制和标准制定

① 周小梅、陈利萍、兰萍：《基于企业诚信视角的食品安全问题研究》，中国社会科学出版社2014年版，第24~25页。

② 张维迎：《产权、激励与公司治理》，经济科学出版社2005年版，第239页。

③ 周小梅、陈利萍、兰萍：《食品安全监管长效机制经济分析与经验借鉴》，中国经济出版社2011年版，第47页。

程序都有很大变化：2013 年《国务院机构改革和职能转变方案》中将管制主体由卫生、农业、工商、质检、食药监整合为卫生、农药、新食药监三部分；食品质量安全标准制定程序在 2009 年《食品安全法》出台后进行相关改革，现由卫生部负责。

（一）我国食品质量安全管制体制

1. 管制部门。2003 年以来我国食品质量安全管制体制历经多次调改，以前多部门管制乱象逐渐厘清。2013 年《国务院机构改革和职能转变方案》中将管制主体由卫生、农业、工商、质检、食药监（即“五龙治水”局面）整合为卫生、农业、新食药监三部分。尽管这种“三合一”管制模式改革正经历改革期的“阵痛”，例如，地方拖延不配合、人员划转困难等问题，但相较以前卫生行政部门为主，开始有了独立而协调的第三方管制和风险评估、质量认证等较专业的管制工具。2015 年新修订的《食品安全法》的实施，调整了管制思路和体制，处罚力度提升、各方责任更加明确，倒逼我国食品管制体制改革。

2. 食品质量安全标准制定。我国食品质量安全标准的制定程序在 2009 年的《食品安全法》出台后也发生了重大变化。首先是卫生部参照国际相关标准和风险评估结果起草制定国家标准。一般情况下，卫生部会委托行业协会、学术团体、教育机构、专业研究机构等具备相应技术能力的单位单独或共同负责，并在此过程中征求广大生产商和消费者的意见并采纳有益建议。然后，将完成的草案提交食品安全国家标准审评委员会进行审核。最后通过的标准由标准化行政部门加以统一编号，再由卫生部门公布。实施的标准还有追踪和评价机制，根据标准使用者（企业等）、食品管制部门、标准制定部门的反馈加以修订。

3. 食品质量安全标准是强制执行的标准（食品质量安全市场准入制度）。我国《食品安全法》明确规定“食品生产经营者应当依照法律、法规和食品质量安全标准从事生产经营活动”，因此食品质量安全标准是强制执行的标准。这种强制性反映在食品质量安全市场准入制度上。我国的食品进入市场流通必须满足一定的质量安全要求并通过强制性检验，即食品质量安全市场准入制度。该制度是政府为保证食品质量安全，具备规定条件的生产者才允许进行生产经营活动、具备规定条件的食品才允许生产销售的监管制度。因此，实行食品质量安全市场准入制度是一种政府行为，是一项行政许可制度。该制度包括相互联结的三部分，对食品生产企业实施生产许可证制度、对企业生产的食品实施强制检验制度、对实施食品生产许可制度的产品实行市场准入标志制度，见图4-3。到目前为止，我国食品分类中的28大类525种食品已全部纳入市场准入制度，完成了所有加工食品的全面覆盖。

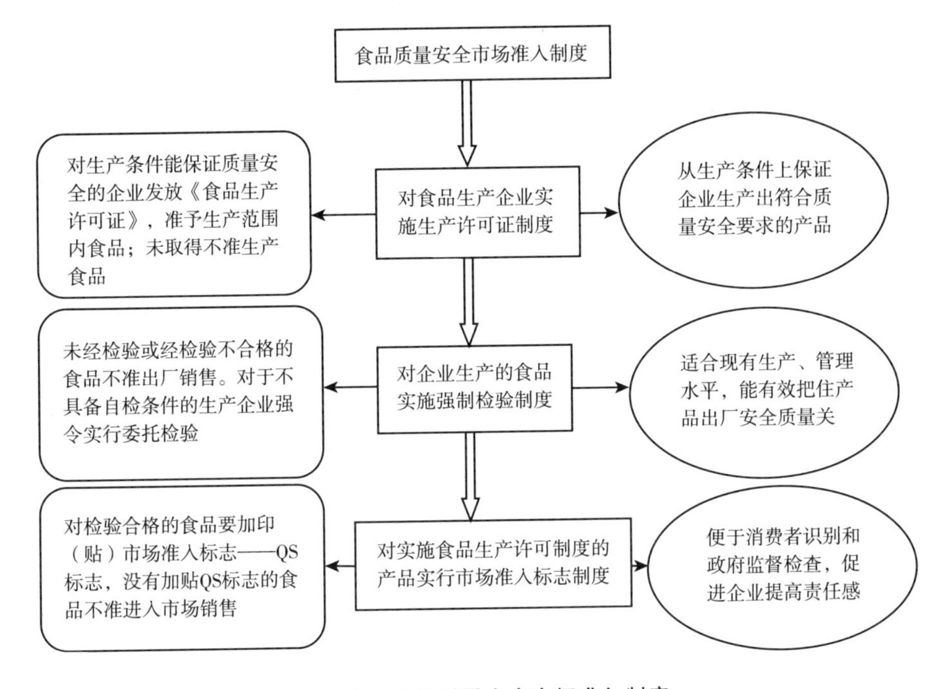

图4-3 食品质量安全市场准入制度

资料来源："我国食品市场准入制度"，中国漳浦政府门户网站：http://www.zhangpu.gov.cn/NewContent.aspx?NewsID=8540&gglyflag=8&lmid=1415. 2012.10。

由此可见，食品质量安全市场准入制度要求进入市场流通的食品必须符合一定要求，除了企业的资质要求和操作管理规范外，还要求出厂的食品经过强制检验，而检验的标准主要是产品质量标准，以及食品质量安全标准中规定的指标，食品质量安全标准毋庸置疑具有强制性地位。然而，经营食用农产品都不需要取得食品流通许可，但要满足《农产品质量安全法》的要求①，因此也

① 食品安全法第二条第二款：供食用的源于农业的初级产品（又称食用农产品）的质量安全管理，遵守《中华人民共和国农产品质量安全法》的规定。而《农产品质量安全法》对食用农产品的销售并没有规定许可制度。因此，经营食用农产品都不需要取得食品流通许可。

具有强制性。

（二）我国食品质量安全标准框架

目前我国食品质量安全标准法律框架较为完整，相关的法律法规见表4-1。除此之外，食品质量安全各主管部门以及地方政府还制定了匹配的部门规章、实施细则，在此不做赘述。

表4-1　　我国食品质量安全标准代表性法律法规

颁发部门	法律法规名称	实施时间
全国人大常委会	《中华人民共和国标准化法》	1989
	《中华人民共和国产品质量法》	1993
	《中华人民共和国农产品质量安全法》	2006
	《中华人民共和国食品安全法》	2015
卫生部	《食品安全企业标准备案办法》	2009
	《食品安全国家标准管理办法》	2010
	《食品安全地方标准管理办法》	2011

我国食品质量安全标准包括国家标准、行业标准、地方标准和企业标准，前三个标准属于强制执行标准，后一个属于自愿性标准，见表4-2。其中，国家标准（代号GB开头）指对全国经济技术发展有重大意义，需全国范围内统一，其他标准不得与之冲突、重复；[①] 行业标准是指“没有国家标准而又需要在全国某个行业范围内统一技术要求”时制定的补充性的统一标准。然而，行业标准也是由国务院相关行政主管部门编制、审批、发布，当相应国标实施后自行废止；地方标准（代号DB开头）是指在某个省区、直辖市范围内因缺乏国家、行业标准而又需在本区域统一实施的标准，制定的前提是不得抵触国家标准和行业标准，同样在相应国标或行标实施后自行废止；企业标准（代号Q）是指在缺失强制性标准时企业自行制定的在企业范围内适用的生产、管理标准，或者企业在不违背已有标准前提下实施的更高要求的标准，因此具有一定的自愿性质，不属于食品质量安全国家标准的范畴。[②]

① 但实际上是存在国家标准和其他标准重复的问题，如农夫山泉2013年的“标准门”事件。

② 胡秋辉、王承明：《食品标准与法规》，中国计量出版社2006年版，第109～110页。

表 4－2　　　　我国食品质量安全标准分类

属性	类别	制定及适用范围	地位
强制性标准	国家标准	国家质检总局编制；全国范围内统一	主体
	行业标准	国务院相关行政主管部门编制；某个行业范围内统一	补充，不得抵触国标，国标实施后自行废止
	地方标准	地方政府标准化行政主管部门；该省区、直辖市范围内统一	补充，不得抵触国标和行标，相应标准实施后自行废止
自愿性标准	企业标准	企业参照国际标准及国内相关标准制定；适用于企业内部	不得抵触强制性标准，鼓励采用更高要求的标准

我国食品质量安全标准在改革前存在“两套体系并存、四层标准交叉”问题，即同一食品同时有卫生部的食品卫生标准（《食品卫生法》）、国家质检局的产品质量标准（《产品质量法》）和农业部的农产品质量安全标准（《农产品质量安全法》）三重标准，而这三重标准统一性和衔接性较差，不仅存在交叉重复甚至是相互矛盾，且部分食品生产、流通等环节缺少可操作的标准。此外，我国食品企业部分强制性的行业和地方标准也存在重复和冲突，给企业和管制机构造成困扰。例如，农夫山泉“标准门”事件中，农夫山泉的标准被指责不如自来水，其使用的浙江标准低于广东标准或者国家标准，而自来水标准应当作为底线，但农夫山泉方却坚持自己的标准符合国家强制性要求。①

2009 年，我国开始清理食品标准，《食品安全国家标准“十二五”规划（征求意见稿）》提出在 2015 年要基本完成三重标准整合。《食品安全法》（2009 年）实施之前标准达 6000 余项，到 2013 年降至不到 5000 项；2013 年国家卫计委对近 5000 项食品相关标准进行清理，重点是整理标龄过长、不合理、矛盾冲突问题；2014 年启动的国标整合工作完成了 208 项标准的整合任务；2015 年 2 月第十一次国标评委会新通过 304 项国标草案，并于 2015 年底完成整合工作。目前国内只有一个食品质量安全标准体系，而 1000 余项国家标准的制定参照国际食品法典的格式，基本解决了指标冗余、矛盾、重复和

① 农夫山泉“标准门”，见百度百科，其董事长钟睒睒给出的官方答复是：“该公司在执行地方标准 DB33/383－2005 的同时，也执行了国家的强制卫生（安全）标准。农夫山泉之所以选择在标签上标示地方标准，因为 DB33/383－2005 是目前（2013 年 5 月）饮用天然水行业行政级别最高的质量标准。”

不合理等难题。

二、私人标准是我国食品质量安全标准的重要补充

（一）私人标准对食品质量安全国家标准的补充

就概念而言，食品质量标准具有绝对性，当食品各种指标达到国家规定后意味着其具有一定安全性，可进入市场流通；[①] 而食品质量安全则具有相对性，人们无法追求绝对安全，比如食品营养属性对于部分群体是安全的，但对特殊群体并不一定意味着安全（如婴幼儿）。因此，针对食品营养属性，标准更多的应该作为产品差异化竞争策略的附属品，而不能作为行业进入壁垒。[②] 人们质疑食品标准过低问题，往往忽视高安全很大程度上以高成本为代价，且有时会牺牲口感、营养等属性（如全熟与六成熟牛肉），消费者在选择时表现的偏好都是效用最大下各种属性的权衡。因此，国家强制性标准范围有限，部分食品质量安全属性由市场决定。

诚然，由于食品质量属性中的安全、营养等属性具有信用品的特征，消费者难以识别质量安全的高低，消费者需要更多信息来判断，政府制定的比强制性标准要求更高的推荐性标准是很好的信息来源。但《食品安全法》在历经频发安全事故后明显强化“命令与控制性”，如将食品质量安全标准从法律高度加以强制，推荐性标准则会日渐减少。

除了推荐性标准，国际通行、行业推广或大型公司采用的私人标准也能给企业和消费者提供更多选择，这些标准在许多国家都被视为国家标准的有益补充。但是，发达国家食品质量安全标准制定基本都是“从下而上”，且大部分是自愿性标准，能很好反应市场情况。面对不同需求，企业通过产品差异化以获取利润，这种差异化往往需要符合强制性标准并由不同利益诉求的私人标准来实现。企业通过标明其采用的标准向消费者展示产品质量，获取更多市场份额。

此外，食品质量安全标准是一个动态调整过程，随着人们生活水平的提

① 即要符合食品质量安全市场准入制度、《农产品质量安全法》等要求。

② 汪晓辉、史晋川：《标准规制、产品责任制与声誉——产品质量安全治理研究综述》，《浙江社会科学》2015 年第 5 期。

高以及科技进步，食品质量安全标准也需循序渐进地调整。与国家标准相比，私人标准更能反映需求和科学技术的变化，在灵活度、适用度等上有其优越性。而推荐性标准往往指明未来食品质量安全标准发展的方向，二者在条件成熟时都有可能成为新的强制性标准。

（二）推荐性标准的逐渐减少

食品质量安全标准除了按标准主体分类外，还可根据标准的约束力分为强制性标准和推荐性标准。前者指法律强制执行的保障人体健康、人身或财产安全的标准；后者指其他并不要求各方遵守的产品标准，例如国家强制性标准的代号为“GB”，推荐性标准则为“GB/T”。[①] 推荐性标准又称为自愿性标准，在生产、流通、使用中可以通过市场机制调节而自主决定是否使用，并且在一定情况下也具有强制性——法律法规、合法合同或强制性标准引用范围内的推荐性标准，企业使用后在该企业必须执行的推荐性标准，以及在产品的包装、宣传等标明的推荐性标准。例如某速冻调制食品上标注执行标准是SB/T10379，那么该推荐性标准对于此商品而言具有强制性；蜂蜜GB14963引用了GB/T 18932.22标准，那么后者对蜂蜜中果糖、麦芽糖等含量测定就是强制性的。[②] 另外，在实际操作中，当食品在某方面无食品质量安全国家、行业和地方标准，只有推荐性标准时，那么企业产品不能低于该推荐性标准，否则专家评审基本不会通过。

原本在强制性标准和推荐性标准共存的领域，推荐性标准可作为企业实现差异化、消费者多元选择的途径。企业采用推荐性标准向管制部门备案后，该企业范围内此标准就具有强制意义，只有满足此标准的产品才能通过检验并在市场中流通，从而可保证向消费者提供更高质量的产品。但《食品安全法》（2009）实施后，尤其在食品类标准交由卫生部门管理后，将原来的GB/T标准和GB标准分批转化为“食品安全国家标准”，淡化GB/T标准和GB标准之强制性区别，实际是强调“食品安全标准”的强制性。[③] 也就是

① 胡秋辉、王承明：《食品标准与法规》，中国计量出版社2006年版，第61页。

② 《食品安全国家标准作为强制执行的标准，引用推荐标准是否合理?》，食品论坛：http：//bbs.foodmate.net/thread－764008－1－1.html. 2014.04。

③ 《推荐性标准和强制标准》，食品论坛：http：//bbs.foodmate.net/thread－454045－1－1.html. 2011.07。

说，根据《标准化法》，今后新食品质量安全标准实施后原国家、行业、地方标准自行废止，而不论原标准是强制的还是推荐的。这无疑有利于我国食品标准的统一，减少重复、交叉、矛盾的问题，但仍存在问题。这是因为，如果统一后的标准降低，必然引发消费者对食品质量安全的担忧和不满（如牛奶新国标部分指标的放宽）；而标准水平过高则会淘汰一些企业并导致价格大幅度上升。

新食品质量安全标准除了制定过程中标准高低备受争议，当“新国标”的属性为推荐性时，执行过程中也会遇到不小阻力。典型案例是2012年6月实施的“纸杯新国标”（GB/T27590—2011标准），该标准是国家推荐标准，并未体现出替代原来强制性的行业标准（QB2294—2006），因此造成了两个标准同时并行的问题。[①] 企业对采用新规的积极性并不高，一方面，由于新标准在纸杯的原材料、添加剂、印刷等方面的要求高于行业标准，而且采用新标准意味着企业要重新设计模具、模板并调整工艺，因此成本上升；另一方面，新规中要求杯口距杯身15毫米内、杯底距杯身10毫米内不应印刷以防止油墨污染，消费者认为不美观购买意愿低。纸制品分技术委员会的回应是“准备废止纸杯行业标准”“现阶段以企业明示标准为准”，并指出废止行标后企业生产产品必须符合或严于新国标；尽管未给出所需时间，但仍鼓励企业采用新标准。

（三）我国食品质量安全私人标准

私人标准的本质应由企业、非政府组织等私人主体制定。我国尽管有行业标准和地方标准，但实质都是由政府主导并非真正意义上的私人标准；而企业标准因为缺少政府的支持也难以推广。我国私人标准的缺失既是政府不信任私人主体的体现，也降低了管制效率。

目前我国制定食品质量安全私人标准的主体主要是企业和行业协会。企业制定的私人标准按规定必须备案且不得低于国家标准，确定使用标准后该标准在企业内部就具有强制性。但由于大部分食品产业准入“门槛”低、退出灵活，难以形成垄断力量，仅凭单个企业的标准很难对其他企业乃至整个产业产生影响；外加企业标准的专用性太强，难以对外进行推广。因此企业

① 引自《关于GB/T27590—2011〈纸杯〉国家标准的说明》。

作为私人主体对我国食品质量安全私人标准的建设作用极为有限。而我国行业标准与发达国家的行业（或协会）标准的制定完全不同，一方面，行业标准源自计划经济体制，食品行业主管部门性质等同于一家大型企业，制定的行业标准在整个国有企业中使用，实质上与国家标准的制定并无差异，在改革开放后也就不再适用——现行的食品安全法中食品质量安全标准中不再有“行业标准”规定（第25条规定表明我国食品安全标准由国家、地方和企业标准三部分组成）；另一方面，我国一些企业自发建立行业组织提出的“协会标准”[①]，因为无法定限制而极力扩张自身利益，往往被一些大型企业所俘获，如奶业就有鲜奶派和常温奶派之争[②]，这些企业组织还依附于政府，缺乏独立性。

中国“入世”后曾重点实施开放式标准制定方式，鼓励协会等私人主体参与。但《食品安全法》和其他与标准管制相关法律的修订似乎有朝反方向发展的趋势。产品规范与标准来源于产业实践，私人标准制定更符合消费者需求和技术等实践。但现实中不断曝光的食品质量安全事故让人们对私人主体失去信任，偏向于强化政府对市场的干预。政府在取代私人主体过程中很难面面俱到，而且企业、协会以及其他社会团体也无法在食品质量安全中发挥自律作用。目前我国大部分消费者还是处于食品质量安全敏感期，如果能够建立获取消费者信任的私人标准体系，这无疑是重获消费者信心的一个重要途径。

公私界限很多时候并不分明，当食品质量安全标准能为企业接受，保证基本安全，符合消费者偏好时，则其具有长期实施的生命力，就很有可能上升为国家强制标准。我国食品行业特殊性在于有大量流动摊贩、家庭作坊和个体户，他们迎合了消费者多样化需求。与发达国家企业规模化生产对标准统一需求不同，我国食品行业以中小企业为主、地区差别大、种类繁多，更加强调传统技艺而非规范流程，因此标准规范的成本与收益不对等。而消费

---

① 西方“行业标准”和“协会标准”概念差异并不明显，但我国学者意欲使用“协会标准”代替“行业标准”以区别国家标准，强调非政府组织的私人主体在食品安全标准制定中的作用。

② 我国奶业有两个同级别、分属不同主管部门的行业协会：属于轻工部门主管的中国乳制品工业协会和属于农业部主管的中国奶业协会。在鲜奶标识标准问题上，市场上事实形成了以光明、三元为代表的鲜奶派和以伊利、蒙牛为代表的常温奶派的对峙。鲜奶派采用巴氏杀菌法，保质期一般定为3天左右；常温奶派采取UHT灭菌法，产品可以保存6～7个月。鲜奶派曾经依托中国奶业协会，拟议颁布“鲜奶标识标准”，从而强调自己产品之“鲜”，但遭到代表常温奶派利益的中国乳制品协会的强烈反对。

者对食品质量安全属性的偏好、食品工业技术进步日新月异等，均要求私人主体在食品质量安全治理中发挥应有作用。

三、我国食品质量安全标准评价

经整合，我国原有食品质量安全标准结构不合理、部分指标标龄过长或缺失不完善、标准水平过低或制定不科学、重叠交叉不统一等问题得到解决。本书从消费者偏好角度对目前食品质量安全标准进行评价。

（一）我国食品质量安全标准不低于国外标准

长期以来我国食品质量安全标准高低问题争议不断，还有不少消费者和学者认为我国食品质量安全标准“内外有别”，将国内食品质量安全事故频发归因于国内过低的食品质量安全标准。但事实上，我国食品质量安全标准并不低于国外，单纯以某个指标的高低、有无而下结论无疑有失偏颇。

首先，食品标准制定依据是“可耐受最高摄入量（UL）”，标准制定是要符合一定风险评估并确保一定范围使用量内的安全性。我国食品质量安全标准经过这些年的调整已有成效，覆盖范围与国际食品法典委员会标准基本相符。在标准制定程序上更加科学合理，联合国粮农组织原副总干事何昌垂说：“中国的食品标准，是采用世界卫生组织和粮农组织的标准制定的。”例如新修订的第四代乳液标准就被称为“世界上最严格的标准之一”，在指标制定上主要参照国际食品法典委员会标准，还有一些检测指标是 CODEX 标准所没有的（例如乳清蛋白占比达 60%、乳糖占碳水化合物比达 90%）。[①] 单纯看数量和个别指标意义不大，国内也容易找出“国外允许而国内不允许”指标（如面粉增白剂、瘦肉精等）。

其次，标准制定有一定的属地特征。上文提到 UL 值即食品指标所约束的量，因为不同国家摄入食品的种类和比重不同，因此会有差异。从摄入量看，国内消费者主食大米，所以国内对大米的重金属（如镉）的限量更严（国内不超 0.2 毫克，CODEX 标准不超过 0.4 毫克）；[②] 从食用方法上看，西

---

① 《我国食品标准并不低于国外标准甚至更严格》，人民网：http：//shipin. people. com. cn/n/2013/1105/c85914－23431845. html. 2013. 11。

② 赵健：《三问食品安全：标准究竟低不低》，人民网：http：//theory. people. com. cn/GB/14501194. html. 2011. 04。

方许多国家自来水都是直饮，相对国内消费者烧开饮用自然要求高一些；从文化习俗看，国内有吃动物内脏的习惯，对瘦肉精检测更加严格。[1] 各国都会对一些普遍污染物质（如沙门氏菌）进行限量，我国还针对他国少见而国内特有的稀土、铝、氟等污染物制定相应标准。

再次，针对食品标准的“内外有别”，这通常是由于一些国家为了限制进口而提高一些标准，我国企业不得不按照进口国要求的标准进行生产，这是贸易问题而非安全问题。首届食品安全风险评委会主任陈君石认为“只要是按照我国的标准生产的食品本身就都是安全的”[2]，我国标准无须照搬国外，国内消费者也没必要承担严苛标准带来的生产、检验成本。

最后，食品营养标签中的每一个数据都需要相应的代价，如前文所述的食品属性替代和边际就成本递增问题，食品价格将大幅上升。与发达国家相比，我国消费者收入水平确实有差距，撇开技术因素，追求与发达国家食品同等品质要付出的代价对于国内广大低收入群体而言确实难以承担。据调查，我国消费者购物中关注营养标签比例不足百分之一，而关注价格因素的消费者却非常普遍。[3] 正如云无心（2013）指出“国家标准是对相应产品的最低要求，而企业标准是企业对自己的要求和保护”[4]，对于追求更高质量的消费需求，应该由市场解决。

（二）我国食品质量安全标准强制范围过大

1. 食品质量安全标准缺乏层次性。层次性强调食品质量安全标准的适用范围，如国家、行业、地方和企业标准；另一种层次是将食品中共性部分提炼为食品质量安全的通用标准，而对不同食品的专用性内容则以专项标准加以规定，如针对生产管理、经营规范中指定的一些技术标准可以通用，而落实到具体产品则在工艺、原料、添加剂上另行规定。但这两种层次划分后各

---

① 曾璇、宋立功：《为什么中国的食品标准与欧美有差异》，中国食品科技网：http：//shipin. people. com. cn/n/2013/1105/c85914 - 23431845. html. 2013. 11。

② 赵健：《三问食品安全：标准究竟低不低》，人民网：http：//theory. people. com. cn/GB/14501194. html. 2011. 04。

③ 刘增金、乔娟、沈鑫琪：《偏好异质性约束下食品追溯标签信任对消费者支付意愿的影响——以猪肉产品为例》，《农业现代化研究》2015 年第 5 期。

④ 汪仲元：《以科学和理性态度对待食品安全问题——访食品工程博士、科学松鼠会科普作家云无心》，《中国质量万里行》2011 年第 7 期。

标准同样适用于同种类型的所有食品，并没有起到区分消费人群的作用。首先，这里强调的层次性是针对特殊人群或用途所指定的特殊标准，如部分对病人病情有治疗作用的药膳、补品，以及明确提出可治疗一些病症的保健食品，涉及的成分、宣传、包装等都有医药学要求，普通食品质量安全标准不能保证其能提供相应功效，用这些特殊食品要求来规定普通食品则不妥。另外，层次性还强调根据标准按照指标高低和覆盖面的分级。我国食品质量安全标准不管是国家、行业还是地方标准都是强制性的标准，保证最基本安全水平。而每当发生食品质量安全问题时部分消费者则呼吁要求提高标准，但却不愿为之承担代价。如部分消费者一味追求所有标准的统一、提高，却期望以一般价格甚至更低价格购买有机食品。现实中消费者并非盲目偏好价高质优的食品，而是追求性价比合理的食品。事实上，我国制定了部分推荐性标准，可部分承担这种标准分级的职能。食品质量安全标准制定具有很强的专业性，标准制定不能一味地迎合"民意"。

2. 食品质量安全标准强制范围过大，妨碍技术进步和市场竞争，降低了管制效率。从我国目前食品质量安全标准内容看，从食品的原料采购、加工生产，到包装分销、运输零售，都有规定应执行的标准。这些强制内容有不少与健康无关的指标应由企业决定，政府管制会产生负面影响。首先，不利于企业技术进步，食品工艺日新月异，而标准修订有滞后性，限制了新技术采用。其次，增加检测成本，一方面企业和管制部门为确保食品满足安全标准要对每个产品增加相应检测指标，采办检测仪器、培训检测人员；另一方面管制部门可能会减少抽检样本，以在有限资源和时间下完成诸多指标的测定。最后，扩大强制范围容易造成贸易摩擦，如我国茶叶中对稀土元素有限量要求，而除中国外其他茶叶生产、消费国家都没有该类限制，且饮用时析出的稀土远比对茶叶直接检查要小，这种危害尚无定论。[①] 显然，应由市场决定的部分食品质量安全属性若由政府管制，则会造成过度管制，损害市场效率。

---

① 目前我国"茶叶与稻米等采用相同的限量标准也不合理"，云无心指出，首先是摄入量不同，其次稀土难溶于水，冲泡析出进入人体的量非常少。"即使每天大量喝稀土含量超标的茶叶，也比食用稀土含量合格的米饭所摄入的稀土成分少得多"。详见：《食品里稀土的真相：茶叶常超标对人危害尚无定论》，新浪网：http://www.cnwnews.com/html/finance/cn_xfzx/20150603/723661.html.2015.06。

第四节 食品质量安全标准在兼顾安全和消费者偏好间的权衡

——以食品小作坊“开禁”和地方小吃标准出台为例

食品小作坊、小摊贩、路边小吃凭借其低生产成本、低技术含量及消费者对食品的庞大需求等优势成为创业人群的优先选择；也因为其规模小而分散，存在管制难度和立法空白，成为食品质量安全问题的“重灾区”。小作坊和地方小吃处境可谓是“一头连着民生，一头连着就业，一头连着文化，一头连着市场”。如何走出管制困境成为社会关注的热点，管制创新也逐渐提上议题，但近年来提出“小吃标准”是否能够解决存在的食品质量安全问题?

一、我国食品小作坊的“开禁”之路

食品小作坊是指固定从业人员较少，有固定生产场所，生产条件简单，从事传统、低风险食品生产加工活动（不含现做现卖）的没有取得食品生产许可证的食品生产单位或个人。[①]

（一）食品小作坊的特点

首先，我国小作坊具有“多、小、散、广”的特点。如图 4 - 4 所示，据官方统计全国的食品生产加工企业中大部分属于 10 人以下的小企业小作坊，而且还不包括“三无”[②] 小作坊。这些小作坊分布在全国各地，销售范围一般限于本村、本街区或邻近较小区域，一些大一点的小企业销售范围则往往是跨省的农村、城乡接合部地带。

其次，食品质量安全风险大。国家质检总局每年对食品抽检，平均合格

① 详见关于印发《关于进一步加强食品生产加工小作坊监管工作的意见》的通知（国质检食监［2007］284 号）。

② 指无卫生许可证、营业执照及食品生产许可证。

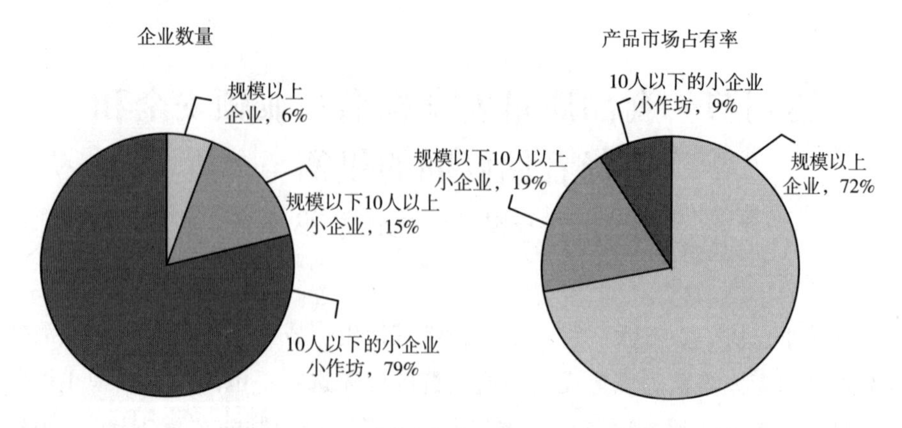

图4－4 各类食品企业及产品市场占有率状况

资料来源：引自国务院新闻办公室于2007年8月17日发布的《中国的食品质量安全状况》白皮书，来自“北大法宝”http：//vip. chinalawinfo. com/。

率保持60%左右，但小企业小作坊仅20%～30%。① 我国食品质量安全案例中也有50%由这类食品小作坊造成。2016年3月份曝光“饿了么”平台，其销售的主要是这些游离于管制之外的“黑外卖”加工销售作坊。

最后，社会功能多样。小作坊具有投资小、见效快和风险小等优势，尽管其产品市场占有率不高，但是在解决就业、方便群众生活、传承传统文化、增加饮食多样性等方面有着不可替代的重要性。

（二）食品小作坊存在的原因

首先是大量存在、无法取缔的原因。正常而言，由于饮食消费的个性化、多元化和多层化，小作坊确实能够起到补充规模企业产品的作用，但我国这些小作坊、小企业的井喷明显打破了国外学者提出的合理结构。我国社会经济发展不平衡，在农村、城乡接合部，以及进城务工农民工中有大量低收入人群，他们的食品质量安全意识匮乏，一方面是有廉价低质食品的需求，另一方面也是有创业就业的需求。对于低收入群体，他们仍满足于温饱，并不会太关注食品质量安全问题。另外，我国传承千年的饮食习惯和文化，消费者喜欢的很多食品无法通过机械化处理，或者说是更喜欢在一些风味独特的

① 刘录民：《食品生产加工小企业小作坊质量安全监管办法研究》，《中国卫生监督杂志》2008年第1期。

小吃店消费，而这些通过父子相传、口口相传的小作坊在保留传统工艺上无疑也做出了贡献。

其次是食品质量安全问题频发的原因。从内部原因看，这些小作坊机械化程度非常低，主要靠人工制造完成，而这些生产人员往往安全技能没有足够培训，安全意识也较低，这使食品受污染的可能性较大。一方面是“熟人”社会向“陌生人”社会的过渡，使一些非正式制约机制（如道德等）无法发挥作用，生产者为获得更多利润而不顾企业诚信与社会责任。另一方面在于消费者需求引导，很大程度上消费者清楚自己购买、食用的食品存在一定安全风险，但由于收入有限更愿意购买安全性较低但价格便宜的食品（如路边盒饭），或者口味偏好上追求一些不太健康的食品（如烧烤食品等）。

（三）食品小作坊管制困境与创新

规模以下企业并不在市场准入制度的范围内，历经了“取缔”（行政禁令）—限制销售（专项整治）—“法治”（开禁）等阶段。

首先，“取缔”阶段（2001～2005年）。2001年我国实施食品质量安全市场准入制度，这些小作坊无法取得生产许可证，实质上被排除于市场准入制度之外。但“管制过度”反而导致管制效率的缺失。一方面，市场准入制度规模化预设以及过高标准并没有考虑到小作坊和消费者需求；另一方面，单一性管理和强制性标准根本没有给企业任何选择权利。显然，标准化生产既不符合小作坊和一些传统食品的生产要求，也不符合消费者对风味和价格的差异化需求。此阶段“取缔”小作坊实质是把其排除在食品质量安全管制之外。

其次，限制销售（专项整治）时期（2005～2010年）。该时期由于规模以上企业的市场准入基本完成，但很难完全取缔在市场夹缝中生存的小作坊。鉴于此，政府采用积极政策（主要是专项治理）解决小作坊问题。主要包括改造生产条件、限制销售品种和区域（只能生产传统且低风险食品，并限于乡镇行政单位）、公开承诺不违法添加并确保基本安全。限制政策在一定程度上保证了小企业生产的食品质量安全，其实质相当于“变相的”（或有条件）的许可制度。但从法律层面看，下位法（规范性文件）违反了上位法（当时是《食品卫生法》和《产品质量法》），而且限于乡镇行政单位销售是在不同人群中实施不同安全标准，不仅违反平等原则，而且还无视低标准受众的生命权和健康权。同时该制度治标不治本，也不利于小企业发展壮大。

最后，“法制”时期（2010年至今）。《食品安全法》从立法高度第一次以积极的态度把小作坊纳入法律的管制范围，规定小作坊也应符合相应的食品质量安全要求，保证食品卫生、无毒、无害；有关部门应当加强监督管理，而不像取缔时期的消极应对或限制销售时期带有浓厚的行政色彩。[①] 但《食品安全法》对小作坊食品质量安全的市场准入管制尚没有配套建立相应法律规范体系、政策及执行工具。我国很多食品都缺乏可操作的、符合社会实际需求的具体安全标准，食品质量安全法提出的食品质量安全要求并不明确，对于小作坊仍然没有参照执行食品质量安全标准。但目前小作坊至少不再游离于管制之外。

二、地方“小吃标准”的出台

（一）地方“小吃标准”

为提升地方小吃整体品牌，“河南烩面”“兰州拉面”“扬州炒饭”等地方小吃都有统一的“官方版”标准。这些标准大都是针对传统工艺、风味外观等，而且都是推荐性标准，并不是真正意义上的食品质量安全标准。

（二）地方“小吃标准”为何质疑多

2015年西安“小吃标准”征求意见稿一出引发轩然大波，被指“不务正业”“操错了心”，但标准还是于2016年6月出台。制定小吃标准是否能获得消费者支持？网上相关调查[②]显示，支持者认为标准化能避免缺斤短两或食品质量不过关，从行业角度看也有利于优秀品牌传承和推广、规模化乃至品牌化地方特色餐饮；反对者则认为“小吃”没有标准做法，顾客口味不同，店铺和厨师特色风格也不同，政府有越权嫌疑。地方小吃标准备受质疑

① 《食品安全法》第二十九条第三款规定：“食品生产加工小作坊和食品摊贩从事食品生产经营活动，应当符合本法规定的与其生产经营规模、条件相适应的食品安全要求，保证所生产经营的食品卫生、无毒、无害，有关部门应当对其加强监督管理，具体管理办法由省、自治区、直辖市人民代表大会常务委员会依照本法制定。”第三十条规定：“县级以上地方人民政府鼓励食品生产加工小作坊改进生产条件；鼓励食品摊贩进入集中交易市场、店铺等固定场所经营。”

② 佚名：《为地方小吃立官方标准有无必要》，《金华日报》：http：//difang. gmw. cn/newspaper/2016 -06/13/content_113171515. htm. 2016. 06. 13。

的原因有以下几点：首先，标准制定内容主要是与食品质量安全没有直接关系的传统工艺、风味外观等。然而，政府管制对象应是消费者很难获取的具有“信用品”属性的安全信息，而不是消费者通过食用、观察就能了解的口感、外观、新鲜等经验品属性的信息。其次，这些标准指标是否科学并无定论，在操作和管制上都存在很大难度。例如肉夹馍的腊汁肉要求新鲜生猪肉前腿、后腿、肋条的比例是3∶4∶3，肥瘦比例是3.5∶6.5，腊汁肉成品质量应是“肉色泽红润、软烂醇香”等要求。[①] 事实上，这些“标准”并不一定影响食物品质，甚至不同做法还是一些小吃店的招牌特色，政府管制和检测不仅难且成本不菲。再次，这些标准基本是当地有名气传统老店负责制定，政府规定采用这些标准的小吃店可获得一定补贴，但补贴容易引起限制竞争，也提供政府寻租的机会。最后，除了安全性，人们还重视风味、口感和价格，具体的“羊肉泡馍”馍馍撕多大、盐放多少、是否上蒜瓣和辣椒香菜等都取决于消费者选择。目前标准是推荐性的，若一律强制标准，则西安众多小吃店就只剩下一个“味道”和价格，结果是产品高度同质失去特色。

（三）小结

与小作坊的“开禁”原因在于“禁止不住”类似，推荐性的小吃标准是政府管制的错位。地方特色小吃的价值在于方便实惠，在于其独特的风味，特色小吃的制作标准应由市场决定，不需政府管制的介入。且政府对特色小吃制作标准的管制也是有其名无其实。政府功能应从制作标准管制向质量安全标准管制进行调整。

第五节　实验设计与统计性描述

本书主旨在于分析消费者的食品质量安全属性偏好对我国食品标准制定的影响，前面理论分析中已详细论述了消费者偏好的异质性，我国食品安全质量标准体系以及标准制定与消费者需求之间的关系。本节通过实验具体了

① 佚名：《多地为小吃立官方标准肉夹馍、炒饭有无必要标准化?》，网易新闻：http://news.163.com/16/0528/00/BO44J94D00014JB6.html.2016.05。

解我国消费者对食品不同属性的实际偏好。部分研究结论以及消费者都认为食品越安全越好，而事实上消费者更追求价格、安全性、营养性、口感外形等属性的平衡，对安全性要求更是差异明显。

本节主要设计合理可行的实验方案，并做基本的统计性描述，为实证分析奠定基础。本节将从实验方法介绍、实验对象选择、属性水平和代表性产品设定、实地调研和统计性描述等方面展开。

（一）消费者偏好的分析工具：联合分析法

联合分析法作为一种多元分析方法，自20世纪60年代提出后便逐渐成为消费者偏好研究和市场分析的一种重要分析方法，也是本书拟采用的分析工具。该方法基于兰开斯特的消费者理论，即消费者的效用来自商品所包含的不同属性，在一定条件下满足某个属性就需要付出相应代价，也可能牺牲其他属性，消费者决策实质上是对诸多属性的权衡。该方法首先假定产品具有某些属性，用不同水平（层次）属性组合模拟现实生活中的商品，然后再使用各类实验让消费者根据自己偏好来评价（打分或排序）这些虚拟商品，得到相应数据后便可使用数理分析方法具体量化研究消费者对不同属性的喜好，并可通过市场模拟进行群体分析。

一般而言，选购商品时根据需求考虑种种条件，综合后选取最满意的一款。而联合分析则是相反。联合分析法的基本原理是对消费者现实决策的模拟，始于消费者对不同属性（及其水平）组合虚拟产品的总体偏好，再通过数理分析从消费者总体权衡中获取所需信息的一种方法；只需要知道整体偏好，就可分解得到各属性价值。联合分析方法最常应用于销售领域，消费者购买时不仅考虑价格因素，而是多重属性购买决策行为（multiattribute purchase decision）。其基本假设为“产品带给人们效用是因为产品属性而非产品本身”，即：产品效用 $=f$（产品各属性水平）。

与传统问卷调研相比，联合分析法更接近真实情况，并具有分解性，可计算个体偏好，也能建立综合的总体模型，并可分析复杂线性关系。本书采用该方法的原因主要在于消费者在购买食品过程中是基于味道、营养等属性综合考虑，判断方法主要是外形、颜色、气味、品牌、品种、产地、购买经验和广告等，因此很难识别其中具体的某个属性偏好。此外，由于近两年我国食品质量安全环境好转,[①] 而消费者缺乏判断安全营养等内在品质的有效途径，食品内在品质尤其是安全属性在部分消费者购买过程中并没有得到太多关注。为获取消费者属性偏好更为真实有效的数据，必须撇开信息障碍，将各属性水平明确提供给消费者考虑，而联合分析法无疑是一种有效途径。

根据实验设计方法的不同，联合分析法可分为选择模型联合分析法、层次联合分析法和全轮廓联合分析法。其中第三种全轮廓联合分析法适合属性不多的情况，先确定特定产品关键属性及水平，并选取恰当的属性水平组合作为模拟产品，然后让被测者对模拟产品排序或打分评价并加以分析，是目前最广泛应用的方法，也是本书拟采用实验设计的方法。

联合分析步骤包括属性及属性水平的确定、试验设计、数据收集整理、数据分析和模型拟合、模型解释等，如图 4 – 5 所示。

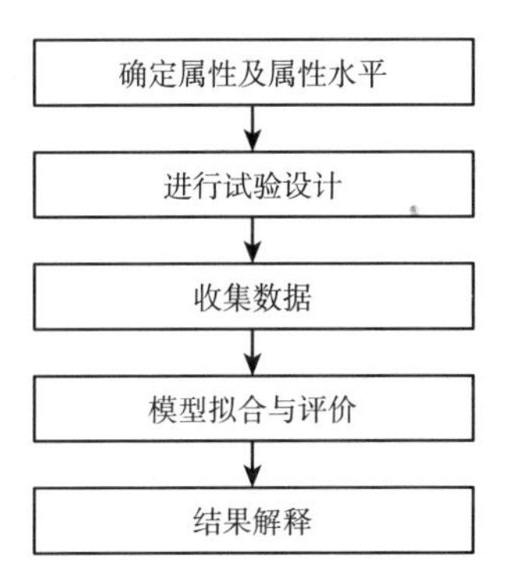

图 4 – 5　联合分析法的步骤

（二）属性确定和代表性产品组合设计

1. 确定属性及属性水平：前期调研。属性是特定产品的主要特征、属性和标准等，是消费者选择中重要考虑的因素；水平则是这些属性按某种方式确立的层次，如奶粉品牌可分为国内和国外，也可分为知名全国性大品牌、知名地方品牌和地方小品牌。

（1）测试食品选择：苹果案例。结合实验目的和联合分析法的特点，本书选择苹果作为测试产品，主要考虑因素有：首先，苹果作为世界四大水果

① 表现在曝光的食品安全事件的数量和影响范围的控制。

之首，是消费者生活中非常熟悉且日常都要购买的食品，这有利于受测者的理解和准确回答，也具有代表性；其次，市场中的苹果鱼龙混杂，近些年的“药袋”苹果、“工业蜡”苹果和“膨大”苹果事件让消费者对其安全性关注度比较高；再次，我国苹果无公害、绿色、有机认证层次分明，价格从2～3元/斤[①]到30～40元/斤都很普遍，比较适合属性比较研究，且苹果属性特征也很明显，如营养、口感、外观、卫生安全、品种、产地等，符合联合分析中全轮廓分析法的要求；最后，实验目的是要了解消费者购买中对安全等属性偏好分布情况，我国苹果市场已经有明显的高、中和低端市场细分，例如消费者一般购买的苹果价格多在10元/斤以下，而我国有机、绿色等认证苹果在同等级和生产日期的情况下，价格一般都是其他国产苹果的数倍，尤其是礼盒装有机苹果零售市价高达50～60元/斤。在苹果品种选择上，红富士占我国总产量65%[②]，也是市面上最常见的品种，在各属性上也都很好地满足了联合分析的要求。因此，本书仅考虑红富士品种。

（2）属性选择：文献整理。联合分析的第一步要识别产品属性，并确立对消费者影响有明显区别的属性水平。属性数量和质量在联合分析中非常重要，太多属性和属性水平会形成过多的代表性组合产品，增加消费者负担，甚至造成消费者无法判断的局面；太少属性又会影响调研的解释能力，可能带来结论偏差。确立的属性必须要与调研目标密切相关并贴合实际决策，才能赋予模型解释力。因此，在实验开始前很有必要先对消费者关注的食品属性进行预调研。而消费者所关注的食品属性中，安全属性、营养属性和价值属性（包含价格因素）基本上都涵盖在内，见表4－3。

表4－3　　消费者关注的食品属性

调研主题	消费者关注的属性
食品属性分类	①食品质量安全性质（如有害病菌、重金属、农残、天然毒性、添加剂）；②营养属性（能量、蛋白质、脂肪）；③价值属性（纯净度、整体完整性、外观、口味、尺寸、易于处理准备）；④包装属性（包装材料、标签）

① 我国消费者选购果蔬时一般都以“斤”为单位，为了符合消费者购物习惯，本书统一采用“斤”为苹果称重单位。

② 《中国苹果品种统计报告》，http：//www. wtoutiao. com/p/T8bL1L. html。

续表

调研主题	消费者关注的属性
消费者在大米选购中考虑因素	①卫生品质；②营养品质；③蒸煮品质、食味品质；④外观品质
消费者在苹果选购中关注的安全因素	①价格；②表面的损害；③认证；④农药监管
消费者在液态奶选购中灌输的属性	①加工方法；②脂肪含量；③价格；④口味
可追溯猪肉的属性	①可追溯信息；②质量认证；③外观；④价格
社区居民蔬菜购买中关注因素	①卫生安全；②新鲜；③品种齐全；④价格便宜；⑤口味好；⑥交易公平；⑦色泽；⑧包装；⑨品牌；⑩环境
影响消费者食品购买行为的因素	价格、包装、新鲜、安全、口碑、品牌、生产日期、保质期、口感、添加剂、卖方信誉、耐储藏、营养成分、外观成色、认证、产地、购买便利性、栽培和饲养方法等

资料来源：谢健、邓霄、杨喜华：《中国大米加工和消费对稻谷品质的要求》，中国粮油标准质量年会暨中国粮油学会粮油质检研究分会第一次代表大会，2009 年；Baker G. A. Consumer Preferences for Food Safety Attributes in Fresh Apples: Market Segments, Consumer Characteristics, and Marketing Opportunities. *Journal of Agricultural & Resource Economics*, 1999, 24 (1): 80 –97；张红霞、安玉发、李志博：《社区居民蔬菜购买行为影响因素及营销策略分析——基于北京市社区居民的调查》，《调研世界》2012 年第 8 期；王志刚、杨胤轩、许栩：《城乡居民对比视角下的安全食品购买行为分析——基于全国 21 个省市的问卷调查》，《宏观质量研究》2013 年第 3 期。

通过整理发现，外观、口感、等级、产地、新鲜程度、营养、价格、购买便利性、安全性、品种、栽培及加工过程等是消费者重点关注的因素。以上多个属性中，除了购买便利性外，产地、品种、栽培和加工、新鲜程度等，实际上都是为了保证苹果所具有的安全、营养、食味和外观等品质；便利的购买地点所能提供的品类确实会限制消费者选择，但消费者仍根据上述四种品质进行挑选；等级对价格影响颇大，按果形、新鲜度、颜色等分类可视为上述四个品质的综合。所以，最终确立的属性有安全、营养、食味与外观、价格属性，一共四个因素用以在实验中测试。

（3）确定属性水平：实地走访和网上信息提取。为更好确立属性水平，2016 年 5 月 30 日、31 日，项目组在杭州市江干区下沙街道进行前期实地走访调查。考虑到代表性和便利性，最终选择了金沙学府、云水苑等小区附近的大型购物商场、小超市、菜市场、水果零售门店等消费者购物场所作为走访地点。本次调研主要关注的信息有：一是市场中苹果主要的品种、等级、价格、有无认证或可追溯信息（作为安全性的判别）、进货渠道；二是理货员、售货员对苹果信息的了解情况，包括安全性、认证知识、营养价值等；三是消费者选购方法和习惯、对安全属性的知识和重视情况、五个属性的偏好排序及补充等。该次调研主要采用口头提问方式进行，便于获取被访者信任和配合，获取更多有效信息，受访者为超市理货员、批发市场、门店老板或售货员、正在选购苹果的消费者。项目组成员还负责观察、记录在售苹果品种、等级、认证、价格等信息，得出以下结论：

①市场中的苹果绝大部分是非认证或可追溯的，除了综合购物商场（如物美），有可追溯和产地保护两款苹果外，其他小超市和门店里的水果都是普通非认证或可追溯苹果。这符合消费者的偏好。

②苹果售价以 3 ~ 13 元/斤为主，苹果外观（颜色、大小等）及所属等级、新鲜程度、产地对价格影响很大，4 元/斤左右的从外观看主要是放置较久、等级低或外表有瑕疵，而高档苹果基本是等级较高，即果形和着色度等外观良好、直径 80mm 以上的苹果。

③理货员和销售人员对苹果的认证知识有限，主要关注苹果的价格、品种、产地、等级和新鲜度等，对其安全性和营养价值关注少，认证和可追溯知识上非常有限，这与当地以学生和中、低收入群体为主有关，与购买力有限，更偏好物美价廉商品有关。

④一共对 22 名消费者进行口头采访，由主妇、学生、上班族组成。由于每个单独消费地点选择少，受访者均关注价格、外观和新鲜度等信息，并与预料一样，受访者选购过程中基本不考虑安全因素，但将五种属性排序时普遍把安全性放首位。

由于市场中认证苹果比较少，2016 年 6 月 3 日，项目组选择在天猫、京东、一号店三个较大购物平台搜寻相关信息，仍然以红富士为分析对象。首先，综合天猫、京东和一号店销售的红富士苹果，发现有机或绿色认证的苹果较少，但产地认证的苹果较多，也有一部分可追溯苹果；根据等级、包装、促销活动等售价在 4.98 ~ 51.25 元/斤，有机认证苹果价格高于绿色认证苹果。其次，上述三个网站上普通非认证苹果价格在 3 ~ 12 元/斤为主。最后，将天猫上销量最高的十类苹果信息综合，这些苹果都是非认证或可追溯的，见表 4 - 4。

表 4－4　　2016 年 6 月 3 日天猫红富士销量前十信息汇总

销量排名	等级（直径）	价格（元/斤）	认证信息	产地
1	80mm	10	无	天猫陕西
2	80 mm	5.36	绿色食品认证	山东
3	80 mm	13	无	山东
4	80mm 左右	3.98	无	河南
5	80 mm	4.59	无	河南三门峡
6	80 mm	6.6	无	天猫精选山东
7	80mm 左右	5.18	无	山东
8	80mm 左右	14.5	无	天猫特级陕西
9	不均	3.9	无	山东
10	80 mm	11.5	无	天猫优质山东

资料来源：天猫 https：//www.tmall.com/？spm＝5278.8098790.a2226n0.1.bbzUoo。

以苹果为实验对象，本书确定的属性水平见表 4－5。

①安全属性。由于其信用品质带来的信息障碍，这里简单地采用是否经过有机、绿色或无公害认证加以区分，我国食品流通前必须符合相关规定的检测，因此未经认证的水果也能保障基本安全。

②营养属性。营养属性也带有一定的信用品性质，与苹果存放时间和保存方法、品种产地、栽培加工过程相关，一般而言，同等情况下新鲜苹果营养价值较高，因此我们简单以此为标准进行提示。

③食味和外观属性。味道和口感都是可直接观察、感受到的特质，因此将二者放在一起考虑，以减轻消费者选择压力。首先在口感上由于每个人对苹果偏好不同，这里就只能先以主观性感官形容词加以代替。其次是外观上，市场中消费者选购的苹果主要是 80mm 左右，且不同消费者对大小偏好不一致，大小苹果都有偏好人群。由于红富士苹果分级中有对感官品质的明确确定，特级、一级、二级之间除了基本要求、果梗、大小上一致外，在果形、色泽、果面缺陷等上都不同。本书采用分级描述来区分外观差别。

④价格属性。绝大部分消费者购买中价格都起着非常主要的作用，根据市场调研和网上数据整理，同时考虑地区收入水平、物价差异，采取区间分层方法将价格分为三层。

2. 代表性组合产品选择：正交设计。全轮廓（full profiles）是指全范围，

表 4－5　属性水平确定及编号

属性	属性水平	编号
①安全属性	风险很低：经过绿色/有机认证	1
	风险较低：经过无公害认证	2
	风险一般：符合产品质量检测，能保证基本安全	3
②营养属性	营养价值较高：存放时间很短，保存很好	1
	营养价值一般：存放时间较短，保存较好	2
	营养价值较低：存放时间较长，保存较差	3
③食味和外观属性	口感很好，外观很好（特级，果形端正达 0.75，集中着色面 0.85 以上；无所有果面缺陷）	1
	口感一般，外观较好（果形端正，集中着色面 0.75～0.85；允许少于 5 个小疵点）	2
	口感较差，外观一般（果形稍有缺陷但不畸形；集中着色面 0.55～0.75；允许 10 个内小疵点、轻微的碰压伤、摩擦伤、果锈、日灼、虫伤等）	3
④价格属性（元/斤）	低：6 元以下	1
	中：6～12 元	2
	高：12 元以上	3

在联合分析中指由全部属性的不同水平组成的所有组合产品。一般而言，该方法在属性、水平过多会造成产品过多，消费者评价困难，如四种属性、三种水平就会有3，总共将产生 3×3×3×3＝81 种产品组合，显然将这 81 种产品组合都交由消费者评价是不现实的，如何在减少组合数量而又确保实验精度是联合分析法的一个重要问题，可通过正交试验设计来解决。正交试验设计可从全轮廓中选择部分“均匀分散、齐整可比”的代表性组合进行试验，正交表就是按该规则设计的包含属性和水平的表格。直接利用 SPSS statistic 19 进行操作，实验日志如图 4－6 所示。

```
*生成正交设计.
ORTHOPLAN
    /FACTORS=安全属性（1 '很安全' 2 '较安全' 3 '基本安全'）营养属性（1 '高' 2 '一般'
3 '低'）食味与外观属性(1 '高' 2 '一般' 3 '差') 价格属性(1 '高' 2 '一般' 3 '低')
                    /REPLACE.
```

图 4－6　正交设计日志

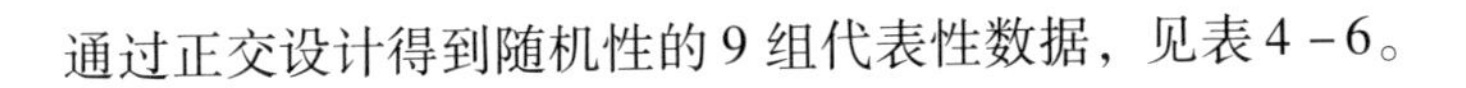

通过正交设计得到随机性的9组代表性数据，见表4-6。

表4-6　　食品属性正交设计表

安全属性	营养属性	食味与外观属性	价格属性	STATUS_	CARD_
3.00	2.00	3.00	1.00	0	1
3.00	3.00	1.00	2.00	0	2
2.00	1.00	3.00	2.00	0	3
2.00	3.00	2.00	1.00	0	4
2.00	2.00	1.00	3.00	0	5
1.00	3.00	3.00	3.00	0	6
1.00	1.00	1.00	1.00	0	7
3.00	1.00	2.00	3.00	0	8
1.00	2.00	2.00	2.00	0	9

直接采用正交试验设计自动产生的结果，得到表4-7中的9种模拟产品组合作为代表性产品进行后续试验。为方便受测者理解，将属性水平进行简化描述。在问卷填写前，会有属性及属性水平的一些解释。

表4-7　　代表性产品

卡标	安全属性	营养属性	食味与外观属性	价格属性（元/斤）
1	基本安全：市场准入检验	一般	差	低：6元以下
2	基本安全：市场准入检验	低	好	中：6~12元
3	较安全：无公害认证	高	差	中：6~12元
4	较安全：无公害认证	低	一般	低：6元以下
5	较安全：无公害认证	一般	好	高：12元以上
6	很安全：有机/绿色认证	低	差	高：12元以上
7	很安全：有机/绿色认证	高	好	低：6元以下
8	基本安全：市场准入检验	高	一般	高：12元以上
9	很安全：有机/绿色认证	一般	一般	中：6~12元

（三）正式调研和统计性描述

1. 问卷设计与数据收集。

（1）问卷设计。完成产品组合模拟后，开始设计正式调研问卷，该问卷一共包括三个部分：第一部分是受访者基本信息，主要是性别、年龄、学历、月收入、职业等，以单选题为主；第二部分是消费者对食品质量安全的关注度和支付意愿调查，与第三部分数据相互验证，也有购买、食用苹果习惯调查；第三部分是代表性产品评估，采用评分方式收集数据可减轻消费者决策难度，所以本书实验中将以选择评分的方式收集数据，并采用7级李克特量表法。

（2）数据收集。受测者填答问卷之前将进行Cheap Talk Script。由于受测者仍然是在一定假设前提下做出选择，则不可避免存在假想型偏误①。为减小这种误差对试验分析的不利影响，通过向受测者解释并要求其考虑“如果在市场中是否真的愿意付出相应价格购买该产品”，即真实环境的反应，从而使受测者自我纠正以有效降低假设性偏误。② 同时，由于属性及属性水平的识别上有一定难度，还将会针对这些属性及属性水平、实验方法等进行相应解释。

2016年6月项目组分别选择在江西省赣州市（包括市区、安远县城、重石和版石两个乡镇）和浙江省杭州市（包括西湖区、江干区和萧山区的宁围镇）共发放720份问卷。选择这两个地区主要是考虑到收入水平和社会环境的不同很大程度会影响到消费者支付意愿，杭州市和赣州市经济发展水平层次明显，所属区域文化差别较大，可代表一般消费者偏好情况。

2. 统计性描述。项目组在两个地区各发放了360份问卷，共收回了716份问卷，其中有效问卷680份。样本在性别比例上男性居多，男性为379人，占比55.7%，女性为301人，占比44.3%，如表4－8所示。

表4－8　　SPSS实验结果输出：性别分布

		频率	百分比（%）	有效百分比（%）	累积百分比（%）
有效	1	379	55.7	55.7	55.7
	2	301	44.3	44.3	100.0
合　计		680	100.0	100.0	

① 假想型偏误：受访者对假想问题的回答和真实环境下做出的购买决定的差异。在假想型调查中，受访者所给出的价格是其所猜想的商品在市场中的价格，而不是自身有限金钱和多种需求中所愿支付的价格。

② Carlsson, F., Frykblom, P., Lagerkvist, C. J. Using cheap talk as a test of validity in choice experiments. *Economics Letters*, 2004, 89 (2): 147－152.

在年龄分布上，大部分受访者都分布在16～29岁，占比75%，超过55岁的受访者较少，且问卷有效性较低，这与问卷有一定难度有关，如表4－9所示。

表4－9　　SPSS实验结果输出：年龄分布

		频率	百分比（%）	有效百分比（%）	累积百分比（%）
有效	1	510	75.0	75.0	75.0
	2	92	13.5	13.5	88.5
	3	44	6.5	6.5	95.0
	4	34	5.0	5.0	100.0
合计		680	100.0	100.0	

在学历上，由于大学生调查过程中配合情况好，因此样本主要集中在大学（本科和专科）及以上，占比64%；其次是高中（含中专、职高）和初中，分别占比21.9%、10.7%；小学及以下文凭比较少，仅占3.4%，而且主要是老年群体，如表4－10所示。

表4－10　　SPSS实验结果输出：学历分布

		频率	百分比（%）	有效百分比（%）	累积百分比（%）
有效	1	23	3.4	3.4	3.4
	2	73	10.7	10.7	14.1
	3	149	21.9	21.9	36.0
	4	435	64.0	64.0	100.0
合计		680	100.0	100.0	

在“家中是否有12岁以下小孩或60岁以上老人”的问题中，大部分受访者回复都是“有”，占77.8%，这与我国人口老龄化情况相符。该问题设置主要是考虑到当家中有更容易受食源性疾病伤害的“特殊群体”时，会更加关注食品质量安全问题，也会更加愿意购买更安全食品，如表4－11所示。

在户籍分布上城镇和农村户籍差距不是很大，占比分别为42.1%和57.9%，农村户籍偏多与调查地点多为汽车站、地铁等公共交通场所有一定关系。户籍对消费者偏好的影响主要与地区经济水平、消费习惯和风俗文化相关，如表4－12所示。

表4-11　　SPSS实验结果输出：家属分布

		频率	百分比（%）	有效百分比（%）	累积百分比（%）
有效	1	529	77.8	77.8	77.8
	2	151	22.2	22.2	100.0
合计		680	100.0	100.0	

表4-12　　SPSS实验结果输出：户籍分布

		频率	百分比（%）	有效百分比（%）	累积百分比（%）
有效	1	286	42.1	42.1	42.1
	2	394	57.9	57.9	100.0
合计		680	100.0	100.0	

职业分布上，41%受访者为学生，调查期间恰逢端午节，因此较多学生成为易获取样本；其次是企事业单位人员，占24.7%；“其他”类职业的比重也较高，占11.8%，主要是家庭主妇、高考后待抉择学生。一般而言，学生群体在理解问卷上较为容易，表达偏好也较为明确，且不同的学生一定程度也代表其家庭及未来就业群体偏好情况。

第六节　消费者对食品质量安全属性的偏好和支付意愿

本节主要是对实验和问卷数据进行进一步计量经济分析。首先是消费者对食品质量安全问题和标准的关注度分析；然后是消费者对有机食品的支付意愿分析，其中包括支付意愿与受访者月均收入、食品质量安全态度和知识等的关联分析；最后是对选择实验的联合分析，研究不同受访者对食品不同属性的偏好情况，从而验证、补充前述理论和现状研究。

一、消费者对食品质量安全问题和标准的关注度分析

根据表4-13，就食品质量安全问题选取四个问题以了解消费者对食品质量安全关注情况。前三个问题指向较为一致，关注度较高的农药化肥残留、

添加剂或防腐剂，以及最新热点的包装材料都是涉及食品质量安全的基本因素，受访者在三个问题的回复也较统一，回答主体都是“偶尔关注”（分别占60.9%、60.7%、55.0%）。但回答“每次都会关注”的区分较大，农残和添加剂问题都是25%左右，而包装材料问题则高些，占31.9%，这主要是消费者无法直接判断食品农残或添加问题，却可直接查看包装材料和容器来提高购买食品的安全性。

表4-13　消费者对食品质量安全的关注度

题　目	选项	频率	有效百分比（%）
是否关注农药/化肥残留	每次都会关注	168	24.7
	偶尔关注	414	60.9
	从未关注	98	14.4
是否关注添加剂或防腐剂	每次都会关注	178	26.2
	偶尔关注	413	60.7
	从未关注过	89	13.1
是否关注包装容器和材料	每次都会关注	217	31.9
	偶尔关注	374	55.0
	从未关注过	89	13.1
是否禁止安全性低但好吃或便利食品	应该禁止	347	51.2
	不应该禁止	174	25.6
	无所谓	158	23.2

第四个问题是“您认为政府应该禁止企业销售那些安全性低但口味好或吃起来很便利的食品（如路边小吃）吗”。该问题源自近年来地方小吃标准层出不穷，如“川菜标准”以及最近的西安市质检局发布的肉夹馍在内的5种地方小吃统一制作标准。[①] 鉴于此，有必要了解消费者对各种正规的地方

① 《多地推地方小吃官方标准》，中国食品科技网：http：//www.tech-food.com/news/detail/n1283163.htm.2016.05。

小吃和路边小摊的态度。经调查，51.2%的受访者表明应该禁止“安全性低但口味好或吃起来很便利的食品”，调查员在交流过程中了解到，提出应该禁止的受访者普遍认为路边小吃安全没有保障，使用地沟油等劣质材料、过期、制作不规范，还导致城市管理问题，但它们又确实是中华美食文化不可缺少的一部分，也为消费者提供方便，因此最好不是简单禁止，而是进行标准化管理以确保食品卫生清洁。而认为“不应该禁止”和“无所谓”的分别占25.6%、23.2%，他们多数在生活中都有买过小吃的经历，对路边小吃的安全性评价也较高，能够容忍一定的安全性风险。

在食品质量安全标准方面一共设置了两个问题，直接询问受访者对我国食品质量安全标准制定方面的意见，如表4－14所示。第一个问题是食品质量安全标准水平高低问题，较多受访者（62.4%）认为应该“制定适合我国发展水平的标准”，强调我国国情的特殊性，不能“一刀切”，完全照搬发达国家标准。但仍有较多受访者（37.6%）在该问题上认为应该“向发达国家看齐”，访问过程中了解到，该部分受访者认为食品安全问题频发与现阶段不合理的食品质量安全标准密切相关，而向国际看齐可解决这一问题。显然，在该问题上受访者分歧较大。第二个问题是食品质量安全标准的制定主体，大部分受访者（78.1%）认为应该由“政府和食品行业共同制定”，这与本书研究主题契合，政府和行业各有优势，互相补充应该成为今后食品标准制定的主流方向。事实上，我国很多食品标准制定过程也是如此。如前面分析的“小吃标准”，基本都是选择该地区的领头企业提供操作规范，经审核后再上升为地方推荐性标准。诚然，与我国食品强制性标准相比，这种地方性小吃标准并无强制性，更多是制作工艺（风味）上面的要求，要求保持一定风味和地方特色，目的是规范小吃市场和做大做强当地产业，在安全性上的要求并不多。受访者中，认为食品质量安全标准应“政府制定”（13.8%）的高于“食品行业制定”（8.1%），前者主要考虑到食品质量安全问题的特殊性和政府的强制力，而后者主要是考虑食品行业更了解食品制作方面的知识和动态。

个人风险偏好对消费者购买行为有特殊影响，尤其是食品质量安全风险的影响更为特殊，因为这种风险通常伴随人们不愿舍弃“满意口感、风味”，如腌渍食品和烧烤类食品，消费者对这些食品致癌等不良影响都有一定了解，

表 4-14 消费者对食品质量安全标准水平和制定主体的态度

题目	选项	频率	有效百分比（%）
食品质量安全标准水平	向发达国家看齐	256	37.6
	制定适合我国发展水平的标准	424	62.4
标准由谁制定	政府制定	94	13.8
	食品行业制定	55	8.1
	政府和食品行业共同制定	531	78.1

但仍有不少人愿意承担一定风险去食用。如图 4-7 所示，在直接询问受访者所愿意面临的食品质量安全风险时，61% 的受访者愿意承担“较小”食品质量安全风险，“比较大”和“零”的比例相差不大，分别为 17.4% 和 16.2%，较少受访者愿意承担“很大”食品质量安全风险，仅占 5.4%。这种陈述性风险偏好表达往往与消费者实际行为有偏差，一方面是对风险偏好评价没有给出一定标准，主观性强；另一方面是人们实际行为和意识中的偏好确实存在不一致的情况。因此，具体相关分析将放在支付意愿和选择实验中进行。

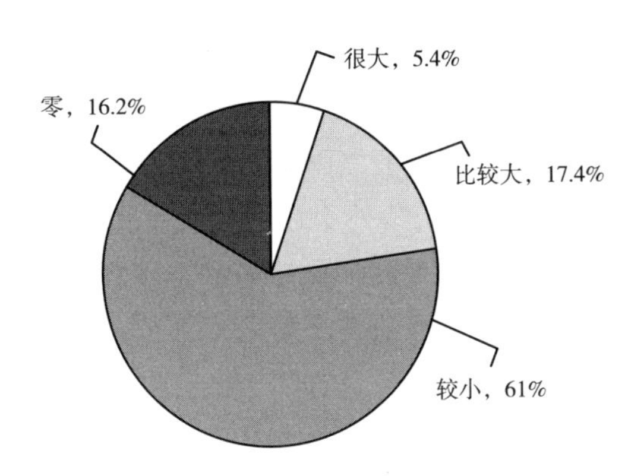

图 4-7 消费者为获取食品满意口感、风味所愿意面临食品质量安全风险的占比

对于“只要标签注明食品质量安全信息，如转基因食品，不管食品是安全还是不安全，任何人都有权购买他想要的食品”这一颇有争议的观点，如图 4-8 所示，持否定观点的占 42.1%（其中不赞同 33%、很不赞同 9.1%），持肯定观点的占 32.6%（其中很赞同 5%、赞同 27.6%），不太确定的占 25.3%。受访者对该观点的态度有差异，而占比最高的是“不赞同”。访谈过程中了解到，受访者对该问题的理解存在一定难度（例如标签制度），支持该观点的受访者主要认为消费者有购买选择权利，而学者更多是相信市

场力量，解决信息不对称问题市场就能给出很好的解决方案；反对该观点的受访者较多认为存在不确定安全隐患的食品就不应该上市，特别是转基因问题争议不断，消费者并不相信标签的真实性和检测的有效性，学术界则更倾向于消费者误解和选择困难方面的问题。出于知识的有限和问题理解难度，也有较多人选择不确定。

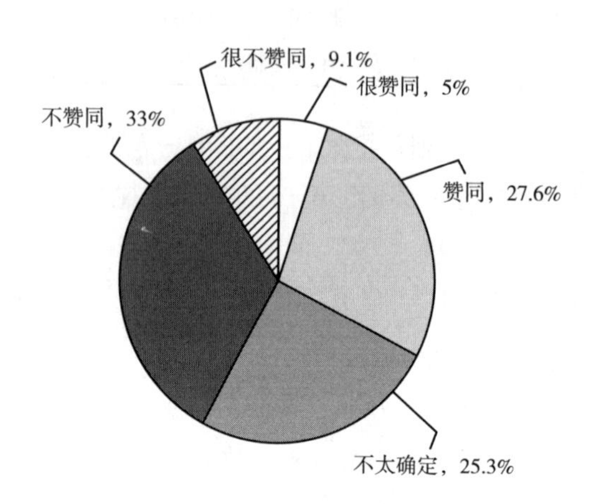

图 4－8　观点态度

对于食品标签的认知情况与预计情况有所偏差，这与设问方法有关。如图 4－9 所示，绿色食品标签的“了解”频率最高（80.6%），其次为质量安全标签（64.6%）。而我们预计中质量安全标签的了解程度应高于其他标签，因为上市流通的所有食品都应该通过市场准入检测并在出厂时加盖“质量安全”的 QS 标志，是消费者接触最多的标签。这种偏差主要在于消费者并不理解 QS 标志的含义，因此只有解释后才明白。而绿色标志由

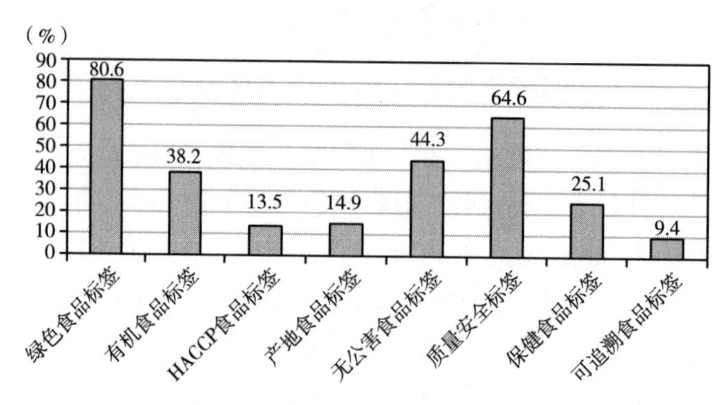

图 4－9　食品质量安全各标签认知情况

于近年企业的宣传且本身设置、贴放位置醒目，反而是认知度最高的标签。消费者对其他几种标签的认知度普遍不高，尤其是HACCP、产地保护、可追溯食品标签，因此提倡用标签制度规范市场目前仍有较大难度，而且更安全的食品要实现其价值并获取相应价格并不容易，这对食品质量安全市场有较大影响。

二、消费者对有机食品支付意愿分析

设问中没有给出具体价格区间，主要在于苹果品级、地区消费水平等有差别，而消费者经常性选购的苹果具有实质性区别，无法进行比较。使用溢价区间可很好地解决这一问题，即要求消费者设想实际购买中常购买的价位之上的加价意愿。同时也指明该“有机苹果”只针对安全属性（如农残、重金属污染、催生素等），对苹果的口感、外观、营养没有影响，所得到的数据指向更为明确，更好地反映消费者对安全属性的支付意愿。如图4－10所示，大部分消费者对食品质量安全风险更低的有机认证苹果每斤（500克）所愿意支付的溢价在5元以下，其中“1元以下”的占12%，“1～3元”的占36%（所有选项中最高）；“3～5元”的占29%（所有选项中位居第二）；5元以上的支付意愿中19%愿意支付5～8元，另外4%愿意多支付8元以上。

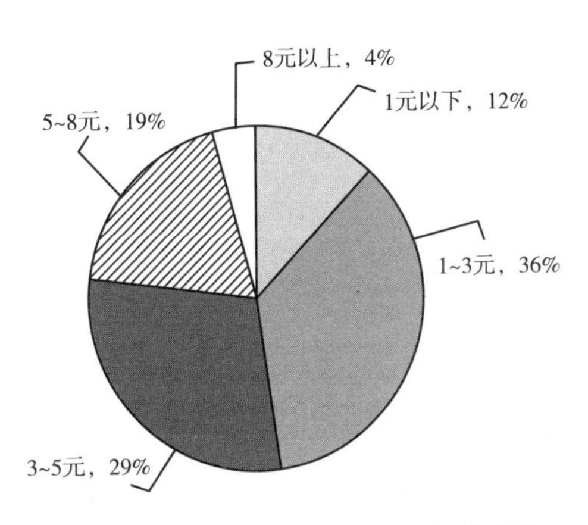

图4－10　有机苹果每斤愿多支付的价格

调研之前，设想家庭收入、食品质量安全风险偏好、对食品质量安全问题的关注程度和对食品质量安全的知识是影响食品质量安全属性偏好的主要因素，因此下面将对这些因素的相关性进行分析。表4－15是SPSS相关性检验输出结果，可以看出消费者对具有安全属性的支付意愿与代表收入水平的“家庭月平均收入”显著相关，而与代表关注情况的“农药/化肥残留”、代表风险偏好的“愿承担的食品质量安全风险”，以及代表食品质量安全信息了解情况的“食品质量安全的相关知识”间关系并不明显。可见，收入是消费者购买中的决定性因素，其他三个因素并没有如预想般对支付意愿产生明显影响，这将于后续联合分析中进一步说明。

表4－15　相关性检验输出结果

项目		家庭月平均收入	是否关注农药/化肥残留	愿承担的食品质量安全风险	食品质量安全的相关知识	有机苹果支付溢价
家庭月平均收入	Pearson 相关性	1	-0.043	0.040	0.114**	0.190**
	显著性（双侧）		0.263	0.299	0.003	0.000
	N	680	680	680	680	680
是否关注农药/化肥残留	Pearson 相关性	-0.043	1	-0.037	-0.150**	-0.046
	显著性（双侧）	0.263		0.333	0.000	0.230
	N	680	680	680	680	680
愿承担的食品质量安全风险	Pearson 相关性	0.040	-0.037	1	0.008	-0.008
	显著性（双侧）	0.299	0.333		0.843	0.836
	N	680	680	680	680	680
食品质量安全的相关知识	Pearson 相关性	0.114**	-0.150**	0.008	1	0.046
	显著性（双侧）	0.003	0.000	0.843		0.235
	N	680	680	680	680	680
有机苹果支付溢价	Pearson 相关性	0.190**	-0.046	-0.008	0.046	1
	显著性（双侧）	0.000	0.230	0.836	0.235	
	N	680	680	680	680	680

注：** 表示在0.01水平（双侧）上显著相关。

对有机苹果支付溢价和家庭月平均收入进行简单回归，在P－P图可以看到各点分布近似直线，数据符合线性回归，见图4－11。

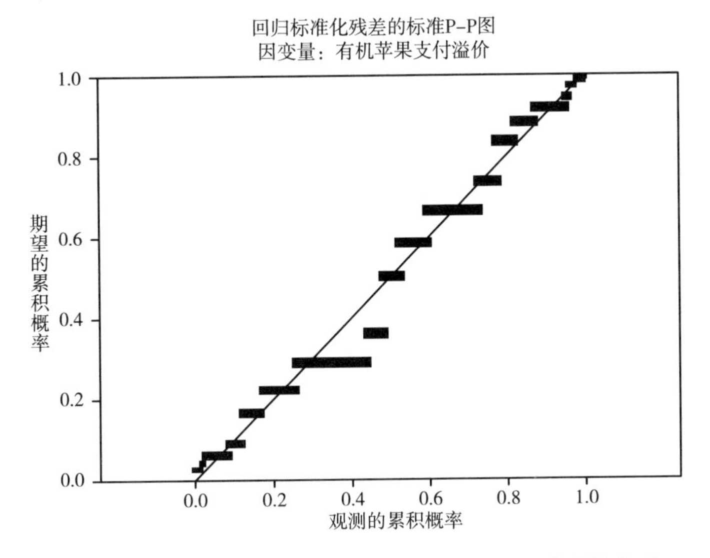

图 4-11　有机苹果支付溢价、家庭月平均收入的线性关系

回归系数见表 4-16，可以列出有机苹果支付溢价和家庭月平均收入之间简单的回归方程。

表 4-16　有机苹果支付溢价、家庭月平均收入的线性回归系数

系数[a]						
模型		非标准化系数		标准系数	t	Sig.
		B	标准误差	试用版		
1	常量	2.143	0.109		19.606	0.000
	家庭月平均收入	0.212	0.042	0.190	5.039	0.000

注：a. 因变量：有机苹果支付溢价。

三、群体偏好的联合分析

SPSS19.0 还没有图形用户界面，因此本节分析过程通过在命令窗口输入联合分析的命令语言来实现。联合分析主要是针对问卷第三部分的选择实验，即消费者对具有 4 种不同属性组合的 9 种代表性产品打分（7 分量表），其中每种属性有 3 种水平，见表 4-17。通过对最后打分结果分析消费者的群体偏好。

表 4-17　　模型设计

属性	水平数	与排列或得分相关
安全（safety）	3	离散
营养（nutrition）	3	离散
口感与外观（taste）	3	离散
价格（price）	3	离散

注：所有因子都是正交因子。

（一）群体调查结果分析

本节将问卷第三部分的打分数据单独设为个案，并保存为 pingjiabiao. sav，数据表见附录。首先在 category 模块里建立 conjoint 语法程序，如图 4-12 所示。

```
CONJOINT PLAN = 'C:\Users\laixiaohua\Desktop\qitazhengjiaobiao.sav '
    /DATA  = ' C:\Users\laixiaohua\Desktop\pingjiabiao.sav '
    /SEQUENCE = PJ1 TO PJ9
    /SUBJECT = ID
    /FACTORS = safety (DISCRETE MORE)
        nutrition (DISCRETE MORE)
        TasteApp (DISCRETE MORE)
        price (DISCRETE MORE)
    /PRINT=ALL
    /PRINT = SUMMARYONLY.
```

图 4-12　联合分析日志

运行后得到群体的联合分析结果，表 4-18 是联合分析显著性检验，模型信度指标主要是 Pearson's R 和 Kendall's tau，取值范围在 [-1，+1]，一般而言，相关系数越大表明越具有统计意义，在本次实验中两者的值都是 1.000，说明模型具有显著的统计学意义。Sig. 值是双尾检验，本次试验显著性水平为 0，模型很好的拟合说明后续分析与结论具有统计学意义，可很好体现现实中消费者对不同苹果的属性偏好。

表 4 - 18　　显著性检验

相关性[a]		
	值	Sig.
Pearson's R	1.000	0.000
Kendall's tau	1.000	0.000

注：a. 已观测偏好和估计偏好之间的相关性。

首先是四种属性的整体重要性情况，见表 4 - 19 和图 4 - 13。从中可发现各属性重要性水平相当，四种属性带给消费者的效用值由大到小的排序为：营养属性、口感与外观属性、安全属性和价格属性。可见，消费者在购买苹果过程中会综合考虑多因素，其中苹果的新鲜营养、口感外观是考虑的首要因素，而农残、污染等安全问题和价格高低紧随其后，都是消费者较关注的内容。

表 4 - 19　　各属性值相对重要性输出

属性	效用值
safety	24.554
nutrition	28.074
taste	26.570
price	20.801

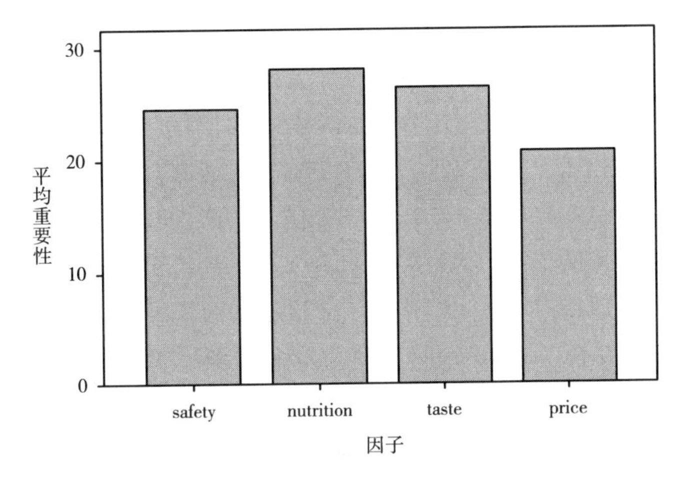

图 4 - 13　各属性的平均重要性水平

（二）属性水平相对重要性分析

下面将具体分析四种属性每个层次的重要性得分，见表4－20。属性水平分值与消费者偏好正相关，一般而言，水平分值越大则表明对该属性水平越偏爱。SPSS的直观图可直接反映出消费者效用感受，其中横坐标为属性水平，纵坐标为相应效用值。

表4－20　　　　群体联合分析输出结果：各属性重要性水平

属性		实用程序估计
safety	基本安全	－0.722
	较安全	0.185
	很安全	0.537
nutrition	低	－0.860
	一般	0.117
	高	0.744
taste	差	－0.618
	一般	－0.143
	好	0.760
price	高	－0.181
	中	0.009
	低	0.172
（常数）		3.816

首先是安全属性群体分析。安全水平上有“很安全”“较安全”“基本安全”。“很安全”指经过国家有机食品认证，要求生产基地三年内未使用农药、化肥等禁用物质、非转基因、各环节不受污染等，在实验中可作为最高安全等级的苹果。“基本安全”指未经过任何认证，但符合我国农产品规定准许进入市场流通的苹果，尽管农民销售生产农产品无须取得流通许可，但是经销商都需要取得市场准入资格，因此这类型的苹果还是能够保证一定的安全水平。“较安全”是指经过无公害认证的苹果，对产地、生产加工及流通环节都有一定要求，是政府保证食品质量安全、满足大众消费的公益性认证，因此与其他两类相比，其安全水平居于中间位置。根据图4－14，消费者对三种安全属性偏好差异非常明显，消费者最偏好“很安全”的苹果，其

次是“较安全”的苹果，二者都是正面效用。而“基本安全”在消费者购买中起到的是负面作用，这与受访者在实验过程中认为该水平代表的是“不安全”“不能食用”的误解性认识有关。安全水平是消费者考虑的最基本因素，单独考虑安全水平而不参考价格等因素时，消费者无疑更愿意购买安全性高的食品。

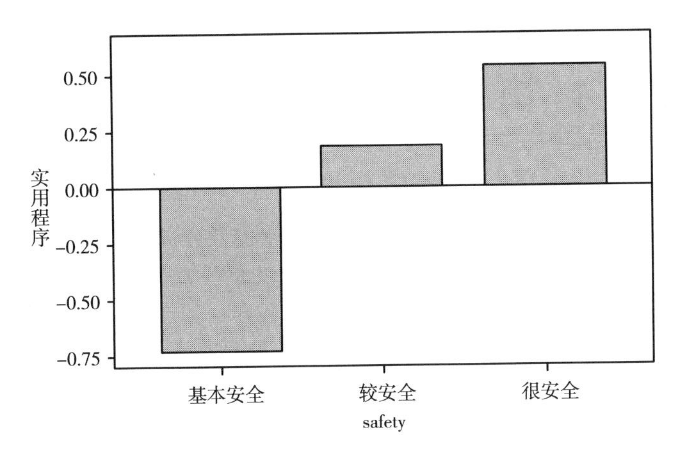

图 4－14　安全属性群体直观分析

其次是营养属性群体分析。食品营养属性在四个特征效用值中位居第一，是消费者考虑的首要因素。如图 4－15 所示，从效用值看，营养属性的消费者偏好最为一致，受访者大部分都明确表达出对高营养价值苹果的偏好，对低营养价值苹果的抗拒，因此这两个层次的苹果效用分值的绝对数都较高。在本次实验中，以食品新鲜程度和存放情况作为分类标准，存放越久、保存条件越差的苹果的营养成分流失越多，消费者明显更偏好新鲜而保存好的苹果。大部分消费者食用苹果都是为了其富含的维生素、矿物质等营养成分，为了满足维持身体健康的营养元素。因此，苹果新鲜与否就成为消费者购买与否的重要指标。

再次是口感与外观属性群体分析。如图 4－16 所示，在实验设计之初将口感和外观放在一起，主要考虑两种属性都并非人维持生存的必需品，且个体偏好差异更为明显，比如相同口感的苹果，女性普遍偏好中等（偏小）的苹果，而男性则没有这方面需求；在品种中，老人和小孩可能更喜欢果肉绵软的嘎啦果，具体个人对苹果的硬度、酸度、甜度等都有不同喜好。受访者

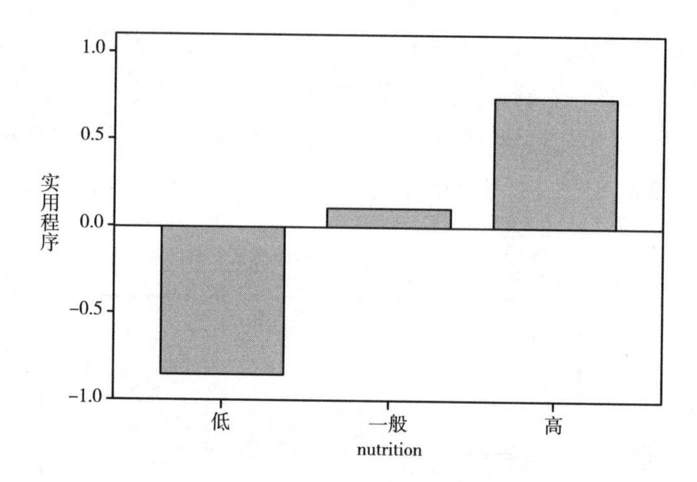

图 4－15　营养属性的群体直观分析

对较差和一般口感、外观的苹果的效用值都为负，对较好口感外观的苹果效用值为正。因此消费者对苹果味道、外观方面的要求比较高。随着生活水平提高，越来越多人追求品质上的享受，而不仅仅是满足自己营养需求，“好吃”“好看”已成为购买的先决条件。

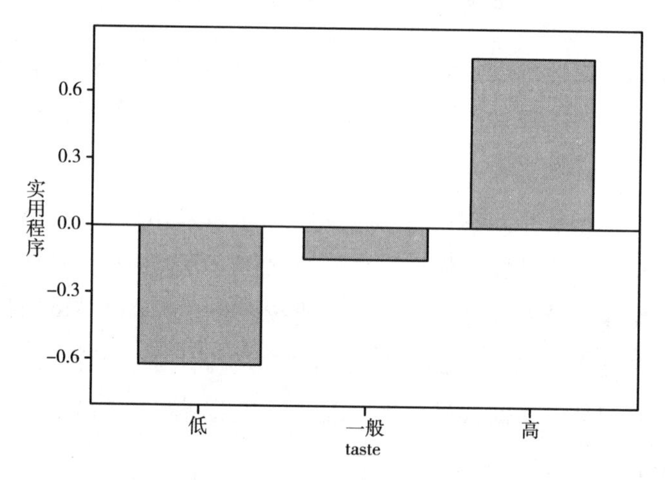

图 4－16　口感与外观属性的群体直观分析

最后是价格属性群体分析。在前文有机苹果支付意愿分析中，得出收入是影响安全属性支付意愿最主要因素，而不同消费者支付意愿区别明显。因为价格与安全性通常存在正向关系，安全水平越高食品售价一般也越高，且目前消费者购买食品时价格仍是考虑的首要因素，所以本书研究的重点之一就是消费者在价格与安全性间的衡量。如图 4－17 所示，价格属性在平均重要性水平中位居第四，与其他属性相比，价格差异对消费者平均影响比较小（表现在平均影响力、分布），这反映并非所有消费者对价格敏感。当然，较多消费者仍偏好低价产品。在调查过程中发现，高收入、城镇户籍、年龄段等对消费者的支付意愿和评分影响很大。

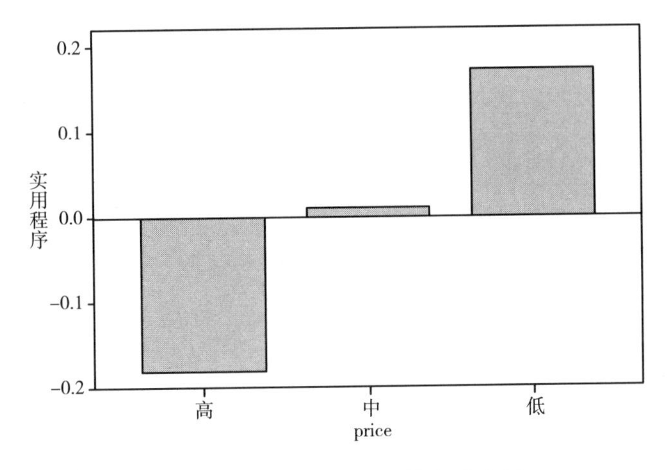

图 4－17　价格属性的群体直观分析

通过对消费者食品质量安全属性偏好和支付意愿的分析发现，消费者具有明显的属性偏好特征，对价格、安全性、其他质量特征都有不同的评价。消费者购买苹果过程中会综合考虑多因素，消费者权衡苹果的营养属性、口感与外观属性、安全属性和价格属性决定购买选择。而消费者购买决策让苹果市场出现细分，供应商迎合消费者需求为市场提供品类多样的苹果，苹果质量安全市场符合效率原则。

第七节　本章小结

食品质量属性包括安全、营养、包装等，即食品安全是食品质量诸多属性中的一种，是确保人们食用后不会发生食源性疾病的基本属性。食品质量安全标准是为保证食品质量安全，保障公众身体健康，防止食源性疾病，对食品及其生产经营过程中卫生安全要求，依照法定权限做出的统一规定，是食品质量安全标准管制的前提和依据。而食品质量安全私人标准的专业性和灵活性更能反映市场中消费者偏好的变化。所以食品质量安全私人标准是食品质量安全标准管制的必要补充。诚然，食品质量安全标准的“宽严”之争的目的都是要提高食品质量安全水平，保障消费者权益。亟须制定符合我国国情、保障人们基本安全的食品质量安全标准。人为添加污染物需要成本，但食品企业仍要添加，无非是存在获利动机，其背后是市场需求的引导。通常情况下，消费者都偏好更高安全性的食品，但不同消费者收入、教育等个体差异，对食品价格敏感程度不一样。高收入群体更偏向高价高质食品，而低收入群体则偏向选择低价低质食品。不同消费者在权衡食品质量安全、质量、价格时会赋予不同权重，形成对食品质量安全的不同偏好。鉴于此，食品质量安全标准的制定有必要考察消费者对食品质量安全属性的偏好，对于基本安全水平保障需强制性的国家标准进行管制，而食品质量安全私人标准则迎合差异化需求，并随消费者购买能力、企业生产能力的变化而调整。

根据研究结论，得出以下政策含义：

1. 考虑各因素合理确定食品质量安全标准的高低。食品质量安全需要付出相应的政府管制、企业执行成本，消费者是否接受决定了食品质量安全标准能否长期执行下去。因此，建议食品质量安全标准制定需考虑如下因素：（1）食品质量安全标准的制定坚持以风险评估为基础。食品质量安全是一个相对的概念，并没有绝对的安全，而合理科学的标准一定是以风险评估为基础的。食品质量安全风险评估本质上是一项科学活动，我国在该方面的相关技术与国际还有一定差距，除了增加经费投入外，应注重借鉴国际现有的一些标准。对于国内一些质疑标准过低的声音，政府应及时予以求证并给出说明。（2）食品质量安全标准的制定应采用成本收益法评定。食品质量安全标准也并非越高越好，更高的食品质量安全标准除了需要以高昂的生产成本和检测执行成本为代价外，在操作上也存在困难，基层队伍和检测设备跟不上，反而更容易滋生政府寻租和企业违法生产问题。（3）食品质量安全标准的制定应考虑市场需求。一方面是考虑消费者收入差距明显，我国还有大量消费者的消费能力十分有限，无法承担过高的食品质量安全支出，更偏好物美价廉的产品；另一方面则是考虑企业现有的生产能力，有些检测要求很多企业根本无法完成。

2. 食品质量安全标准的范围应以与安全性直接相关的指标为主。食品质量安全标准范围主要指纳入检测的指标内容。食品质量安全与食品质量不一样，食品质量安全具有“信用品”性质，无法由消费者直接判定，而且会直接威胁到人身安全，因此需要强制性标准确保食品不会对身体造成急性或长期的危害。食品的外观、口感、包装等则完全可以由消费者自身观察、食用获知，且不同消费者偏好各有差别，这也正是企业产品差异化的定位，这方面的标准化并没有必要，政府介入易造成“管制过度”。

3. 发挥私人食品质量安全标准作用，更高的特殊标准留给企业自主选择。食品质量安全标准的根本目的在于确保食品的基本安全水平，作为市场准入的最低质量标准之一，并不适宜制定太高，其范围也应该限定于与食品质量安全直接相关的一些指标，才能不违背食品质量安全标准的初衷。至于部分消费者追求更高安全水平，或者有其他特殊要求的食品，企业为了获取竞争优势会主动生产这类产品，并不是政府需要强制干预的内容。(1) 采用分级标准或私人标准作为食品质量安全的补充标准，满足市场差异化需求。前述分析我们了解到，食品质量安全标准正在慢慢取缔行业标准等推荐性标准，我国食品质量安全标准的层次性不明显。但目前市场有差异化的需求，企业希望有更高层次的标准来说明自身产品的高品质，消费者也希望获取更权威信息来识别市场中标榜不一的食品。这可以通过多级标准或私人标准进行补充，最低层次的食品质量安全标准具有确保最基本的安全水平强制力，而更高层次标准或者私人标准则由企业自愿采用。(2) 确立标准的动态调整机制，发挥私人主体在食品质量安全标准建设中的作用。食品质量安全标准制定是一个动态调整的过程，生活环境的改变、过去认知的不足以及最新出现的问题，都会造成标准的不适用情况，需要政府及时更新调整。私人主体由行业协会、社会组织和企业组成，往往能掌握行业的最新动态，在食品质量安全问题上更加专业和权威，相对于政府有着不可比拟的优势。我国食品质量安全标准却存在排斥私人主体参与的倾向，这尤其值得注意。在消费者收入提高的情况下，私人标准在论证其科学性后也可以上升为国家标准。

4. 综合实施各项配套措施，确保食品质量安全标准有效执行。食品质量安全标准的制定只是第一步，更需要管制部门、消费者、企业的配合和执行。(1) 提高消费者、企业的食品质量安全意识和知识，改善消费者偏好结构。食品质量安全标准的实施效果很大程度上取决于消费者和企业是否配合，政府应加强宣传和引导。企业必须提高食品质量安全意识和知识，防止由于失误或疏忽造成的食品质量安全问题，更要严防“人为污染”等违法行为，树立正确的诚信观念并增强社会责任心。消费者偏好引导企业生产行为，消费者应提高自身安全意识和识别能力，选购食品时不能过于注重口感、外观或价格因素，减少有潜在危险的食物摄入。(2) 健全和完善统一协调、权责明确的管制体系。食品质量安全的产业链很长，需要从“田头到餐桌”的全方位管制配合，我国农业、质检、工商各部门之间缺乏协调，改革存在的阻力较大。在食品质量安全标准实施方面，需要配备相应的检测设备和执法队伍。大部制改革后，食品质量安全管制从工商局中分离出来，但是却没有及时将人员编制调整。在食品质量安全问题严重的农村、小县城，往往没有相应的管制队伍。(3) 以“信息披露”作为管制基础，多重制度设计保证信息传递。当消费者能获取关于食品质量的完全信息，就可以根据自身需求和食品的“性价比”自主权衡、选择。例如饭店自行清洁的免费餐具和专业公司消毒密封的收费餐具，在前者也能保证“基本安全”的情况下应该尊重消费者的选择权；“转基因”食品应该贴上标签，给消费者获取产品信息的来源。我国食品质量安全最严重的问题还是在于信息障碍，消费者无法获知食品的安全信息，也就存在“逆向选择”的行为。可通过认证、标签制度、可追溯制度等制度设计来增强信息披露的效果。

附录

关于食品质量安全标准的调查问卷

样本地点： 调查员姓名： 调查日期： 问卷编号：

尊敬的女士/先生：您好！感谢您在百忙中参与本次调查！本次调查目的是想了解消费者对食品质量安全标准的认知。本次调查纯粹学术研究，无任何商业目的。请您根据个人情况填答问题，所选答案无对错之分。您所填问卷只用于总体统计，不会做个体披露，请您放心填答。

××大学××学院 2016 年 6 月

请在您要选的选项前打“√”。

一、个人基本情况

1. 您的性别：□男 □女

2. 您的年龄：□16～29 岁 □30～39 岁 □40～55 岁 □55 岁以上

3. 您的学历：□小学及以下 □初中 □高中（包括中专、职高） □大学（大专和本科）及以上

4. 您家中有 12 岁以下的孩子或 60 岁以上的老人吗？□有 □没有

5. 您的户籍：□城镇 □农村

6. 您的职业：□公务员 □企事业单位人员 □食品从业人员 □个体户 □离退休人员 □学生 □农民工/农民 □无业 □其他

7. 您的家庭月平均收入：□2000 元以下 □2000～5000 元 □5000～8000 元 □8000 元以上

二、消费者对食品质量安全标准的关注度

1. 您选购生鲜食品（蔬菜、水果等）时关注农药或化肥残留吗？

□每次都会关注 □偶尔关注 □从未关注过

2. 您选购食品时关注添加剂或防腐剂吗？

□每次都会关注 □偶尔关注 □从未关注过

3. 您选购食品时关注食品包装容器及材料的安全吗？

□每次都会关注 □偶尔关注 □从未关注过

4. 您认为政府应该禁止企业销售那些安全性低但口味好或吃起来很便利的食品（如路边小吃）吗？

□应该禁止 □不应该禁止 □无所谓

5. 关于我国食品质量安全标准高低问题，您的观点是：

□向发达国家标准看齐 □制定适合我国发展水平的标准

6. 您认为食品质量安全标准应该由谁来制定？

□政府制定 □食品行业制定 □政府和食品行业共同制定

7. 食品购买中，为获得食品的满意口感、风味（如腌渍、烧烤类食品），您愿意面临多大的食品质量安全风险？

□很大 □比较大 □较小 □零

8. 有观点认为“只要标签注明食品质量安全信息，如转基因食品，不管食品是安全还是不安全，任何人都有权购买他想要的食品”。对这个观点，您的态度是：

□很赞同 □赞同 □不太确定 □不赞同 □很不赞同

9. 以下各类食品质量安全标识中，您了解哪几种？[可多选]

□绿色食品标识 □有机食品标识 □HACCP 认证体系 □产地保护标识 □无公害产品标志 □质量安全标志 □保健食品标志 □可追溯标识

10. 您愿意为食用安全风险更低的有机认证苹果每斤多支付（　　）元。

□1 元以下 □1 ~ 3 元 □3 ~ 5 元 □5 ~ 8 元 □8 元以上

三、消费者对食品质量安全的支付意愿：苹果案例

[请为下面组合打分]

以下有 9 种不同特征的苹果，请您仔细看清楚它们的特点，并设想真实情况下您的评价和选择。采用 7 分法评价，分数越大表示程度越高，“1”分肯定不买，“7”分肯定购买。

卡标	安全水平	营养价值	口感外观	价格（元/斤）	评分
1	基本安全：市场准入检验	一般	差	低：6 元以下	
2	基本安全：市场准入检验	低	好	中：6～12 元	
3	较安全：无公害认证	高	差	中：6～12 元	
4	较安全：无公害认证	低	一般	低：6 元以下	
5	较安全：无公害认证	一般	好	高：12 元以上	
6	很安全：有机/绿色认证	低	差	高：12 元以上	
7	很安全：有机/绿色认证	高	好	低：6 元以下	
8	基本安全：市场准入检验	高	一般	高：12 元以上	
9	很安全：有机/绿色认证	一般	一般	中：6～12 元	

注：安全水平中，“很安全 > 较安全 > 基本安全”。

第五章

区域声誉对农产品质量安全控制的激励机制

作为食品产业链的源头，农产品质量安全对整个食品链的质量安全至关重要。近年由于农田、林果生产使用杀虫农药较多，畜禽养殖、水产养殖中使用不该使用的“饲料”而引起的食用农产品质量安全事件时有发生。此类事件的发生会在不同层面对区域农产品声誉产生负面影响。区域声誉的信号显示以及溢价效应，可有效地激励农户向市场提供优质安全的农产品，继而可让农产品优质这一信任品属性低成本地向消费者传达。针对农产品生产经营有较强的区域性，本书尝试从区域声誉视角，根据区域声誉的集体共用品属性，分析区域声誉对利益相关者的影响以及目前抑制区域声誉发挥作用的因素，并借助浙江丽水市政府运作区域品牌的案例分析，探讨如何维护区域声誉的策略。

第一节　区域声誉对消费者选择、企业利润及政府管制的影响[①]

区域声誉由集体或组织内成员的历史平均概况决定，具有共用品属性，是一种整体印象。而区域农产品是受特定自然条件、人文资源、历史原因赋

---

① 周小梅、范鸿飞：《区域声誉可激励农产品质量安全水平提升吗?》，《农业经济问题》2017年第4期。

予（如东北大米、新疆红枣等）区别于其他地区农产品属性的农产品。由区域内农产品长期以来的共同质量安全所形成的声誉属于集体声誉。也就是说，区域声誉是由区域内农产品长期共同质量安全所带来的，并获得消费者认同的一种标识。在食用农产品市场中，区域声誉可向消费者有效地传递关于农产品质量安全的信息，在这个过程中，农产品生产经营者可获得声誉带来的溢价，还可提高政府农产品质量安全管制效率。

一、区域声誉能节约消费者的信息搜寻成本

因为农产品质量安全部分信息具有信任品属性，使消费者在购买前和购买后都不能了解这类信息。为让由于信息不完备带来的购物风险最小化，消费者通常要花费一定的货币和非货币支出去搜寻这类信息。但随着经济发展，农产品种类、品质乃至品牌日益增多，从而使消费者搜寻信息的成本越来越高。据有关部门统计，2007 年山东省泰安市农产品品种与品牌较之于 1977 年分别增长了 17.7 倍和 17 倍，而每一个品种都包含价格、质量、性能、服务等若干个子信息，这些子信息不同程度会影响消费者的购买行为。在资源约束下，消费者很难完全了解相关食品信息，但区域声誉可引导消费者有效地获取相关信息。这是因为，区域声誉具有的信号显示效应，可将该区域内农产品生产经营者整体信息传递给消费者。消费者借助该区域声誉的整体判断，可对区域内农产品平均质量安全水平有一定的了解，从而作出消费选择，这不仅可节约消费者搜寻信息的成本，还提高了交易效率。[①]

二、区域声誉溢价可提高农产品生产经营者的利润空间

对于农产品生产经营者而言，一是区域声誉可降低其营销成本。随着农产品种类日益丰富，农产品生产经营者的数量日益增多，单个企业（农户）想要获得消费者的“货币投票”难度也越来越大。区域内单个农产品生产经营者想要提高市场份额，务必要借助各种媒体进行宣传，以扩大自身品牌的影响。但这些策略需要付出很高的成本，增加了生产经营风险。但区域声誉

① 例如，消费者在购买蔬菜时，看到山东“寿光蔬菜”就知道该区域蔬菜是达到国家有机食品标准的蔬菜，是放心、安全的蔬菜。这是因为，山东“寿光蔬菜”声誉是该区域农产品生产经营者长期提供优质农产品，并取得市场和消费者认可的区域标识。

作为一种重要的无形资产和"信号显示"标识，能把区域内农业企业（小农户）的农产品质量安全信息"打包"传递给消费者，这不仅可赢得消费者对区域内农产品质量安全信任品属性的信任，还可将农产品生产的资源比较优势（包括独特的自然地理资源、历史文化等）转化为农产品的市场竞争优势，从而降低区域内单个农业企业的营销成本。二是区域声誉的溢价效应可让区域内农业企业获得较高的"货币选票"。面对农产品质量安全的信任品属性，消费者很难分辨农产品的优劣。而区域声誉反映了区域内农产品质量安全的历史状况，是长期良好的农产品质量安全所积累起来的市场美誉度，它能有效地将农产品质量安全信息传递给消费者，使消费者形成较高的质量安全预期和较强的支付意愿，最终让区域内的农产品产生溢价，生产经营者则获得较高利润。

尽管不同企业同时生产具有信任品属性的农产品，但各企业提供安全优质农产品的激励不同。对已拥有较好声誉的企业（通常是大企业）而言，提供更高安全性农产品的可能性更大，因为这类企业一旦被查出生产经营有安全隐患的农产品，声誉将遭受巨大损失。而对没有明显声誉优势的企业（通常是小企业）而言，向市场提供存在安全隐患的农产品可能被查处所承担的声誉损失成本较低，因此，这类企业提供较高安全性农产品的激励不足。显然，声誉机制可在一定程度上激励企业提供安全优质农产品。另外，如果农产品市场由少数大企业组成，区域声誉则会表现出较强的私用品属性，声誉对区域内企业生产经营优质农产品的激励较强；而如果农产品市场由大量分散小企业组成，区域声誉则会表现出较强的共用品属性，声誉对区域内企业生产经营优质农产品的激励较弱。为提升农业组织化程度，中央出台相关政策，促进农业规模化生产经营。2013 年党的十八届三中全会通过了《中共中央关于全面深化改革若干重大问题的决定》（下称《决定》）。《决定》中指出，在坚持和完善耕地保护制度前提下，赋予农民对承包地占有、使用、收益、流转及承包经营权抵押、担保权能，允许农民以承包经营权入股发展农业产业化经营。鼓励承包经营权在公开市场上向专业大户、家庭农场、农民合作社、农业企业流转，发展多种形式规模经营。显然，土地承包经营权的流转制度可改变以往分散、小规模的农业生产组织结构，提升农业组织化程度。而规模化、品牌化运作对于维护农产品区域声誉有积极的引导作用。在区域声誉产生溢价的激励下，区域内的农产品生产经营者则会有提高农产品质量安全水平的动力。

三、区域声誉有助于降低政府管制成本

在农产品质量安全管制问题上，面对众多分散的农产品生产经营者，政府管制通常会出现“心有余”而“力不足”。而区域声誉的“信号显示效应”“识别效应”“溢价效应”，会激励区域内农业企业、分散农户提供优质安全的农产品。在区域声誉维护过程中，一方面，有规模优势的龙头企业会加大投入，购置所需的农产品质量安全检测设备，对自己生产的农产品进行严格检测；另一方面，集体性组织（农民合作社）通过内部监督和惩罚措施约束分散农户的机会主义行为，确保其生产安全优质的农产品。区域声誉对生产主体的激励作用，则会降低当地政府的管制成本，提高管制效率。

第二节 抑制区域声誉功能发挥作用的因素：针对农产品质量安全治理的分析

尽管区域声誉有助于引导消费者购买选择，提高企业利润以及降低政府管制成本，但从中国各地时有发生的农产品质量安全事件看，许多农产品生产经营企业漠视区域声誉应有的功能。原因何在？本书将从以下几方面分析抑制区域声誉激励农产品质量安全水平提升的因素。

一、农业组织化程度对区域声誉激励的制约

（一）中国农业生产经营规模现状

改革开放以来，中国农业生产经营实施家庭联产承包制，农户是农产品的生产经营主体，农户平均拥有耕地数量可大体反映农产品生产经营规模。“集体所有，家庭经营”的土地制度决定了农村集体土地要以公平为原则在集体成员间分配，兼顾土地数量和质量两方面的公平。按照这一土地分配原则，户均拥有土地数量与每个家庭人口数量密切相关，而农村典型的家庭人口数量在 3 ~ 5 人，虽然农村人口变动会引起农户实际承包经营土地的变动，

但户均拥有耕地数量基本能反映农产品生产经营的规模水平。

从表5－1可见，2012年中国乡村户数共有1.8亿家左右，即1.8亿个农产品生产经营单位。农户平均经营耕地面积1995年为8.5亩，2012年为8.4亩，中间略有增加或降低，但基本状况没有太大变化。平均经营牧草地面积为12.6～17.7亩。这些数据总体上反映中国农业生产经营规模小的现状。

表5－1　　中国农户土地经营规模（2003～2012年）

年份	乡村户数（万户）	户均人口（人）	耕地面积（亩）	山地面积（亩）	园地面积（亩）	牧草地面积（亩）	养殖水面面积（亩）
2003	24793.1	3.8	7.4	0.7	0.27	16.7	0.08
2004	24971.4	3.8	7.6	0.8	0.27	17.7	0.08
2005	25222.6	3.8	7.9	1.2	0.30	14.9	0.11
2006	25222.6	3.8	8.0	1.2	0.38	15.0	0.11
2007	19662.2	3.7	8.0	1.2	0.37	14.3	0.15
2008	19495.9	3.7	8.1	1.2	0.37	16.0	0.15
2009	19149.1	3.7	8.3	1.3	0.37	15.6	0.15
2010	18642.6	3.7	8.4	1.3	0.40	15.7	0.15
2011	18237.8	3.6	8.3	1.7	0.39	15.6	0.15
2012	17839.4	3.6	8.4	1.7	0.38	15.6	0.15

资料来源：国家统计局编：《中国统计年鉴》，中国统计出版社2003～2012年历年版。

另外，集体土地分配时要求在土地质量方面也要公平一致，这使在集体土地分配时，要把同一区域土地或同一质量的整块土地分开，按农村人口平均重新分配，这无疑使每个农户最后分配得到的土地相当零散、分散，2003年中国户拥有地块数为5.772块，且每块土地大小仅是0.087公顷（见表5－2）。

表5－2　　土地分散化国际比较

国家	年份	平均地块大小（公顷）	户均地块数	家庭经营规模（公顷）
印度	1960～1961	0.46	5.7	2.6
荷兰	1950	2.3	3.2	7.4

续表

国家	年份	平均地块大小（公顷）	户均地块数	家庭经营规模（公顷）
比利时	1950	1.1	6.8	7.5
联邦德国	1949	0.7	10	7
罗马尼亚	1948	0.9	6.6	5.9
希腊	1950	0.5	5.6	2.8
西班牙	1945	1.6	7	11.2
中国	1929～1933	0.38	5.6	2.1
	1999	0.087	6.1	0.53
	2003	0.087	5.772	0.501

注：转引自王力：《中国农地规模经营问题研究》，西南大学博士学位论文，2013年，第83页。

王力在分析对比各国土地经营规模以及效率后指出，最具规模经济效益的户土地经营规模是4公顷左右（约合60亩）。但2012年，我国农户平均耕地数量只有8.4亩，且较为分散，远没有达到适度经营规模。虽然我国这种以家庭为基本经营单位的农产品生产组织结构，在一定程度上可以调动个人积极性，提高市场效率，但由于经营主体过于分散、规模太小，使单个农户不注重自己的声誉，只追求“数量经济”而忽视“质量经济”。学者们也一致认为，过于分散、零散化的农产品生产经营结构不利于农产品质量安全水平的提升。

虽然中国这种以家庭为基本生产经营单位的农业组织结构，在一定程度上可调动个人积极性，提高生产效率，但分散、小规模的生产经营组织不利于农产品质量安全水平的提升。

（二）小规模农产品生产经营组织不利于区域声誉的形成与提升

1. 小规模生产经营组织增加了农产品质量安全信息传递成本，抑制了区域声誉的形成。针对农产品质量安全而言，既定价格前提下，优质安全的农产品是区域形成良好声誉的充分必要条件。而农产品“优质安全”的信息需借助市场向消费者传递。但农产品质量安全的部分信息具有信任品属性，如果需要向市场传递相应的信息则需要付出成本，主要包括信息采集成本和信息显示成本，而采集成本又细分为检验检测成本、认证成本；显示成本包括商标注册成本和营销管理成本。这些信息成本显然都有规模经济性，中国目前农产品小规模生产经营组织决定了这类信息传递的单位成本巨大。也就是说，小规模生产经营组织使农产品质量安全信息传递没有经济性，抑制了区域声誉的形成。

2. 小规模生产经营组织易导致农产品质量安全的区域声誉贬值。农产品一般会因为气候、土质、品种、加工等自然环境优势，呈现出一定的地域特征，区域农产品在长期的积累中获得了良好声誉，使消费者愿意为该区域农产品支付较高的价格。但在分散的农业组织结构下，区域声誉显示出较强的共用品属性，小规模生产经营主体，有可能在利益驱动下，作出有损集体声誉的行为。例如，利用农产品质量安全部分信息的信任品属性，为节约成本，小规模农户借用区域声誉的庇护，采用国家明文条例禁止使用的添加剂以及农药，生产劣质农产品，骗取消费者信任，以获取高额利润。鉴于声誉的共用性，这种欺骗行为一旦被发现，则给区域内其他生产经营主体的发展带来不利影响，并给区域声誉带来严重的伤害。如曾经的海南“毒豇豆”、山东“毒生姜”等都是少数农户的违法行为让区域声誉贬值。

二、政府管制制度缺陷对区域声誉激励的制约

由于区域声誉的共用品属性，政府管制对区域声誉的维护就成为必需。区域声誉中的“区域”是个相对概念。从世界市场角度看，“中国农产品”是区域概念；从国内市场角度看，“省区农产品”是区域概念，还可到“地县农产品”，等等。也就是说，各级政府食品质量安全管制部门都有维护本级农产品区域声誉的职责。多年来，中国农产品质量安全事件时有发生，这除了由于区域声誉的共用品属性，导致小规模农产品生产经营者漠视声誉的维护外，还有就是政府管制制度在维护区域声誉方面职能的缺失。

（一）政府绩效考核中 GDP 的“硬”指标对农产品质量安全“软”指标的挤出，区域声誉被忽视

2013 年 12 月国务院办公厅颁布《关于加强农产品质量安全监管工作的通知》，强调地方各级人民政府要对本地区农产品质量安全负总责，要求将农产品质量安全纳入县、乡级人民政府绩效考核范围，明确考核评价、督查督办等措施。但总体而言，与 GDP 作为政绩考核指标的“硬”约束相比，由

于农产品质量安全信息的信任品属性，农产品质量安全作为政绩考核指标表现出“软”约束。从短期看，地方政府优先考虑的是如何招商引资促进区域经济发展，往往忽视农产品质量安全，各项关于农产品质量安全的扶持政策和管制政策落实不到位。在经济增长目标导向下，甚至会对有害于本地区农产品生态环境的企业违法行为熟视无睹。这些显然不利于维护农产品区域声誉、提升农产品质量安全水平。由于区域声誉受损，从长期来看，也不利于地区经济发展。

（二）农产品质量安全管制职责不清导致管制低效率，诱发农产品质量安全事件，使区域声誉受损

根据“从农田到餐桌”的食品质量安全管制理念，中国食品质量安全管制在不断完善中。2013 年 3 月《国务院机构改革和职能转变方案》明确了食品质量安全管制主要由农业部、国家食品药品监督管理总局两部门负责，但在逐级调整管制部门职能的过程中，仍然存在管制职能界定不清的问题。在省地级的农产品质量安全管制体系中，目前仍存在卫生、农业、经贸、供销、工商、质监、环保以及食药监局等多个职能部门同时涉及农产品质量安全管制。多部门管制容易导致部门间的推诿扯皮，降低管制效率。例如，曾多次被媒体报道的“毒豆芽”事件，就存在农业、工商、卫生等部门相互推卸责任和互相扯皮的问题。而此类农产品质量安全事件不同程度上均会导致区域声誉受损。

综上分析，作为激励农产品质量安全水平提升的机制，区域声誉功能发挥作用受到抑制的主要因素是农业组织化程度和政府管制制度。提高产业组织化程度和完善政府管制制度是建设和维护区域声誉的突破口。

三、消费者食品质量安全意识对区域声誉激励的制约

在需求导向的经济社会中，消费者选择和决策往往会影响生产者行为选择，也会影响农产品区域声誉的作用效果。而消费者特征会影响其选择行为，进而影响区域声誉作用的表达。

（一）消费者食品质量安全意识淡薄

第一，消费者缺乏对食品质量安全基础知识的了解和认识。例如，基于

本书的调查问卷统计，针对“您对QS、绿色食品、有机食品、无公害食品、HACCP、ISO9000、ISO14000等认证标志了解吗”这个问题，统计结果显示，1.5%的受访者表示非常熟悉，33.6%表示熟悉某几种标志，14.1%表示不清楚，50.7%选择听说过但不清楚，14.1%表示不清楚。针对“您是否知道《食品安全法》规定，当您买到不符合安全标准的食品时，除要求赔偿损失外，还可以向生产者或销售者要求支付价款十倍的赔偿金”这个问题，统计结果显示，22.3%受访者表示知道，而有77.7%表示不知道，这表明消费者对《食品安全法》认知程度普遍较低。

第二，在食品质量安全和价格之间，消费者行为更偏重价格因素。在食品质量、价格和品牌上，消费者选择首要考虑的因素是价格，在价格总体水平确定的条件下，会更注重质量和品牌选择。[①] 在农村，这种消费倾向更加明显，因为广大农村食品市场的产品供给本身就在廉价水平的范围，市场已在食品质量安全的质量要求上放低了进入标准，迎合了农村消费者食品质量安全意识较低的状况。

第三，消费者维权意识普遍不强。随着人们收入增加以及食品质量安全事件时有发生，消费者对食品质量安全的关注度也越来越高，但消费者维权意识却没发生太大改变，当实际生活中遭遇农产品质量安全问题时，很少有人采取举报或法律途径来维护自身合法权益。据本书问卷调查中针对“当您遭遇农产品质量安全问题时，会采取什么样的措施”这个问题，统计结果显示，有31.9%的被调查者选择自认倒霉，找商家说理并退换的占54.2%，还有11.5%的消费者选择向有关部门投诉，只有2.4%的消费者会向媒体曝光（见图5－1）。

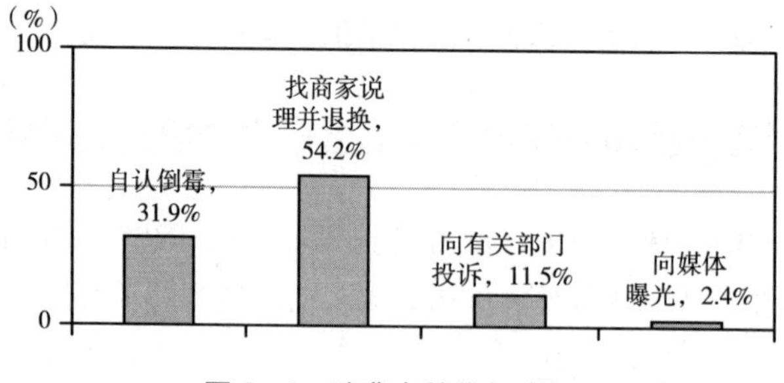

图5－1　消费者的维权意识

① 谢欣沂、房洁：《苏北农民饮食状况和食品安全意识解析——以经济学的视角》，《安徽农业科学》2010年第33期。

（二）消费者食品质量安全意识淡薄对区域声誉激励机制的影响

确保区域声誉对农产品生产者的激励作用，需要消费者积极参与。在需求导向型经济中，消费者不仅是被保护的群体，而且是一种不可忽视的市场力量。从需求层面上看，消费者选择行为会对农产品质量安全产生重要影响。消费者在农产品质量安全问题上所体现的态度与维权意识，对生产者的安全农产品供给形成内在激励和约束，生产者都会首先考虑消费者需求以最大化自己的利益。消费者食品质量安全意识淡薄，一方面，淡化了区域声誉对生产者提供高品质农产品获得声誉溢价的激励作用；另一方面，也助长了农产品生产者机会主义行为，以次充好。因此，区域声誉机制作用的良好发挥还需要食品质量安全意识的提高，以激励和约束农产品生产者提高农产品质量安全，从而提高区域农产品质量安全水平。

四、土壤质量对区域声誉激励的制约

阻碍区域声誉机制对农产品质量安全治理的激励作用的发挥，除农产品生产经营规模过小且分散、政府管制制度有缺陷、消费者食品质量安全意识淡薄等影响因素外，区域农业用地质量的好坏同样影响该区域农产品质量安全，进而影响消费者对整个区域农产品质量声誉的预期。

（一）我国农产品生产用地污染严重

“镉大米”是2013年十大农产品质量安全事件之一，然而，造成大米镉元素超标的罪魁祸首，并不是生产经营者“人为污染”行为，而是受到严重污染的土壤。据2010年中国水稻研究所发布的《我国稻米质量安全现状及发展对策研究》，我国受重金属污染的土地约占全国可耕地的五分之一，其中11省25个地区的土地不同程度上受到镉污染。这些隐藏在土壤中的重金属，会沿着植物根系被植物吸收，使大米、蔬菜等食用农产品重金属含量严重超标，而这些受污染的农产品一旦被消费者食用，重金属元素则会停留在人体中，日积月累影响身体健康。土壤受到污染主要原因在于以下几方面。

第一，土地受工业废气严重污染。随着我国工业文明和城市发展，一方面为人们创造了巨大财富，另一方面也把数十亿以吨计的废气和废物排入大气之中。工业排放废气及机动车尾气，都含有多种重金属，这些废气中重金属元素以气溶胶的形式进入大气层，或是自然沉降或随降雨进入土壤。例如，作为农业大县的安徽省繁昌县，区域内并没有大量排放含重金属元素废气的工矿企业，但其土地也受重金属严重污染，汞、砷、铅、镉、六价铬和锌的检出率均为100%。[①] 后经查明，是由于该县处于芜湖和铜陵两个工业城市之间，交通运输繁忙的芜铜铁与公路又贯穿全县，这使工业城市排放的粉尘以及运输车辆的尾气，经自然沉降和降雨进入该县土壤。

第二，土地受工业废水严重污染。未经处理的工业废水若直接排放到河溪，在废水中的重金属元素会随灌溉直接进入农田，并在土壤里吸附和转化。目前我国用污水灌溉的土地大约有140万公顷，其中约91万公顷土地已受到不同程度重金属污染，而这些产自用污水灌溉地区的农作物（包括大米、蔬菜等）或多或少受到重金属污染，其中有11处地方所生产大米Cd（镉）含量严重超标。[②] 例如，2013年的“镉大米”事件，湖北株洲市就是问题大米产区之一。株洲市工业区的化工、冶炼等企业将这些未经处理的重金属含量严重超标的污水直接排放到湘江，造成湘江水系受到不同程度污染，其中有毒金属“镉”含量严重超标。而处于湘江河段的农民再用这样的水灌溉农田，随着时间推移，灌溉农田的土壤自然受到重金属元素污染，致使水稻等主要农作物的减产和农产品质量安全水平的下降。

第三，土地受化肥、农药严重污染。我国年使用化肥以及农药量远超其他国家，其中每年使用2500多万吨氮肥和130多万吨农药，亩单位农田使用化肥量、农药量分别是世界平均水平的3倍和2倍。考虑到重金属元素在土壤中的传递、富集，使土壤受重金属污染的程度会随着化肥以及农药不断使用而加重。化肥和农药过度使用已严重污染了耕地质量，有1.4亿亩的土地受到农药污染，受重金属污染的土地更是超过3亿亩，受化肥农药污染的食用农产品数量每年都在递增，食用农产品质量安全形势愈加严峻。[③]

---

① 阎伍玖：《安徽省繁昌县区域土壤重金属污染初步研究》，《土壤侵蚀与水土保持学报》1998年第4期。

② 杨科璧：《中国农田土壤重金属污染与其植物修复研究》，《世界农业》2007年第8期。

③ 陈靖萍：《旱作农业区谷子的无公害生产可行性分析及主要技术》，《甘肃农业》2012年第8期。

（二）农产品生产用地质量对区域声誉激励机制的影响

对农产品生产者来说，在其种植、养殖过程中，所能控制的仅仅是自己的生产行为，如按国家相关标准生产，不乱用或超标使用农药、化肥等，而面对由外部性因素致使土地污染而导致农产品品质下降，却无能为力，也不可能左右工业排放废气、废水、废渣。由外部不可控因素导致农产品质量安全问题让农产品生产者不愿意为获得声誉溢价去生产质量安全标准高、投入成本大的农产品，因为土壤污染增加了农产品质量安全风险，降低了高品质农产品的预期收益。对消费者而言，由于我国土壤污染范围之大，使消费者形成一种全国范围的农产品质量安全水平基本都一样的认知，也不愿为市场上提供的高品质农产品支付较高价格，进一步弱化了区域声誉向消费者传递质量信息的作用。

总之，由工业排放的废气、废水、废渣导致的农业耕地污染增加了农产品质量的不安全性，阻碍了区域声誉对农产品生产者的激励作用，也影响了区域声誉对消费者传递高质量信息的作用。

第三节 区域农产品声誉机制建立与影响因素：实证分析

本节实证分析区域农产品声誉与其影响因素之间的相关关系，以检验前文关于抑制区域农产品声誉机制作用发挥的因素等理论分析的可信度和有效性。

一、理论分析框架

区域声誉之所以有助于提高农产品质量安全水平，是因为声誉的信号显示效应影响了消费者对农产品质量安全的预期；同时因为声誉溢价效应，激励农产品生产经营者生产高质量安全产品。消费者可通过区域声誉在信息不对称的情况下，对农产品质量安全形成一定认知和预期，但声誉对农产品质量安全治理的激励作用并非通畅无阻，其作用发挥需要条件，主要包括农产品经营规模、政府管制制度、消费者食品质量安全意识以及原产地土壤质量等，见图5－2。

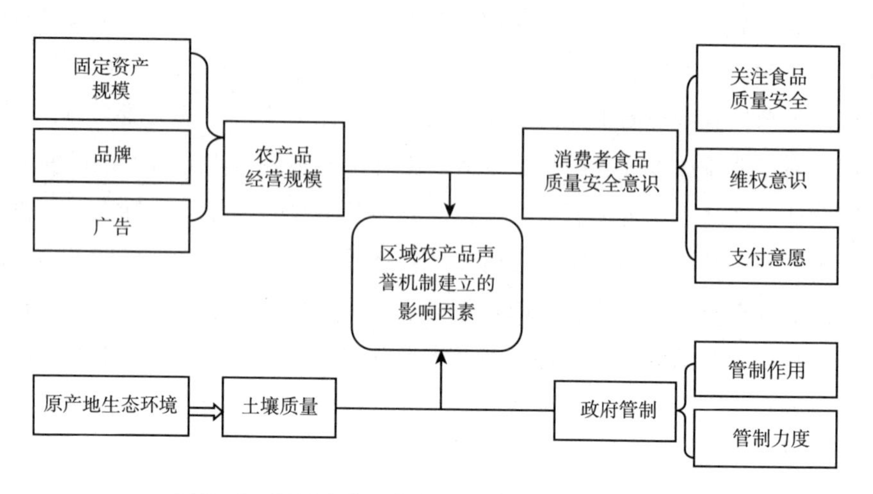

图5－2　区域农产品声誉机制建立的理论分析框架

第一类是反映农产品经营规模指标，选用固定资产规模、品牌和广告三个指标。(1) 固定资产规模。一般来说，固定资产规模大小一定程度上反映企业经营规模。固定资产规模越大，企业沉没成本就越多，也就越有可能供给质量安全水平高的食品，越有激励维护良好声誉。(2) 品牌。品牌的建立与维护需巨大资本投入，小企业没有动力和资本去建立自己的品牌。知名品牌往往代表着企业产品好的口碑，是持久的无形资产，能给企业带来巨额利润。因此，生产经营规模大的企业往往更有激励建立和维护自己的品牌。(3) 广告。通常情况下，广告投入额越大，给企业带来的品牌效益越大。但广告投入往往需要大量资金，小企业一般承担不起，因此，广告投入力度越大，企业经营规模也越大。

第二类是反映消费者食品质量安全意识指标，选用是否关注食品质量安全、维权意识和支付意愿高低等指标。(1) 是否关注食品质量安全。通常情况下，消费者越了解与食品质量安全相关的知识或法律，越关注媒体报道的食品质量安全事件，就越容易辨别农产品品质优劣，生产者则会重视自己产品的声誉。(2) 维权意识。消费者维权意识越强，生产者机会主义动机越弱，越有动力维护产品的质量声誉。(3) 支付意愿。产品质量安全性越高，价格则越高，而当消费者对食品质量安全支付意愿不强时，生产者则没有动力提高质量安全水平，也就没有激励维护食品质量安全的声誉。

第三类是反映政府管制制度是否完善的指标，主要包括政府管制对食品质量安全是否有用、对食品质量安全的管制力度是否合适等。（1）管制作用。政府对农产品生产经营者行为的管制有助于约束经济主体的机会主义行为和维护经济主体的声誉水平。（2）管制力度。张维迎认为管制力度超过一定水平后，管制与声誉间存在替代关系，过度管制会使声誉水平降低，因此，维持合理的管制水平，有助于市场声誉的形成。[①]

第四类是反映种植农产品土壤质量的指标，项目组选取农产品的原产地生态环境作为变量，用以代表土壤质量的好坏。一般而言，工业越发达，生态环境被破坏以及耕地质量污染均相对较严重，这种情况下，生产者即便约束生产行为，也很难生产优质的农产品。原产地生态环境是影响生产者是否建立质量声誉的外部条件。

基于上述分析，构建一个影响区域农产品质量声誉建立的函数关系式：$Y=f(X_1, X_2, X_3, X_4, X_5, X_6, X_7, X_8, X_9)$，其中：$Y$ 为区域质量声誉；X_1 为固定资产规模；X_2 为品牌；X_3 为广告；X_4 为关注食品安全；X_5 为维权意识；X_6 为支付意愿；X_7 为管制作用；X_8 为管制力度；X_9 为原产地环境。

二、数据来源与数据处理方法

（一）数据来源

本节所用数据是以调查问卷的形式获取，为获得更多调查数据，问卷发放采用线上和线下相结合的方法。实地调查于 2015 年 5 月份进行，调查范围主要集中在杭州市江干区、西湖区、上城区和下城区等农贸市场和超市，问卷由调查员通过访谈被调查者后当场填写，调查员为硕士生和本科生。实地调查共发放 200 份问卷，收回 197 份，回收有效问卷 186 份，有效回收率为 93%。网络调查是从 2015 年 5 月份，通过 51 调查网[②]，设计好调查问卷后，采用微信、QQ、微博及邮箱等方式进行全国范围推送，截至 2015 年 6 月份，总计发放回收 495 份调查问卷，合格答卷为 495 份，合格率为 100%。

① 张维迎：《产权激励与公司治理》，经济科学出版社 2005 年版，第 237 页。

② 51 调查网：http://www.51diaocha.com/。

（二）模型及数据处理方法

古扎拉蒂①指出，线性回归模型是不能直接用以解释因变量不是连续性变量而是离散型变量问题的。而关于离散型因变量的处理，Probit 模型、Logit 模型以及 Extreme 模型都是比较好的方法，都可以用来预测具有两分特点的因变量的发生概率。本书研究则采用 Probit 回归模型来处理各变量之间的关系。Probit 回归分析是对定性变量的回归分析，根据因变量类别的多少，也可分为二元选择概率回归（Binary Probit Regression）和多元选择概率回归（Multinomial Probit Regression）。

而对于问卷调查数据的分析，本书采用的是 EViews 6.0 统计分析软件。

三、调查数据的处理与分析

（一）调查样本的基本统计特征分析

利用有效收回的 681 份调查问卷所获得的数据，项目组对受访者个体特征进行比较分析，见表 5－3。

表 5－3　被调查者的基本统计特征

统计特征及分类指标		各项样本数（人）	所占比例（%）
性别	男	282	41.3
	女	399	58.7
年龄	20 岁以下	38	5.6
	20～30 岁	178	26.1
	30～45 岁	270	39.8
	45～60 岁	185	27.2
	60 岁以上	10	1.3
婚姻状况	已婚	493	72.4
	未婚	188	27.6

① 古扎拉蒂：《计量经济学（第三版）》，中国人民大学出版社 2000 年版，第 557～562 页。

续表

统计特征及分类指标		各项样本数（人）	所占比例（%）
家庭月收入	3000元以下	109	16.1
	3000～5000元	179	26.3
	5000～8000元	228	33.4
	8000～10000元	101	14.9
	10000元以上	64	9.3
文化程度	小学及以下	44	6.5
	初中	136	20.0
	高中或中专	309	45.4
	大学专科及以上	192	28.1

被调查者个体特征有如下特点：（1）从性别上看，女性比例是58.7%，男性比例是41.3%，女性多于男性。这说明目前我国女性还是家庭日常食用品的主要购买者。（2）从年龄上看，20～45岁的被调查者比例为65.9%，中青年人是食用农产品的主要购买者，这基本反映了目前我国人口年龄构成以及家庭结构情况。（3）从婚姻状况看，农产品购买者以已婚人士为主，占72.4%，与经验事实相符。（4）从家庭月收入看，调查样本相对集中在3000～8000元，占60%。（5）从文化程度看，调查样本相对集中于高中及以上，占73.5%。

（二）区域声誉模型中有关变量的定义及主要影响因素分析

根据表5－4的定义，可知区域农产品质量安全声誉是虚拟变量，且变量类别只有“好”与“不好”两种。鉴于此，本书采用二元Probit模型对以上变量进行回归分析。二元Probit回归模型用以下表达式表示：

Y_i 表示在 $\{0, 1, 2, \cdots, m\}$ 上取值的有效性，关于 Y_i 的Probit概率模型可由下面式子表示：

$$Y_i^* = \beta X_i + \varepsilon,\ E(\varepsilon_i \mid X_i) = 0,\ \varepsilon_i \in (0, \sigma_i^2),\ i = 0, 1, 2, \cdots, m$$

$$Y_i = \begin{cases} 0, & \text{if } Y_i^* \leqslant \alpha_1 \\ 1, & \text{if } \alpha_1 \leqslant Y_i^* \leqslant \alpha_2 \\ \vdots & \\ m, & \text{if } Y_i^* \geqslant \alpha_m \end{cases}$$

表5－4　　区域声誉 Probit 概率模型中各变量的定义

变量名称	变量类型	变量定义	变量平均值	预期方向
区域质量声誉（Y）	虚拟变量	0＝不好，1＝好	0.68	
固定资产规模（X_1）	定序变量	1＝无关紧要，2＝有点重要，3＝一般，4＝较重要，5＝十分重要	2.76	+
是否有品牌（X_2）	定序变量	1＝无关紧要，2＝有点重要，3＝一般，4＝较重要，5＝十分重要	3.03	+
是否做广告（X_3）	定序变量	1＝无关紧要，2＝有点重要，3＝一般，4＝较重要，5＝十分重要	2.48	+
是否关注食品安全（X_4）	虚拟变量	0＝不关注，1＝关注	0.7	+
维权意识（X_5）	定序变量	1＝自认倒霉，2＝找商家说理并退换，3＝向有关部门投诉，4＝向媒体曝光	1.84	+/-
支付意愿（X_6）	定序变量	1＝无关紧要，2＝有点重要，3＝一般，4＝较重要，5＝十分重要	3.48	+/-
政府监管作用（X_7）	虚拟变量	0＝没有作用，1＝有作用	0.7	+
政府监管力度（X_8）	虚拟变量	0＝满意，1＝不满意	0.12	+
原产地环境（X_9）	虚拟变量	0＝无所谓，1＝环境好的地方	0.88	+

$Y_i=0, 1, 2, \cdots, m$ 的概率分别为：

$$\mathrm{Prob}(Y=1 \mid X_i)=\mathrm{Prob}(\beta X_i+\varepsilon_i \leqslant \alpha \mid X_i)=\varphi\left(\frac{\alpha_1-\beta X_i}{\sigma_i}\right)$$

$$\mathrm{Prob}(Y=2 \mid X_i)=\mathrm{Prob}(\alpha_1<\beta X_i+\varepsilon_i \leqslant \alpha \mid X_i)=\varphi\left(\frac{\alpha_2-\beta X_i}{\sigma_i}\right)-\varphi\left(\frac{\alpha_1-\beta X_i}{\sigma_i}\right)$$

$$\mathrm{Prob}(Y=m-1 \mid X_i)=\mathrm{Prob}(\alpha_{m-1}<\beta X_i+\varepsilon_i \leqslant \alpha \mid X_i)$$

$$=\varphi\left(\frac{\alpha_m-\beta X_i}{\sigma_i}\right)-\varphi\left(\frac{\alpha_{m-1}-\beta X_i}{\sigma_i}\right)$$

$$\mathrm{Prob}(Y=m \mid X_i)=\mathrm{Prob}(\beta X_i+\varepsilon_i \geqslant \alpha_m \mid X_i)=1-\varphi\left(\frac{\alpha_m-\beta X_i}{\sigma_i}\right)$$

其中，Y_i^* 是一个潜在变量，其数值在实际中没有办法观测，但 Y_i 是可观测变量；X_i 是解释变量的一组观测值，$i(i=0, 1, 2, \cdots, m)$ 代表观测值数，β 代表待估计的参数变量，m 为状态参数，α 为区间的分界点，φ 为标准正态累积分布函数。

利用 EViews 6.0 统计软件对 681 份问卷调查所获得数据进行 Probit 模型回归分析，得到的估计结果见表 5－5。

表 5－5　Probit 模型估计结果

X_i	Coefficient	Std. Error	z-Statistic	Prob
X_1	0.143320 *	0.076266	1.879211	0.0602
X_2	0.114575 *	0.063901	1.793008	0.0730
X_3	0.090092	0.074634	1.207120	0.2274
X_4	1.021309 ***	0.149941	6.811397	0.0000
X_5	－0.249381 *	0.097453	－2.558987	0.0105
X_6	－0.018689	0.063991	－0.292057	0.7702
X_7	0.406821 **	0.148758	2.734779	0.0062
X_8	0.637233 **	0.179802	3.544081	0.0004
X_9	0.347929 ***	0.194822	1.785875	0.0741

注：*、**、*** 分别表示在 0.1、0.05、0.01 置信水平上显著。

综合性检验：LR 统计量为 125.5818，自由度为 9，显著性概率（Prob）为 0.000000。

模型拟合优度检验：AIC 值为 1.023005，SC 值为 1.112666，HQC 值为 1.058309。

表 5－5 中列出的 Probit 模型检验是让所有的变量进入模型的检验，检验结果反映了所有解释变量对被解释变量的影响程度。从 LR 统计值和统计量的收尾概率值（Prob）来看，模型整体检验结果较为显著；从 AIC、SC 和 HOC 值来看，模型的整体拟合优度较好。其中 X_1、X_2、X_4、X_5、X_7、X_8、X_9 变量对区域农产品质量声誉的影响显著，而 X_3、X_6 变量对区域农产品质量声誉的影响未通过显著性检验。

1. 农产品经营规模越大，区域声誉越容易建立。在反映农产品经营规模特征指标中，农产品的固定资产规模（X_1）和有无品牌（X_2）对消费者的区域农产品质量声誉信任度有显著影响，其农产品固定生产规模、有无品牌的回归系数分别为0.143320、0.114575，统计系数显著性水平分别为0.0602、0.0730。这表明，农产品固定资产规模越大，拥有专属于自己的品牌，消费者则越相信其农产品质量安全水平更高。而农产品有无进行广告宣传（X_3）对消费者的区域农产品质量声誉评价未能通过显著性检验，其回归系数为0.090092，统计系数的显著性水平为0.2274，该结果与预期分析结果不一致，主要原因可能是：第一，农产品为经验性商品，消费者可凭借多次购买或通过视觉、触觉和味觉对农产品质量优劣形成大致判断，并不会因为农产品是否进行广告宣传而影响选择。第二，目前，我国农产品生产经营规模过小，生产者没有精力对其产品进行广告宣传，这使消费者在购买农产品时并没有受这方面信息的影响。

2. 消费者食品安全意识越高，越有助于区域声誉的维护。在代表消费者食品安全意识的指标中，消费者是否关注食品安全（X_4）对消费者的区域农产品质量声誉的信任度有显著影响，而消费者维权意识高低（X_5）虽对区域农产品质量信任度有显著影响，但因其回归系数为$-0.249381<0$，统计系数显著性水平为0.0105，这表明消费者维权意识越高，对区域农产品质量安全的信任度越低。该结果与前文预期结果不一致，可能是因为农产品属于快速消费品，大部分消费者遇到质量安全问题时通常选择自认倒霉等（变量值为1）。而消费者的支付意愿（X_6）对区域农产品质量声誉没有显著影响，原因可能在于：第一，目前我国农产品质量水平参差不齐，消费者在不能辨别农产品质量好坏情况下，不愿意为其支付较高价格。第二，消费者收入水平或者安全意识还比较低，只能消费质量一般的普通农产品。

3. 完善的政府管制制度可促进区域声誉的形成。在反映政府管制制度是否完善的指标中，政府管制是否有作用（X_7）和管制力度够不够（X_8）变量对消费者的区域农产品质量声誉信任度影响显著，其回归系数分别为0.406821、0.637233，统计系数显著性水平分别为0.0062、0.0004。这表明，消费者对区域农产品质量安全信任度与政府对农产品质量管制力度呈正相关关系。

4. 生态环境好坏与区域声誉之间呈正相关关系。在反映农产品种植的生态环境优劣的指标中，原产地环境的优劣（X_9）对区域农产品质量声誉有显著影响，其回归系数为0.347929，统计系数显著性水平为0.0741。这表明，种植农产品生态环境越好，农产品质量安全水平越高，消费者也就越信任该区域农产品的良好声誉。

四、实证分析结论

本节以问卷调查数据为基础，利用概率单位 Probit 模型建立区域农产品质量声誉模型，分析农产品经营规模、政府管制制度、消费者食品安全意识以及原产地土壤质量四类指标中九个影响因素（固定资产规模、品牌、广告、关注食品安全、维权意识、支付意愿、管制作用、管制力度、原产地环境）对区域农产品质量声誉的影响，模型的计量经济分析表明，区域农产品质量声誉与其规模大小、消费者食品安全意识、政府管制制度以及原产地土壤质量因素基本上呈正相关关系。其中，农产品固定资产规模越大，拥有专属于自己的品牌，消费者则越相信其农产品质量安全水平更高；政府对农产品质量管制力度越大，消费者越相信该区域农产品的质量水平；种植农产品的生态环境越好，农产品质量安全水平就越高，消费者也就越信任该区域农产品的良好声誉。结论与前面关于抑制区域声誉功能表达的理论分析一致。这也说明，如果想促进区域质量声誉对我国农产品质量安全的治理，应该从这四个方面入手，扩大农产品的经营规模、提高消费者的食品安全意识、完善已有的政府管制制度以及保护农产品的种植环境。

第四节　建设和维护区域声誉的政府功能定位

——以浙江“丽水山耕”区域品牌为例

根据前文分析可见，针对农产品质量安全的区域声誉的建设与维护关键在于，如何把分散的、小规模的生产经营者利益“捆绑”在一起，让区域声誉的共用品属性向私用品属性转变。基于这种思路，浙江丽水地区近年通过政府为当地农户打造共用区域品牌，在区域声誉的“庇护”下，当地优质安全农产品正在向中高端农产品市场扩张。案例分析可作为农产品区域声誉形成和维护策略的借鉴。

一、浙江丽水山地蔬菜种植的基本情况

浙江省丽水市自然资源比较丰富，生态环境优越，素有“浙江绿谷”之称。生态环境质量常年位居浙江省第一，公众对其生态环境质量满意度领跑浙江。2004 年，丽水市被称为华东地区最大的“天然氧吧”“全国生态环境第一市”，其中 4 个县列前 10 位，庆元县列第一位，成为“中国生态环境第一县”。2007 年全市农业总产值 77.3 亿元。其中，蔬菜播种面积 77.64 万亩，总产量 123.3 万吨，产值增长率 5.1%；产值占农业总产值 1/3。2013 年，农作物总种植面积为 169.69 千公顷。其中，蔬菜总种植面积 71.79 万亩（包含西甜瓜，不含土豆、蚕豆和豌豆），总产量 7.56 万吨，总产值 14.9 亿元。山地蔬菜种植面积 33.9 万亩，产量 50.6 万吨，产值 9 亿元。大、中、小棚等设施蔬菜种植面积 8.5 万亩，产量 20.7 万吨，产值 3.78 亿元。其中，跨度大于或等于 6 米的大棚面积为 23545 亩，占设施种植总面积的 27.7%。西甜瓜种植面积 4.9 万亩，产量 7.56 万吨，产值 9908 万元。[①] 表5 -6 反映丽水市蔬菜生产和销售基本情况，从中可看出在种植面积、产量和产值上均呈现出稳步增长的态势。

目前浙江省丽水市已成为长三角地区消费者最放心、信得过的蔬菜生产基地，其蔬菜销往浙江、上海、江苏、贵阳、福建等省市，国际业务涉及日本、韩国等国家。

表 5 -6　　丽水市近年蔬菜生产销售基本情况

年份	蔬菜			果用瓜（西甜瓜）		
	面积	产量	产值	面积	产量	产值
2005	615180	1106185	95358	44895	76462	8183
2006	617940	1105719	96318	45150	77244	8237
2007	622500	1093394	100988	48810	77329	8546
2008	630075	1116649	110492	38250	69474	8975
2009	650310	1082589	120800	47925	78089	9644
2010	668580	1118584	139100	49320	75604	9908

资料来源：丽水市农业局：《丽水市蔬菜产业“十二五”规划（2011 -2015 年）》，2011 年 8 月 26 日。

① 丽水市农业局：《丽水市蔬菜产业“十二五”规划（2011 -2015 年）》，2011 年 8 月 26 日。

二、浙江省丽水市蔬菜产业的发展轨迹

浙江省丽水市蔬菜产业从无到有，规模从小到大，大约经历了四个阶段。

第一阶段：起步阶段（20 世纪 80 年代中期至 1996 年）。党的十一届三中全会以后，实行的家庭承包责任制极大地调动了农民种植蔬菜的积极性，除了满足自身需要外，还迫切需要进入市场交换；20 世纪 80 年代中后期，丽水市顺应市场需要，进行了蔬菜产销体制改革，恢复农村集市贸易；同时，在郊区实行多种形式的蔬菜生产责任制。这一举措为蔬菜产业的发展奠定了良好的基础。不过这一阶段，丽水的蔬菜产业还不成体系，市场上蔬菜的供应主体是众多分散的农户。

第二阶段：初步发展阶段（1996 ~ 2005 年）。丽水市政府制定“九五”和“十五”农业发展规划，出台扩大蔬菜种植面积若干规定和发展蔬菜生产优惠政策，全市蔬菜种植面积和年产量迅速发展，从 1996 年的 25.16 万亩和 53 万吨到 2004 年的 80 万亩和 130 万吨。种植面积和年产量较之于 1996 年分别增长了 3.2 倍和 2.5 倍。在蔬菜种植面积和产量迅速扩大的同时，也暴露了蔬菜生产组织方式问题，例如景宁县大漈乡在 2000 年左右发展起了高山冷水茭白产业。起初，茭农各自为政、实行价格战，给外地收购商串通压价收购的机会。认识到缺乏组织性的弊端，2005 年，大漈乡 102 户茭白种植户成立茭白专业合作社，统一茭白生产技术规范并开展技术培训；统一供应耕作机械、肥料；统一规格、包装；统一定价、销售，形成了产供销一条龙，并注册大漈“雪松”牌商标。品牌策略、统一经营管理、抱团发展让大漈“雪松”牌高山冷水茭白身价暴增。2008 年，运往意大利和法国的 47 吨大漈“雪松”牌高山冷水茭白，每千克售价达 5 ~ 7 欧元。[①]

第三阶段：科技创新与规模化阶段（2006 ~ 2010 年）。为充分发挥资源优势和区位优势，丽水市政府一方面引进推广大批蔬菜优良品种，采用现代新型蔬菜生产技术，诸如设施栽培、微蓄微灌、粘虫板、杀虫灯、防虫网、生物农药、塑料遮阳网、山地避雨栽培、嫁接、长季栽培等多样化增效生产技术。如缙云通过大棚设施栽培、双季茭、单季茭采两茬、合理搭配种植不

① 李霞：《从百姓“小菜篮”到长三角“大菜园”》，《丽水日报》2010 年 12 月 28 日。

同海拔高度的单季茭以及配合冷库等，实现茭白的周年供应，大幅提高茭白的种植效益。据了解，种单季茭采两茬的好处在于，上半年采收完了之后，下半年还能采收一季，一般上半年亩产能达到2500千克，下半年亩产能达到1500千克。另一方面，进一步优化蔬菜生产组织模式，提高蔬菜的规模化经营。培育了一批农业龙头企业、农民专业合作社，截至2009年底，已建立1500多个农民蔬菜运销组织和178家蔬菜生产加工企业，以及成立了专门的蔬菜协会和专业合作社。例如丽水莲都碧湖农产品合作社、景宁大自然食品有限公司等，通过推行“公司（合作社）+基地+农户”模式和订单农业，开展农产品收购、加工、包装及营销，发挥出龙头带动作用。丽水市通过蔬菜生产组织模式的创新，初步打造了具有初步区域化、专业化、规模化、特色化蔬菜生产基地，形成了莲都的长豇豆、遂昌的四季豆、缙云的高山茭白、松阳蚕豆、庆元的松花菜等优势产业带，成为长三角地区有特色、有优势的山地蔬菜主产区。

在此阶段，丽水市通过科技创新以及生产组织形式的改变，促使蔬菜产业向规模经济方向发展，更好地将生产、流通与市场串联起来。

第四阶段：生态化、品牌化阶段（2011年至今）。丽水是“中国生态第一市”，良好的生态环境，丰富的山地资源，为蔬菜产业发展提供了广阔的空间。特别是最近几年，国内农业生产环境恶化的情况下，丽水市委、市政府明确提出发展生态品牌农业和加强产品质量安全建设。[①] 一方面，在制定一批特色优势蔬菜标准化生产技术规程的基础上，大力推广病虫害的农业、物理、生物防治技术，加强循环型生产技术的应用，规模化基地推行“六统一”服务，建立生产档案，特别是建立农用投入品的使用档案，建立蔬菜产品质量安全监督检测制度，并试行产品可追溯制度，从源头上控制产品质量安全问题。另一方面，在生产基地强化蔬菜产前、产中、产后的质量管制，建立例行监测制度，无公害蔬菜生产得到较大推广，全市蔬菜农药残留检测合格率取得了显著提高，合格率从2002年的77.21%提升到2010年的98.4%。形成了缙云茭白、遂昌高山四季豆、碧湖长豇豆、庆元松花菜、遂昌冬笋、松阳蚕豌豆、龙泉茄、景宁食用百合、青田红花刀豆和缙云黄花菜十大生态精品蔬菜，成为丽水市后续蔬菜产业发展的“生态名牌”。

---

① 丽水市农业局：《丽水市蔬菜产业“十二五”规划（2011－2015年）》，2011年8月26日。

丽水市在发展生态农业的同时也积极构建区域共用品牌。丽水市物产丰富，具有庆元香菇、遂昌菊米、缙云麻鸭、青田田鱼等多个国家驰名品牌，但品牌过多、过滥，难以形成合力。为此丽水市政府委托浙江大学 CARD 中国农产品研究中心对品牌定位、命名、口号、符号进行了科学规划，形成了以“丽水山耕”为名的区域共用品牌，覆盖丽水农业全区域和全产业链，并以其为母品牌，与已存在的各县域共用品牌、企业品牌之间，形成相对稳定的品牌金字塔结构体系。

截至 2014 年，丽水市共建成 200 个共 22.66 万亩粮食生产功能区、2 个省级现代农业综合区、10 个主导产业示范区、29 个特色农业精品园。大力培育新型生产经营主体，共培育家庭农场 1085 家，涉及经营土地 1 万多亩；培育国家级农业龙头企业 1 家、省级 34 家、市级 242 家，年销售收入超 1000 万元的农业龙头企业达到 294 家；共发展合作社 3026 家，现有社员 8.86 万人，带动农户 40.48 万户，联结基地 107.92 万亩。累计已通过认证“三品”农产品 833 个，其中有机食品 195 个、绿色农产品 111 个、无公害农产品 527 个，通过“三品”认证基地面积 152.25 万亩。[①] 形成了以“丽水山耕”为区域共用品牌，12 个中国驰名商标，24 个国际地理标志保护农产品为子品牌的相对稳定的品牌金字塔结构体系。

三、浙江“丽水山地蔬菜”声誉建立与维护

绿水青山孕育出丽水农产品优异的品质。但受制于山多地少、类多量少，丽水农业仍处于由分散、小规模农户主导的格局。2013 年，丽水农业产业规模不断壮大，保持较好的发展态势。2013 年上半年，全市实现农业总产值 47.48 亿元，同比增长 6%，增幅居全省第二。农业总产值不断增长过程中，发展生态精品农产品是农业转型升级的关键。但丽水因其地理生态特点，农产品生产经营存在“规模小、标准化低、创品牌成本高”等问题，亟须具有规模经济优势的农业大企业作为龙头来引导整个地区的农户实现这种转型。在此背景下，2013 年 8 月，政府通过整合农、林、渔、水等各部门资源，丽水市财政投资 4 亿元，成立了丽水市农业投资发展有限公司（简称市农发公

① 汤陈生：《绿水青山就是金山银山》，《浙江日报》2014 年 6 月 4 日。

司）。市农发公司为市政府授权经营国有资产、具有法人资格的国有独资公司，出资人为市财政局，隶属市农业局。市农发公司主要承担市农业发展重大项目、引导促进各类金融机构开展为农业经济发展的金融服务、市菜篮子工程项目建设、农产品品牌建设与宣传等。①

政府成立市农发公司这种农业“航母”的目的无疑是为了克服小规模农户在市场中先天的竞争劣势。从政府扶持农业发展的政策效果看，在成立市农发公司之前，政府对农业的投入主要以奖励、补助为主，公司成立之后，政府投入采取企业化管理、市场化运作的模式，这种模式不仅有助于引导民间资金进入农业领域，更重要的是借助市农发公司的规模优势，摆脱了小农户在市场中没有形成优质安全农产品声誉的条件和激励的约束，通过把丽水生态精品农产品推向市场，打造属于丽水地区的农产品品牌，促进丽水农业产业升级。

为创建具有丽水区域特征的农产品品牌，丽水市形成以“丽水山耕”为名的区域共用品牌。2014 年 9 月，全国首个地级市农产品区域共用品牌——“丽水山耕”正式面市。作为区域农产品共用品牌，“丽水山耕”是地市级政府中首个建立覆盖全区域、全产业的农业品牌。应该说，作为区域共用品牌，“丽水山耕”开创了区域共用品牌的运营模式。在品牌建设和维护过程中，丽水市委、市政府承担了品牌建设、经营管制以及传播的职责；生态农业协会是品牌商标的所有者；而品牌经营主体则是市农发公司，主要负责统筹协调各部门、各级生产主体、子品牌经营者等，目的是构建品牌建设的集中服务平台。

优质安全的农产品是维护区域声誉的基本前提。为此，“丽水山耕”区域品牌的运作要求把事后追溯改为事前追溯。为确保使用该品牌农产品的品质，所有使用“丽水山耕”这个共用品牌的商家，都必须具备溯源系统，消费者可根据“丽水山耕”包装上的二维码，扫到相应农产品的所有信息。尽管溯源系统会增加企业成本，但一旦采用溯源系统后，则会提高优质安全农产品的可信度。例如，据报道，原来 20～30 元/斤的生态甲鱼，在引入溯源系统后可卖到 100 元/斤。而采用农产品溯源系统是被授权使用区域性共用品

---

① 《丽水市农业投资发展有限公司正式揭牌农业航母起航》，丽水在线，http：//www. lsnj110. gov. cn/html/main/nydtview/84625. html，2013－08－29。

牌“丽水山耕”的前提。通过“丽水山耕”区域品牌的运作，提升了农产品的包装设计、文化故事、质量安全等内涵，这为农产品价格提升提供了空间。例如，缙云麻鸭是当地知名的优质农产品，以前价格在60元/只左右，通过“丽水山耕”的运作，价格卖到118元/只，溢价近100%。又如，当地茶农种植不施肥料、不打农药的有机茶，种植成本高，但由于单个农产品没有品牌优势，很难卖出好价格，但引入“丽水山耕”品牌后，最好的茶叶卖到1888元/斤，品牌让有机茶实现溢价销售。据了解，仅1年时间，丽水已有121家农业主体加入溯源系统，87家农业主体使用了“丽水山耕”区域共用品牌。围绕打造精品生态有特色的农产品品牌，丽水市政府还通过建设标准化生产示范基地、蔬菜专业示范村，推进农产品生产经营规模化发展，使特色农产品连块成片，形成带。通过政府引导，全市农产品生产逐步形成了以莲都长豇豆，缙云、景宁高山茭白，庆元松花菜，遂昌、龙泉四季豆，松阳蚕豌豆等为主的区域格局。诚然，良好区域声誉维护的根本在于农产品品质的支撑，这就需要政府管制制度作为保障。市农发公司投资成立了农科检测技术有限公司，通过对使用共用品牌和质量追溯体系的农产品实行免费检测，实施管制。也就是说，使用“丽水山耕”的农产品在销售之前必须通过农产品质量安全检测，只要有一例检测不合格，就会停止“丽水山耕”品牌使用权。

另外，把“丽水山耕”推向市场，营销渠道是关键。为此，丽水农发公司通过股权投资丽水市绿盒电子商务有限公司，让“绿盒公司”成为农产品生产经营者和社区蔬果店间的渠道，用“丽水山耕”占领农产品中高端市场。诚然，市场开拓之初运营成本高，一般小农户很难负担这种成本。但绿盒公司在丽水市政府的支持下已度过起步亏损期，逐步实现盈利。截至2015年9月，经“丽水山耕”共用品牌推广，通过“丽水山耕”上海、杭州、温州、宁波、绍兴等城市的品牌社区店、网上销售以及自有渠道，全年销售额达2.93亿元，平均溢价超两成。[①]

短短一年时间，“丽水山耕”作为农产品区域品牌已让丽水地区农户获

---

① 金梁、潘心怡：《“丽水山耕”出炉一周年农产品实现溢价收益》，浙江在线，2015-09-15，http://gotrip.zjol.com.cn/system/2015/09/15/020834019.shtml；翁杰、杨军雄、施晓义：《打造公共品牌重塑流通环节丽水组织农民闯市场》，2015-09-17，http://zjnews.zjol.com.cn/system/2015/09/17/020836474.shtml。

得可观收入。事实证明，与小规模农户不同，政府可利用其整合资源的能力，把众多分散农户利益“捆绑”在一起，打造“丽水山耕”这种区域共用品牌，并通过政府有效管制保证农户向市场提供优质安全的农产品，以维护区域声誉。相应地，区域声誉溢价效应对农户提供优质安全的农产品无疑会有很强的激励作用。

第五节　促进区域声誉机制发挥作用的策略：针对农产品质量安全控制的分析

通过前文区域声誉对农产品质量安全治理的理论分析、抑制区域声誉功能表达影响因素的剖析、基于调查问卷的计量分析结合浙江丽水山地蔬菜案例研究，本书对抑制区域声誉功能表达的影响因素提出针对性的改进措施，以促进区域声誉对农产品质量安全的治理。

一、完善农业产业组织，促进区域农产品生产规模化

市场结构决定企业即产业内部的各个经营主体在市场中的行为，而企业行为又决定市场运行的经济绩效。为了获得理想的市场绩效，重要的是通过产业组织政策以改善市场结构。

目前我国现有的农业生产组织结构，一方面因经营过于分散而没有能力采用先进技术生产高品质农产品，另一方面因经营规模过小不重视声誉，而在区域共有声誉庇护下做出不利于区域声誉维护的投机行为。因此，发挥区域声誉对农产品质量安全治理的激励作用，首先需提高农产品生产经营的组织性。

（一）规模化生产经营有助于提高农产品质量安全水平

小规模农户经营的分散性使农户既不具有生产高质量安全农产品的能力、维护农产品质量安全声誉的意愿，又不具有引进生产高质量安全农产品的技术设施的资金。因此，过于分散、小规模的农产品生产经营不利于农产品质量安全水平的提高。如果提高农产品生产的规模化，则有助于农产品质量安

全水平的提高，有利于区域农产品质量声誉的形成与维护，主要体现在以下两个方面。

第一，通过合作组织，将分散的农户组织起来，实行规模化生产，可有效降低信息收集和传输成本，从而提高农产品质量安全水平。这是因为合作组织类似一个联保制度，组织内成员享有共同声誉，承担集体连带责任。一旦有了集体责任，组内成员便有积极性监督并揭发机会主义行为，而中国农村是一个典型的静态社会，农户之间是相互了解的①，从而可降低发现分散农户投机生产的成本。此外，连坐制惩罚制度的使用，可进一步调动组织内农户间的相互监督，约束生产行为，生产高品质农产品，获得质量安全声誉溢价。

第二，规模化生产，有助于推进农产品生产的标准化、品牌化。规模化生产使农业生产资金集聚，成本分担便于现代农业基础设施的建设、农业机械化的进程和先进生产技术的引入与推广。按照农业投入品的相关标准以及规定程序标准化生产，有利于农产品质量安全的稳定和提高。同时规模化经营可让农产品销售量扩大，单位农产品分担的品牌创建成本大幅度减少，克服了单个农户创建品牌的局限，同时增加了组织或企业实施品牌战略的动力。另外，通过专业合作社法人地位或企业以现代企业制度的形式向农村信用社、其他金融机构申请贷款，有效解决单个农户创建品牌资金不足的问题。农产品的标准化、品牌化生产，一方面可保证农产品质量安全水平，另一方面也有利于区域农产品质量声誉的形成与维护。

（二）土地制度约束下，促进区域农产品生产规模化的探索

家庭联产承包责任制约束下，以分散农户作为农产品生产经营单元很难满足消费者对安全农产品日益增加的需求。“小农户，高质量”的矛盾日益突出。在既有土地制度约束下，我国东部沿海经济发达地区为提高农业规模化经营进行了初步探索，先后出现了“企业+农户”“合作组织+农户”“企业+合作组织/大户+农户”等组织模式。这些组织模式的出现，一定程度上扩大了农业生产经营规模，提高了农产品质量安全水平，但在实践过程中

① 周立群：《农村经济组织形态的演变与创新——山东省莱阳市农业产业化调查报告》，《经济研究》2001年第1期。

也存在许多问题。

与“企业+农户”“合作组织+农户”相比，“企业+合作组织/大户+农户”在稳定契约方面具有一定的组织优势，代表着农业产业组织演化和规模化进程的方向，但仍存在一些信息和履约方面的制度缺陷。对这些缺陷的弥补和改善是组织演变和新一轮创新的动因。正在兴起的土地流转制度是促进我国农业规模化、集约化经营的一次深刻变革，而农业经营组织的创新则是这一变革的先导和支撑。

（三）基于土地流转制度，完善区域农产品生产规模化经营思路

目前正在实施的农村土地流转制度加快了区域传统农业向规模化、集约化、品牌化农业的进程。如何有效地推进区域农产品生产规模化，离不开完善的农业产业组织。组织的存在正是因为在一定的条件下可提供更低的交易费用。完善的农业产业组织有助于增加产品的产出、稳定产品的质量以及保证交易的秩序和双方（或多方）利益协调。面对目前促进区域农业规模化经营过程中农业产业组织存在的不足，要完善和创新农业经营组织可从以下两个方面进行。

第一，大力发展股份合作制经济组织。股份合作制经济组织是指自愿组织起来依法从事各种生产经营服务活动，并以资金、实物、土地使用权等作为股份，以按劳分配和按股分配相结合为原则，并留有公共积累的企业法人或经济实体。此种制度最突出的优点是产权清晰，有直接经济利益，并可以价值形态形式长期承包农户土地经营权，这样，农民不但成为公司经营参与者，也是利益直接所有者，可很大程度上提高农户生产积极性。一方面，与“合作组织+农户”相比，股份合作制经济组织不仅可接纳组织内成员的土地、劳力、技术、资金等股金投入，还可吸收外部投资，扩大生产和资本规模，从而实现劳资结合；另一方面，与“企业+合作组织+农户”相比，股份合作制经济组织不但很好地解决了两者契约下的不稳定性，更可避免双边的机会主义行为，股份合作制以资产为纽带将企业与农户双方紧密联系起来形成整体，使双方利益趋于一致，从而杜绝了机会主义行为的发生。此外，股份合作制实行以各自所占股份比例分红的方法，也对提高公司和农户自觉增加资产专用性投资有着巨大的激励作用。例如，对农户而言，他们可在农业生产前将土地折价入股或者直接以资金入股，以此来增大资本投入，提高

占股比例；对企业而言，同样可加大投入良种、化肥、种畜、农机、技术或者不可回收的资金等。由于双方大量专用性资产的投入，使契约双方违约都要付出很大的退出成本，这可让契约更为稳固。由此可知，在土地流转制度下，大力鼓励发展股份合作制经济组织有利于区域农产品的规模化生产。

第二，政府互补性制度安排。目前农业产业组织在实际运行过程出现的契约不稳定性以及契约双方的机会主义行为，政府可通过一些制度安排进行约束。例如，政府通过制定实施农产品质量安全标准，完善检测手段，建立及时准确的农业信息体系，消除随着农产品交易量扩大和交易品种丰富带来的质量安全风险；政府也可设立专门的农产品规模化基金，消除因自然灾害而对契约双方带来的不确定性。此外，政府也可通过一些优惠政策，扶持区域内有基础、有优势、信誉好的龙头企业，建立生产基地，引进先进生产技术，提高农产品质量安全水平。

二、完善政府管制制度

鉴于农产品质量安全信息属性的隐蔽性以及区域声誉的共用品特性，让声誉信号传递、识别功能作用的发挥受到限制，导致农户建立和维护区域声誉的激励不强。政府可通过制定相关法律法规，引导规范农户的生产行为，并提高对农户机会主义行为的检查、惩罚力度，减少农户的违规收益，促使农户的安全生产。然而必须意识到，尽管通过政府管制制度可以促进农户生产高品质农产品的行为，但根据激励相容理论，只有合理的制度安排，才能激励政府人员努力管制行为。不合理的制度设计，不仅不能激励政府人员努力管制，反而会诱使农户追求短期利益，导致落入“管制陷阱”。基于目前我国政府管制中出现的管制缺位、唯 GDP 论和运动式管制等缺陷，本书提出如下完善政府农产品管制制度的新思路。

（一）推进农产品质量安全管制体制的调整

针对我国农产品质量安全管制缺位问题，需要切实推进食品安全管制体制调整，可从以下两方面进行。

第一，农产品质量安全管制体制要以“垂直管理”模式替代以往的“分级管理”模式实现纵向整合，提高农产品质量安全管制的权威性。“垂直管制”模式既有利于协调以往管制部门关于管制范围的分歧，也有利于克服地方保护主义的阻碍；既有利于提高执法效率，更好地维护农产品市场良好秩序，也有利于摆脱相关部门的行政干预，专注于市场管制。

第二，农产品质量安全各管制部门的管制职能要实现横向归并，从以往“各管一面”转向“适度集中”，提高农产品质量安全管制有效性。通过横向归并各管制部门的管制职能，可有效解决农业、经贸、供销、外贸、工商、质监、卫生、环保等管制部门间信息不共享、标准不统一等问题，可避免管制检测能力重复建设的弊端。农产品质量安全检测信息及标准统一、共享，可全面推动农产品质量安全管制进程，提升管制效率。

（二）优化农产品质量安全管制考核机制

针对农产品质量安全管制中的GDP导向、结果考核等问题，应优化农产品质量安全管制机制。

第一，将消费者对农产品质量安全的满意度作为政府绩效考核指标之一。随着改革的深入，国民收入的提高，消费者对食品质量安全的追求也从之前“吃得饱”转变为“吃得好、吃得安全”。对食品质量安全关注度的提高，要求政府绩效考核体系不能仅以GDP高低评价，还应将社会公众对食品质量安全满意度纳入地方政府政绩考核体系，以食品质量安全满意度作为政府民生指标，鼓励地方政府重视食品质量安全的管制。

第二，将农产品质量安全管制部门的实际履职状况作为管制部门的绩效考核依据。以“结果为导向”的考核机制，即以地方政府所管辖范围内的食品质量安全事件曝光次数作为评判管制部门政绩的标准，容易导致地方政府惰性管制，不利于地区农产品质量安全水平提升。以农产品质量安全管制部门的实际履职状况为评判依据，则可处罚管制部门中的“懒政”，促使食品质量安全管制部门积极履行管制职责，提升管制效率。

（三）建立高效常态化管制机制

针对农产品质量安全管制中的运动式执法的问题，要建立常态化管制机制，并且要转换管制方式，实施分类管制和柔性管制相结合的管制方式。[①]

---

① 杨慧：《市场监管模式从运动化向常态化转型的路径思考》，《工商行政管理》2005年第24期。

分类管制是指政府部门在市场管制的过程中，以市场主体的诚信记录和相关行业的规范程度为依据，衡量市场主体对经济秩序的影响程度，并采取不同措施对市场主体实施管制的制度。实施分类管制有助于提供政府管制的公平、公开、透明程度，不仅限制自由裁量，且统一执法口径，减少行政执法的随意性，提高管制效率。据上海工商部门抽样估算，实施企业分类管制后，工商部门在日常巡查中对企业违法违规行为发现率由5.6%上升到48%。柔性管制是指政府部门在市场管制过程中，对各类市场主体因法律知识缺乏或过失产生的轻微违法违规行为，以善意劝导的方式向当事人指出，并敦促使其整改和规范的制度。根据上海工商部门对管制对象的认识由“违法推定”转向“守法推定”，推行“教育、规范、引导”带有行政指导性质的柔性管制方式的效果来看，柔性管制的实施，有助于增强市场主体诚信经营的自觉性和自律规范的积极性，有助于提高市场管制中公众的参与度。

三、进一步提高消费者的食品安全意识

在需求导向型的经济社会中，消费者对农产品质量安全意识有一个较为普及的认知高度，那么问题农产品的生存空间将被大大压缩。鉴于此，可从两个方面提高我国消费者的食品安全意识。

（一）普及食品安全知识，提高消费者的食品安全素质

完善的食品安全素质教育体系是提高社会公众食品安全素质的最有效方式之一，应从多层次、多渠道对消费者进行食品质量安全素质的教育。第一，充分发挥政府的宣传核心作用，协调各部门、各组织实施教育活动，将食品质量安全素质教育作为公共义务教育去普及。一方面，适时通过权威部门、媒体以及门户类网站发布包括食品质量、营养和卫生等食品安全知识，并及时发布食品安全风险预警；另一方面，可通过组织相应的食品安全活动，如“食品安全日”“食品安全宣传周”“食品安全教育月”，集中力量、资源向社会公众普及食品安全法律法规，传播如何鉴别食品质量安全信息等知识。如2012年政府举办的以“共建诚信家园、同铸食品安全”为主题的全国食品安全宣传周，对食品从业者进行有关食品安全法律以及道德方面的教育。第二，应该充分发挥媒体、社区以及学校的宣传作用。媒体应该科学、真实

地传播食品安全事件、食品质量安全信息，不能误导公众。另外，社区可通过制作宣传海报，向居民传递打假、维权等方面的食品质量安全信息。学校也可设立相应的食品安全课程、举办食品安全讲座或组织开展有关食品安全的实践活动，培养学生综合素质和食品安全意识。第三，应该发挥企业以及协会的宣传作用。企业或者行业协会作为食用农产品的经营主体，拥有更多关于食品质量安全方面的信息，应通过相关法律法规的约束和行业协会的监督，确保生产企业真实、全面地向消费者传递产品信息。

（二）完善法律法规，简化投诉程序

消费者食品安全维权意识的提高，不仅需要完善的法律法规，而且需要简化投诉的程序。这是因为法律法规的健全，有助于切实保护消费者合法权益，激励提高消费者的自我维权意识。第一，需要进一步完善《消费者权益保护法》的法规条例，将惩罚性赔偿和精神损害赔偿等条款补充进去，用以全面维护消费者合法权益。第二，要进一步简化投诉程序，提高消费者自我维权的积极性。投诉程序的简化，一方面要求提高投诉效率，整合目前执法部门的办公方式，采用一站式办公模式，使消费者投诉、案件受理和问题解决能一次性完成；另一方面要求提高投诉方便性，这要求在市、县、镇及乡等地区大型购物中心、农贸市场设立消费者委员会和维权投诉站，及时有效地解决消费者投诉问题。

四、促进耕地质量管护发展的策略

安全、优质农产品的生产除与农户生产行为、政府管制相关外，耕地质量也直接决定农产品质量安全水平。发达国家早已意识到土地质量对农产品质量安全的重要性，提倡发展环保型农业。例如，日本 1992 年就提出将发展环境保全型农业作为农业政策的目标。而我国因受限于人多地少的资源禀赋，长期以来重视土地数量，而轻视土地质量和生态的重要性。但随着经济发展和人们生活水平的提高，要求从源头改善土地质量为生产安全、高品质农产品提供支撑。鉴于此，从以下三方面提出改善土地质量的思路。

（一）改善土地利用方式，优化农业种植结构

各地区政府应该在摸清区域内农业地质状况以及土地污染程度的基础上，

改善土地利用方式，调整农产品种植结构，从源头上保证农产品质量安全。例如，辽宁省沈阳市为确保蔬菜供应以及品质的安全，依据农业地质调查资料，及时将蔬菜供应基地由以往的“城郊型”转移到新民市绿色土地区，同时，在受污染的土地区域，采用种植工业用玉米、苗圃和花卉等生物方式修复污染土地的质量。又如，浙江省杭州市根据重金属污染土地的分布情况，采取“北菜南移，苗木东扩”，即在南部清洁区种植蔬菜5000亩，在东部重金属污染区种植花卉苗木20000亩，在保证农产品质量安全的同时也取得了可观的经济效益。

（二）促进科学合理施肥，改善土壤质量

各地区政府应对区域内土地质量做检测，探明土壤中氮、磷、硒、硼等营养元素含量，对区域内土地肥力进行分级，以此为依据指导农户种植，并进行科学合理施肥，在保证土壤肥力的同时，确保农产品质量安全。据报道[①]，四川省成都市在对经济区内土壤质量检测后，发现部分地区土壤中缺乏硒、硼、钼等微量元素。以此为依据，在彭州市、青白江区和射洪县三个地区，有针对性地对土壤进行硼肥、硒肥施肥试验。结果表明，补施硼或硒肥的地块解决了农作物“只开花不挂果”等难题，且在保证土壤肥力均衡的同时，使主要农作物的产量提高了近10%，给当地农民带来了可观的收入。

（三）建设土地质量监测网络，夯实耕地保护基础

郭文华（2012）从动态视角指出，建设全面的土地质量监测网络，实时准确地掌握土地质量状况是保护农用耕地的前提。首先，地方政府应对区域内土地质量展开全面检测，据土壤中微量元素含量以及重金属污染情况将土地进行质量评估和肥力分级。其次，依据检测报告，逐步推动土地质量监测网络的建设，并制定相关制度和设立土地质量以及生态环境评价标准，为耕地数量与质量的科学规划提供依据。最后，充分调动农户与基层组织的自我维护和监督作用，夯实耕地保护基础，促使土地质量的提升和管理。

① 李敏、奚小环、贺颢：《管护土地：数量、质量与生态并重》，《中国国土资源报》2010年第6期。

第六节　本章小结

中国农产品质量安全事件时有发生，这不仅让消费者健康受到伤害，还让区域声誉不同程度受损，政府公信力也免不了遭到质疑。本章研究结论说明，这种几乎没有赢家的农产品质量安全事件的发生，主要原因在于，中国农产品生产经营的组织化程度低以及政府管制的缺位、低效率弱化了区域声誉对农产品生产经营者的激励作用。

区域声誉是由区域内农产品长期共同的质量安全所带来的，并获得消费者认同的一种标识。实践证明，通过区域声誉溢价效应，可提高农产品生产经营者获利空间，激励农户向市场提供优质安全的农产品。另外，通过区域声誉的信号显示效应，将农产品的“信息束”传递给消费者，这在很大程度上可降低消费者购买具有信任品属性农产品的信息搜寻成本，并提高政府管制效率。而区域声誉形成与维护取决于农产品生产经营组织化程度，即生产经营者规模越大，区域声誉的私用品属性越强，这种情况下，区域声誉的形成及维护相对容易；而生产经营者规模越小，区域声誉表现出较强的共用品属性，这种情况下，仅凭市场中大量分散的小规模农户是很难形成和维护区域声誉的。中国农产品的生产经营组织正是因为表现出分散、规模小的特点，导致农产品生产经营者一方面没有能力建设品牌，另一方面也缺乏维护区域声誉的内在动力。面对区域声誉的形成和维护受限于农产品生产经营组织程度低的现状，浙江丽水市政府成功运营“丽水山耕”这一区域品牌。尽管丽水的经济结构和自然条件对于发展优质农产品有其特殊性，但从丽水市政府在建立和维护区域声誉方面所设计的制度来看，有值得借鉴的经验。因为不论是中国这个大的区域概念，还是其他省市、地县级的区域概念，农产品生产经营总体都表现出规模小、品牌建立和维护成本高、政府管制缺位和低效率的问题。

根据研究结论和案例分析，关于如何通过形成和维护区域声誉来激励农户提高农产品质量安全水平，本书提出如下政策含义。

1. 促进区域农产品生产经营规模化，提高农业生产经营的组织化程度，弱化区域声誉的共用品属性。分散、小规模的农产品生产经营组织结构，让区域声誉表现出较强的共用品属性，阻碍了区域声誉的形成和维护，继而使区域声誉对农产品质量安全提升的激励作用失效。因此，在土地流转制度下，当地政府或龙头企业应该创新农业生产组织，促进农业生产的规模化、区域化，让区域声誉的共用品属性向私用品属性转化，激励区域内的生产经营者提高农产品质量安全水平。

2. 在声誉表现出较强的共用品属性时，各级政府应在区域声誉形成和维护方面发挥应有作用。中国农业组织化程度低，区域声誉表现出较强的共用品属性。这种情况下，政府应利用其整合资源的优势条件，通过合理设计相关制度，把分散的农户利益“捆绑”在一起，借助区域声誉激励农户生产经营优质安全的农产品。另外，在区域声誉形成和维护过程中，需要有效的政府管制作为重要的制度保障。为此，上级政府应该将地方农产品质量安全综合评价纳入政绩考核体系，并以实际履职状况为考核依据。在政绩考核导向下，还应通过清晰界定农产品质量安全管制职能以及有效配置政府管制资源，提高管制效率，让政府管制在建设和维护区域声誉中起到应有的作用。

附录

关于区域农产品声誉建立的影响因素的调查问卷

尊敬的朋友：

您好，这是一份关于区域农产品声誉建立影响因素的调查问卷，对您填答的所有资料，仅供学术研究使用，绝不外流。请您按您的实际情况或想法填选，非常感谢您的合作与参与！

1. 您的性别是（　　）。

A. 男　　B. 女

2. 您的年龄是（　　）。

A. 19 岁及以下　　B. 20～29 岁　　C. 30～39 岁

D. 40～49 岁　　E. 50～59 岁　　F. 60 岁及以上

3. 您目前的婚姻状况是（　　）。

A. 未婚　　B. 已婚

4. 您的受教育程度为（　　）。

A. 小学及以下　　B. 初中

C. 高中或专科　　D. 大学及以上

5. 您家庭的月收入为（　　）。

A. 3000 元以下　　B. 3000～5000 元

C. 5000～8000 元　　D. 8000～10000 元

E. 10000 元及以上

6. 您在购买食品过程中是否关注食品的产地（如东北大米、山西陈醋、山东蔬菜等）？（　　）

A. 关注　　B. 不关注

7. 您是否认同这些地区性品牌食品（如东北大米、山西陈醋等）质量安全水平更高？（　　）

A. 认同　　B. 不认同

8. 您平时是否关注农产品（蔬菜、瓜果等）质量安全等方面的相关信息？（　　）

A. 关注　　B. 不关注

9. 您对QS、绿色食品、有机食品、无公害食品、HACCP、ISO9000、ISO14000等认证标志了解吗？（　　）

A. 不清楚　　B. 听说过，但不太清楚

C. 熟悉某几种标志　　D. 非常熟悉

10. 当您遭遇农产品质量安全问题时，会采取什么样的措施？（　　）

A. 自认倒霉　　B. 找商家说理并退换

C. 向有关部门投诉　　D. 向媒体曝光

11. 您是否知道《食品安全法》规定，当您买到不符合安全标准的食品时，除要求赔偿损失外，还可以向生产者或销售者要求支付价款十倍的赔偿金？（　　）

A. 知道　　B. 不知道

12. 您在购买农产品（蔬菜、瓜果等）时，下列因素对您的影响程度为：(1为无关紧要，5为非常重要）［矩阵单选题］

	非常重要5	重要4	一般3	不重要2	非常不重要1
新鲜程度					
农产品品牌					
价格					
广告					
农产品有无生产基地					
周围人信息（朋友家人推荐）					
原产地信息					

13. 您认为政府对农产品的检测对保障农产品质量安全有没有作用？（　　）

A. 有作用　　B. 没有作用

14. 据您所知，政府提供过农产品质量安全等方面的信息吗？（　　）

A. 有　　　　　　　　B. 没有

15. 您对目前政府所提供的信息满意吗？(　　)

A. 满意　　　　　　　　B. 不满意

16. 当您面对来自两个地方的农产品（外观相同，价格相差无几，但地方环境优劣有差异）时，会购买哪个地方的农产品？(　　)

A. 无所谓　　　　　　　　B. 环境好的地方农产品

第六章

产业集中度对食品质量安全的影响机制

——以乳制品为例

改革开放以来，中国食品产业发展迅速，但由于中国食品质量安全缺乏声誉优势，部分企业不得不以牺牲质量为代价的低价策略参与竞争，致使中国食品因质量安全问题遭到召回和媒体报道。乳制品产业是中国食品产业发展最快的产业之一。根据《中国奶业年鉴》统计，从2000年到2014年，乳制品产量从207.49万吨增长到3297.73万吨，增长近15倍。截至2014年，全国共有规模以上乳制品企业631家，是2000年377家的1.67倍；乳制品销售额3297.73亿元，是2000年193.46亿元的17.13倍。[①] 在乳制品产业不断发展壮大的同时，乳制品质量安全事件时有发生。从2005年“皮革奶”事件到2008年“三聚氰胺”事件，把乳制品质量安全推到舆论的风口浪尖。在此背景下，政府不断颁布针对食品质量安全的法律法规，媒体跟踪报道和披露重大乳制品质量安全事件。但事实证明，仅依靠政府管制或媒体监督很难从根本上遏制乳制品质量安全事件的发生。本书以乳制品产业为考察对象，研究产业演化过程中，产业集中度对声誉共私属性、企业绩效的影响，以及政府管制资源配置随产业集中度变化进行动态调整的问题。

第一节　乳制品产业发展历程、现状及存在的问题

在人们为改善生活不断提高乳制品消费的背景下，中国乳制品产业发展

① 刘成果：《中国奶业年鉴》（2001～2014年），中国农业出版社2002～2015年历年版；荷斯坦杂志社、东方戴瑞咨询：《中国奶业统计资料（2015）》，荷斯坦杂志社2015年版。

迅速。但乳制品产业发展过程中屡受质量安全事件的冲击。

一、我国乳制品产业的发展历程

中华人民共和国成立以来，我国乳制品产业的发展大体可以分为四个时期。第一个时期，从中华人民共和国成立的1949年到改革开放之前的1978年，这个时期为缓慢发展时期。第二个时期，从1979年到1992年，这个时期为高速扩张时期。第三个时期，从1993年到1999年，这个时期为乳业调整期。第四个时期，2000年至今，这个时期为高速发展时期。

（一）缓慢发展时期（1949～1978年）

1949年中华人民共和国成立，我国当时实行的是计划经济体制。当时拥有5亿人口的中国仅存在12万头奶牛，年产原奶21万吨，干乳制品产量仅为0.1万吨，且只有在沿海地区和滨州沿线存在规模极小的乳制品加工厂。经过近30年的发展，到1978年奶牛年末存栏数达到48万头，原料奶总产量达到97万吨，干乳制品总产量达到4.7万吨，年平均增长速度分别达到4.90%、5.30%、14.19%。在当时环境下，人们生活质量水平很低，普遍没有消费乳制品的习惯。但是，乳制品供不应求的情况在当时也时有发生，就算在大城市也只能保障老人和小孩的基本供应，而农村的乳制品供应更是毫无保障。

（二）高速扩张期（1979～1992年）

1979年，我国经济体制改革开始。此期间政府制定了一系列促进乳制品产业发展的改革规划。政府开始允许私人饲养奶畜，制定了“国有、集体、个体一齐上”的发展方针以及奶牛饲养方面一系列的研究和推广工作。我国政府在实施了“菜篮子”工程以后，乳制品加工企业飞速增长。1982年，我国有500家乳制品加工企业。到了1990年，乳制品加工企业就有756家，总产值达到29.81亿元。与此同时，国际社会对中国乳制品产业的发展也格外关切。联合国世界粮食计划署（WFP）在1984年到1990年期间，援助了价值2.5亿元人民币的物资，以帮助我国六大城市及其周边的奶类发展项目。联合国的这一举措，极大促进了项目地区及其周边乳业的发展，原奶产量大幅度提高，牛群质量显著上升，不仅促进了奶业结构的调整，且帮助农民增收，极大改善了奶农的饲养热情和生存环境。此外，欧洲共同体（EEC）在1988年至1992年期间，对我国20个城市奶类发展项目援助了价值4亿元人民币的物资。这项援助的实施，进一步促进了项目地区乳业的发展。项目结束后，20个城市奶牛存档数达38.9万头。从1992年开始，我国原奶供应基本上从卖方市场转向了买方市场，实现了历史性的跨越。14年间，奶牛年末存档头数和原料奶总产量平均增长速度分别达到14.4%和13.4%，乳制品产量也以每年16.9%的速度递增，如图6－1所示。

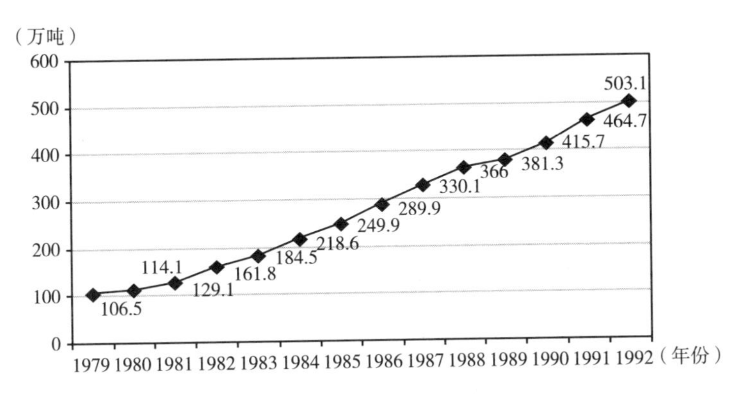

图6－1 1979～1992年中国原奶产量

资料来源：刘成果：《中国奶业年鉴（2005）》，中国农业出版社2006年版。

（三）乳业调整期（1993～1999年）

1993年，我国原奶总产量只有498.1万吨，比1992年的503.1万吨减产了5万吨，我国历史上第一次出现了原奶总产量负增长。到1997年，我国原奶总产量再次出现负增长，从1996年的629.4万吨减少到601.1万吨。这期间，乳业一系列的问题都集中爆发出来。第一，奶粉滞销积压。连续多年的高速增长固然可喜，但人们购买力没有跟上，奶粉滞销积压问题逐步显现。第二，各地政府出于保护主义重复建设大量小规模乳制品加工企业，小规模企业的市场运作能力不够，抵抗风险的能力不强，使产量上下波动较大。尽管出现不少困难，此期间，我国原奶生产依然从1993年的498.1万吨增长到1999年的717.6万吨，年增长幅度达6.3%，如图6－2所示。

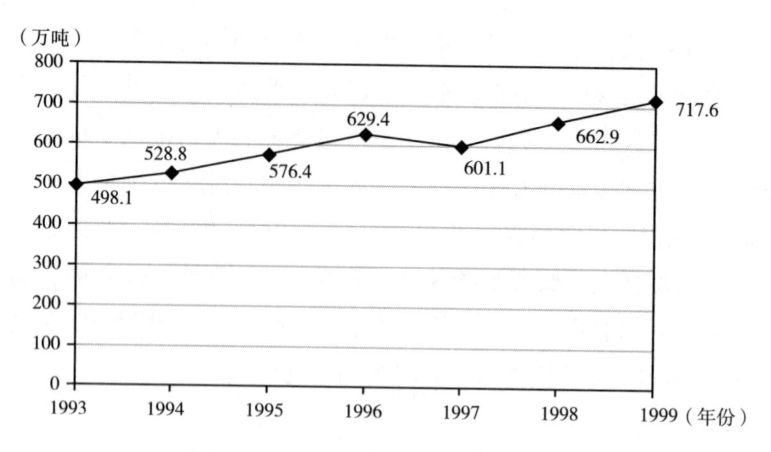

图 6-2　1993～1999 年中国原奶产量

资料来源：刘成果：《中国奶业年鉴（2005）》，中国农业出版社 2006 年版。

（四）高速发展时期（2000 年后）

进入 21 世纪之后，我国经济出现快速增长，收入水平持续提高，人民生活水平也得到极大改善。与此同时，我国乳制品产业发展也取得较好业绩。乳制品产业中涌现出了一大批起到主导作用的大企业，包括伊利、蒙牛、光明、贝因美等。尽管受到 2008 年“三鹿事件”的影响，但仍然无法否认这 10 多年来中国乳制品产业的快速成长。2000 年，我国原奶产量为 827.4 万吨，到 2014 年，我国原奶产量达到了 3845.0 万吨，年均增长率高达 10.96%，如图 6-3 所示。

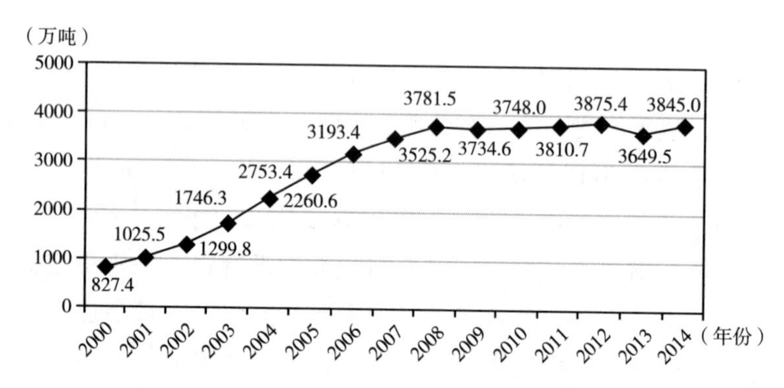

图 6-3　2000～2014 年中国原奶产量

资料来源：刘成果：《中国奶业年鉴》（2001～2014 年），中国农业出版社 2002～2015 年历年版；荷斯坦杂志社、东方戴瑞咨询：《中国奶业统计资料（2015）》，荷斯坦杂志社 2015 年版。

二、乳制品产业发展现状及存在的问题

（一）乳制品产量增长迅速，但亟待提升质量安全水平

从1978年改革开放以来，中国原奶产量持续走高，虽然经历过短暂调整时期，但总的趋势是快速增长。到2014年，中国原奶产量达到3845.0万吨，比1979年106.5万吨增长35倍多，年均增长率高达10.79%。除此之外，全国奶牛存栏数从2008年1233.5万头增长到2014年1498.6万头，增长21.49%；牧业总产值（统计到2013年）从2008年20583.6亿元增长到2013年28435.5亿元，增长38.15%。[①] 然而，乳制品产量快速增长过程中，不断出现乳制品质量安全事件。质量安全问题在一定程度上成为乳制品产业发展的制约因素之一。我们注意到，随着人们收入水平的提高，消费者对乳制品的需求已逐步从过去对“量”的需求转变为对“质”的需求。如何从“量”的扩张转化为“质”的提升，是乳制品产业突破发展“瓶颈”的关键。

（二）乳企利润空间减小，乳制品质量安全存隐患

中国有大量乳制品加工企业，大部分规模偏小，未被纳入统计。据《中国奶业年鉴（2014）》和《中国奶业统计资料（2015）》统计结果表明，中国液体乳及乳制品加工企业总数从2008年815家（亏损223家）减少到2014年631家（亏损100家）。数量上，乳制品加工企业在减少，亏损家数也在下降，见表6－1。这其中，有受“三鹿”事件的影响，不规范的企业被淘汰出市场。另外，也有乳企横向兼并提高市场份额的原因。

表6－1 中国液体乳及乳制品制造业基本经营情况（2004～2014年）

年份	总数（家）	亏损数（家）
2004	736	197
2005	698	196
2006	717	176

① 刘成果：《中国奶业年鉴》（2001～2014年），中国农业出版社2002～2015年历年版；荷斯坦杂志社、东方戴瑞咨询：《中国奶业统计资料（2015）》，荷斯坦杂志社2015年版。

续表

年份	总数（家）	亏损数（家）
2007	736	166
2008	815	223
2009	803	160
2010	784	147
2011	644	104
2012	649	114
2013	658	91
2014	631	100

资料来源：刘成果：《中国奶业年鉴》（2001～2014 年），中国农业出版社 2002～2015 年历年版；荷斯坦杂志社、东方戴瑞咨询：《中国奶业统计资料（2015）》，荷斯坦杂志社 2015 年版。

目前在买方市场背景下，众多乳企间的竞争导致乳制品价格呈现不断下降趋势，乳企利润空间逐渐缩小。利润空间缩小的原因在于，一方面，对乳企而言，创新不足，大量企业间的激烈竞争导致价格战，缩小了利润空间；另一方面，对政府而言，由于存在对各级政府物价水平监控的业绩考核，这种情况（尤其在通胀时期）下，真正优质的乳制品很难通过提价反映其品质，导致乳企利润微薄。乳企减小的利润空间给乳制品质量安全带来隐患。

（三）乳企频发质量安全事件背景下贸易逆差扩大

历经多次乳业风波，消费者对国内乳制品的信任度下降，而对进口乳制品的信任度明显增加。表 6－2 中，2008 年，中国乳制品进口量达到 351067.29 吨，而同期出口量仅为 120633.68 吨，出口量为进口量的 34.4%；进口额为 86264.26 万美元，出口额为 30234.91 万美元，贸易逆差为 56029.35 万美元。2013 年，中国乳制品进口量达到 1592175.32 吨，同期出口量为 36051.58 吨，出口量仅为进口量的 2.26%；进口额为 518779.94 万美元，出口额为 5701.70 万美元，贸易逆差为 513078.24 万美元。从 2008 年出口量为进口量的 34.4% 到 2013 年的 2.26%，充分显示消费者对本土乳制品的不信任，以及对进口乳制品的强烈依赖。在国际市场上缺乏口碑导致中国乳制品出口乏力。

表 6-2　　　　中国乳制品进出口情况统计（2008～2014 年）

年份	进口量（吨）	出口量（吨）	进口额（万美元）	出口额（万美元）
2008	351067.29	120633.68	86264.26	30234.91
2009	596999.25	36779.68	102799.22	5688.98
2010	745293.54	33760.80	196952.44	4394.21
2011	906063.52	43324.93	262019.46	7966.23
2012	1145578.25	44896.09	321306.27	8235.84
2013	1592175.32	36051.58	518779.94	5701.70
2014	1812566.51	39810.60	—	—

注：资料来源上并未统计 2014 年乳制品进出口额。

资料来源：刘成果：《中国奶业年鉴》（2001～2014 年），中国农业出版社 2002～2015 年历年版；荷斯坦杂志社、东方戴瑞咨询：《中国奶业统计资料（2015）》，荷斯坦杂志社 2015 年版。

综上分析，提升乳制品质量安全水平，维护乳企声誉，是乳制品产业持续发展的重要前提。本书从产业集中度角度，分析乳企声誉受损或乳制品质量安全事件频发的原因。

第二节　乳制品产业集中度及其影响因素分析

产业集中度的测量基数和测量方法有很多。本书把乳制品销售额作为基数，运用市场集中度 CR_n 对中国乳制品产业的集中度进行测算。

一、各地区乳制品产量分布状况

中国幅员辽阔，人口众多，拥有巨大乳制品市场。由于乳企加工业的技术工艺比较简单，投资规模不大且见效快，因此，各省市自治区几乎都有乳制品加工企业。中国乳制品产业集中度一直低于发达国家水平，乳制品加工业地方保护是重要原因之一。2008 年，各省乳制品产量中，以内蒙古、河北和黑龙江位居前三名，产量分别达到 355.94 万吨、236.45 万吨和 168.53 万吨。到 2013 年，产量位居前三的省份变成内蒙古、河北和山东，产量分别达到 300.92 万吨、298.12 万吨和 274.73 万吨。前三名产量由 2008 年 42.03%

降低到2013年32.95%。由于自然条件原因，北方产奶量明显大于南方。全国及各地区乳制品总产量如表6－3所示。

表6－3　中国各地区乳制品产量统计（2008～2014年）　单位：万吨

地区	2008年	2009年	2010年	2011年	2012年	2013年	2014年
全国	1810.56	1935.12	2159.60	2387.49	2545.19	2698.03	2651.82
北京	46.01	52.20	52.30	58.65	56.58	58.76	60.62
天津	33.07	33.34	26.58	22.87	43.98	62.55	76.80
河北	236.45	196.63	255.44	269.00	272.48	298.12	328.95
山西	47.78	48.14	50.03	52.46	65.18	53.43	48.08
内蒙古	355.94	379.55	345.36	383.21	325.67	300.92	269.83
辽宁	96.06	95.93	101.55	102.88	106.04	96.69	87.47
吉林	7.94	5.95	6.96	6.88	16.67	16.58	15.71
黑龙江	168.53	176.81	183.90	178.28	185.74	213.74	195.38
上海	38.14	40.18	42.30	45.75	58.17	48.92	53.72
江苏	80.90	95.20	100.19	100.25	128.32	141.63	141.95
浙江	30.52	34.26	30.76	35.68	42.12	50.03	49.75
安徽	39.98	44.52	66.48	79.02	75.23	94.05	108.17
福建	11.33	15.87	16.74	19.41	22.45	26.44	20.36
江西	15.98	18.71	28.17	28.91	28.51	32.09	33.16
山东	152.38	202.94	249.64	311.67	320.72	274.73	212.75
河南	82.50	108.48	132.69	158.70	175.36	193.06	220.80
湖北	41.55	51.90	57.72	49.07	60.52	77.83	87.09
湖南	25.92	18.24	18.26	26.98	37.73	38.45	36.42
广东	34.94	41.14	58.12	61.22	56.80	88.84	57.00
广西	32.24	8.58	11.17	14.33	15.73	27.11	37.58
海南	0.27	0.42	0.46	0.40	0.42	0.45	0.48
重庆	9.29	11.32	12.58	12.85	11.24	13.74	14.78
四川	35.08	47.06	58.00	78.01	77.22	94.92	102.71
贵州	3.56	4.07	4.40	5.51	5.88	6.74	7.87
云南	24.85	28.78	31.00	34.62	47.03	50.46	52.70

续表

地区	2008年	2009年	2010年	2011年	2012年	2013年	2014年
西藏	0.55	0.63	0.70	0.57	0.47	0.48	0.63
陕西	110.88	117.15	147.97	160.20	172.10	183.98	161.34
甘肃	7.73	10.58	14.34	16.73	23.99	29.02	33.55
青海	6.43	6.08	11.90	12.18	15.75	16.64	19.00
宁夏	13.11	13.57	13.41	25.20	56.56	65.74	75.21
新疆	20.65	26.89	30.30	35.99	40.52	41.87	41.96

资料来源：刘成果：《中国奶业年鉴》（2001~2014年），中国农业出版社2002~2015年历年版；荷斯坦杂志社、东方戴瑞咨询：《中国奶业统计资料（2015）》，荷斯坦杂志社2015年版。

二、乳制品产业集中度分析

2014年，伊利、蒙牛、光明三家企业的乳制品销售额分别为544.36亿元、500.49亿元、203.85亿元，比2013年分别增长13.93%、15.44%、25.13%。三家公司净利润分别为41.44亿元、23.51亿元、5.68亿元，比2013年分别增长30.03%、44.14%、39.87%，如表6-4所示。

表6-4　中国部分上市乳制品企业销售收入情况统计（2014年）

公司名称	上市地点	销售收入（亿元）	增长（%）	净利润（亿元）	增长（%）
伊利股份	上海	544.36	13.93	41.44	30.03
蒙牛乳业	香港	500.49	15.44	23.51	44.14
光明乳业	上海	203.85	25.13	5.68	39.87
三元股份	上海	45.02	18.87	0.53	23.02
雅士利国际	香港	28.16	-27.60	2.49	-43.10

资料来源：根据各上市公司年报整理而得。

从1995年开始，中国乳制品加工业集中度显著提升。1995~2007年，中国乳制品加工业的集中度从25.52%上升到50.30%，除了在1996年有一次较大的滑坡外，总体表现为缓慢上升趋势。2007年乳制品加工业集中度首次突破50%，为历史峰值。2008年，受乳制品安全事件影响，乳制品加工业的集中度出现大幅下降。从2009年起，开始新一轮缓慢提高集中度的历程。2011年6月，皇氏收购来思尔乳业55%股权，加强销售网络建设；2012年4

月，三元股份收购株洲太子奶及供销公司各100%的股权及其对应资产，目的是发展乳酸菌市场，扩大奶粉自产自销；2013年6月，蒙牛收购雅士利国际75.3%股权，补充奶粉业务短板；2013年9月，伊利股份投资辉山乳业，收购其基石股份，稳定东北地区原料奶供应。① 显然，各大乳企都在通过收购兼并取长补短。虽然乳制品产业集中度近年基本保持在40%上下，但根据目前发展趋势，乳制品产业集中度的提高会有所突破，如图6－4所示。

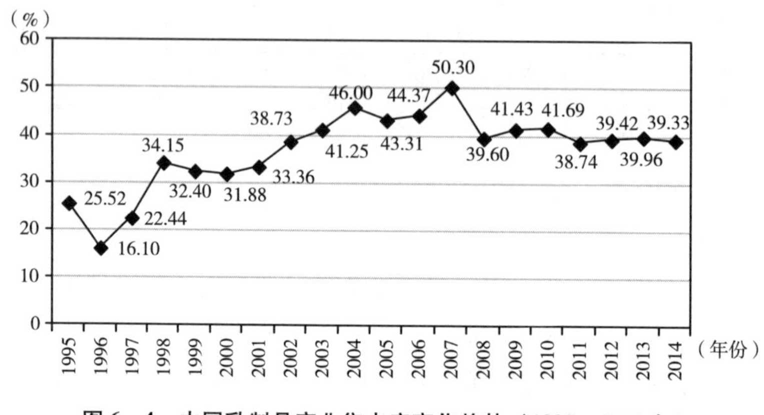

图6－4　中国乳制品产业集中度变化趋势（1995～2014年）

按照贝恩对产业集中度与市场结构的划分，1998年前中国乳制品加工业的集中度均小于30%，为竞争型市场。1998～2001年，中国乳制品加工业的集中度均在30%～35%，属于寡占Ⅴ型，是最低的寡占型市场结构。从2002年开始就进入了寡占Ⅳ型，此时集中度处于35%～50%。而仅2007年的产业集中度为50.30%，达到寡占Ⅲ型。

分析发现，乳制品工业发达的国家加工业产业集中度的演变趋势都是从低集中度向高集中度转变，最终达到寡头垄断甚至极高寡头垄断型。例如，在澳大利亚，乳制品加工业主要以合作社公司为主导，其加工量约占牛奶总产量的75%。其中，双江MG公司、邦力公司和奶农公司是澳大利亚最大的三家合作社公司，其加工量约占牛奶总产量60%。加拿大乳制品加工业也比较集中，帕尔玛拉、萨普图和阿格罗普是加拿大最大的三家企业，这三家企业加工的牛奶占比达70%。新西兰乳制品加工业的产业集中度非常高。恒天

① 佚名：《我国乳制品企业并购状况分析》，中商情报网，http：//www.askci.com/news/201402/14/141659036051.shtml，2014－02－14。

然合作集团是新西兰乳制品加工业的领导者，其所加工的牛奶约占全国96%，其余4%则归Westland和Tatua两家乳企。与发达国家相比，中国乳制品加工业较为分散。较低的产业集中度容易造成乳企一方面在终端市场降低乳品价格，另一方面是对原料乳的争夺，提高了生产成本，压低了乳企获利空间，制约了乳品质量安全水平的提升。

三、乳制品产业集中度的影响因素分析

（一）影响乳制品产业集中度的基本因素

产业集中度的影响因素主要包括规模经济性和市场容量。中国乳制品加工业产业集中度不高，同时在波动中缓慢提高，主要也是取决于这两个因素。（1）规模经济性。乳制品产业存在一定的规模经济性。根据中国乳制品工业协会的统计资料显示，凭借在资本、技术、管理、品牌、质量和广告宣传等方面的优势，大规模乳企的成本收益率远高于小乳企。而相关资料也表明，乳业中大企业的平均盈利能力同样远高于中小企业，为其10倍左右。显然，中国乳制品产业规模经济显著。（2）市场容量。伴随着中国经济发展，中国乳制品市场容量不断扩大。如果企业规模不变，市场容量扩大会导致产业集中度降低。但市场容量在扩大的同时，企业规模也不断扩大，从统计的产业集中度结果来看，市场容量扩大的速度略慢于大企业集中的速度。

（二）影响乳制品产业集中度的其他因素

影响乳制品产业集中度的其他因素包括：（1）政府政策。中国反垄断法于2008年8月1日正式实施。2009年，中国首次使用反垄断法，商务部否决了可口可乐并购汇源果汁集团的协议。尽管中国乳制品产业集中度目前仍较低，但中国乳制品产业集中度的提高同样会受到反垄断法威慑力的影响。此外，由于地方政府保护政策，使当地中小乳企普遍受益，从而降低了中国乳制品产业集中度。（2）产品差异化。在乳制品市场上，乳企利润率微薄，产品差异化不显著。而在位大乳企（如伊利等）虽具有一定知名度，但由于乳制品质量安全事件频发，乳企名誉受损，只能依靠新一轮广告战和价格战重新夺回市场。因此，短期内，产品差异化对乳制品市场的产业集中度作用不明显。（3）进入壁垒。在乳制品安全事件频发背景下，各大乳企相应控制了

一定的上下游渠道，进入壁垒略有上升。另外，政府审批更加严格，由此提高了乳制品产业集中度。就中国乳制品产业来看，在位乳企优势在于掌握原材料、优越的地理位置、长期积累的学习或经验曲线等，但在专有的产品技术、高级管理人才方面仍显不足。因此，乳制品产业进入壁垒有较大提高，但仍有提升空间。（4）技术进步。目前中国乳制品市场的技术比较成熟，如果在位企业通过技术进步来改善产品，则会降低成本，提高收益，快速抢占市场份额，产业集中度会有所提高；如果新进入企业通过技术进步改良产品，则在位企业的市场份额将会下降，产品集中度将会进一步降低。

第三节　产业集中度影响乳制品质量安全的机理

影响乳制品质量安全水平的原因很多，本书重点从产业集中度角度，探讨产业集中度变化如何影响声誉的共私属性、企业绩效和政府管制效率，继而对乳制品质量安全水平产生影响。

一、产业集中度、声誉共私属性与乳制品质量安全

本书将从声誉共私属性转化角度出发，结合乳制品产业集中度演化分析对乳制品质量安全的影响。

（一）市场声誉对食品质量安全的作用机制

戈德史密斯等（Goldsmith et al.，2003）认为，在食品市场上，如果消费者意识到食品具有安全的特征时，企业可与消费者对其食品的安全性进行交易，食品企业可从食品安全的投资和创新中获得收益。或者说，当企业控制食品安全有回报时，企业就有自愿控制食品安全的激励，这种情况下，通过市场激励企业控制食品安全是比较有效的。

市场激励通常是指通过声誉激励企业自觉对食品安全行为进行约束。声誉激励是食品企业基于长远利益考虑而放弃眼前利益的行为，对提供不安全食品企业的惩罚不是来自契约规定的法律制裁，而是其未来获得长远利益机会的中断。对于声誉的考虑以及对未来收益的预期，市场机制中的声誉与法

律的强制性有同样的作用。如果企业关注将来的发展，想在消费者中获得好的声誉，那么虽然食品市场中存在信息不对称问题，企业也会为消费者提供关于食品安全的真实信息。这是一种隐性激励。在声誉机制下，可通过市场激励企业确保食品安全。以乳制品为例，乳制品产业链上的利益相关者都会关注乳品的质量安全。乳企声誉是许多消费者选购乳制品时重要考虑的因素。例如，“三聚氰胺”事件之后，许多消费者对国内乳制品采取“用脚投票”，转而选择有良好声誉国家或地区的乳制品。

（二）产业集中度、声誉共私属性与食品质量安全

声誉机制可对企业提高食品质量安全水平提供激励，但由于声誉具有共用和私用属性的区别，则激励存在差异。而共用与私用属性的区分取决于产业集中度。

1. 独家垄断下声誉的私用属性。独家垄断情形下，市场上只有一家企业，CR_1 为100%。该企业拥有全部市场份额。因此，对于该企业来说，私用声誉就与该行业的共用声誉一致。这种情况下，企业会为了维护声誉而努力提高食品质量安全。另外，随着消费者对乳品质量安全知识的积累，消费者辨别优劣食品的能力会逐渐增强。而当消费者越来越能够确认质量安全时，企业就越有激励减少生产低质量安全的食品。

2. 寡头垄断声誉的公共属性。寡头垄断的产业集中度较高，但对于拥有公共声誉的寡头垄断而言，即使行业中的企业可从增加的质量安全投入中获利，对于个别企业付出的努力，其他企业可通过“搭便车”获得更高利润。由于企业不能对它们采购或生产的食品实施绝对的质量安全控制（各个环节不同程度可能出现问题），因此，企业会期待其他企业进行质量安全控制，从而分享声誉。罗布和关口（Rob and Sekiguchi）建立了公共声誉双头垄断模型。在模型中，企业间进行价格竞争，且仅一家企业能够卖出产品（消费者选择低价购买）。当消费者选择了其中一家企业时（价格更低），另一家企业会失去市场份额。当另一家企业通过降价吸引消费者，第一家企业又失去了市场份额，如此反复。紧接着，企业继续竞争产出，消费者则继续更新他们的信任，直至出现欺骗行为（不安全食品），且被消费者发现。这时，消费者就会失去对整个产业的信任。对于公共声誉而言，因为会出现“搭便车”，在位企业没有动力像独家垄断具有私人声誉

那样提高食品质量安全水平。[①]

3. 寡头垄断声誉的私用属性。同样是寡头垄断，区别在于声誉属于单个食品企业。对于私用声誉，每个企业是自己声誉的创造者和维护者，都会尽量生产出优质食品以满足消费者。与共用声誉不同的是，如果一家企业失败，其食品被消费者发现是不安全食品，从而失去声誉，并失去该企业原本的市场份额，结果会增加竞争对手的市场份额，竞争对手可从中获利。对于私用声誉的寡头垄断来说，每个企业都不希望自己被市场淘汰，食品质量安全水平会比较高。

4. 竞争下声誉的强公共属性。竞争型市场的产业集中度较低，小企业众多，生产经营利润微薄，从而导致企业财力不足，对企业信誉资本投入较少；加之产业中低进入和退出成本，都会催生大量很少沉淀成本的失信企业，大部分企业均没有独立品牌，因而市场上声誉的公共属性较强，私用属性较弱。这种情况下，企业维护声誉的激励不强，抱着侥幸心理，希望能够“免费搭车”。因此，与前三种情况相比，产业集中度较低的竞争型食品的质量安全程度较低。

5. 中国乳制品产业集中度、市场声誉与乳制品质量安全。中国乳制品产业的发展历程较短，根据前文分析，中国乳制品产业集中度正逐步从竞争型向寡占Ⅴ型、寡占Ⅳ型变化。而与发达国家乳业相比，中国乳制品产业发展更是慢了好几十年。[②] 中国乳制品产业偏低的产业集中度，造成了乳制品市场声誉表现出较强的公共属性。当部分较小的乳制品企业出现问题时，由于个体名声太小，在媒体报道中往往会波及整个乳制品产业。对于中国乳制品产业而言，个别企业不良声誉，会导致产业公共声誉受损；而类似蒙牛、伊利等相对较大企业来说，其声誉好，仅限于其自身受益。因此，总体来看，产业集中度越高，声誉私用属性越强；产业集中度越低，声誉私用属性越弱。由于中国乳制品产业集中度不高，大企业相对较少，所以声誉惩罚机制很难发挥应有的作用。随着产业集中度进一步提升，声誉私用属性不断增强，声誉机制对乳制品质量安全的激励和约束作用会越来越大，这样，乳制品质量

① Rob, R. and T. Sekiguchi. Procuct Quality, Reputation and Turnover, Working paper, University of Pennsylvania. http: //www. econ. upenn. edu/Centers/CARESS/CARESSpdf/o1 －11. pdf. 2001.

② 冯启：《中国乳业30年风雨历程》，《财富人物》2008年第10期。

安全水平会随之得到应有的改善。

二、产业集中度、企业绩效与乳制品质量安全

中国乳制品产业集中度偏低，产品同质竞争严重，缺乏创新，导致企业被迫采取价格战，利润微薄，最终使乳制品质量安全受到影响。

中国乳制品加工企业共有600多家，且大部分加工企业规模小，技术水平低。全国乳制品加工企业亏损比例较高，且平均利润率低，见表6－5。乳制品企业利润率不高，近年来一直维持在6%左右，而企业亏损率在18%左右。乳制品企业为抢占市场，经常采取低价策略。尤其在前些年物价普遍上涨背景下，乳制品价格并没有按同等比例上涨。在乳制品产业上下游的关系处理上，由于乳制品加工市场竞争激烈，企业经常将下游的压力向上游原奶采购转移。而乳制品加工企业与奶农之间没有建立起稳定的利益链，缺乏合作机制。在供应链上游环节，奶农很有可能为了弥补成本，在原奶质量上打折扣，从而导致乳制品安全事件的发生。

表6－5　　中国乳制品产业绩效指标（2004～2014年）

年份	销售产值（亿元）	利润（亿元）	利润率（%）	企业数（家）	亏损企业数（家）	亏损率（%）
2004	625.19	33.83	5	636	197	31
2005	861.83	48.16	6	698	196	28
2006	1041.41	55.02	5	717	176	25
2007	1309.71	77.96	6	736	166	23
2008	1411.48	40.31	3	815	223	27
2009	1599.67	104.56	7	803	160	20
2010	1882.00	176.99	9	784	147	19
2011	2294.17	148.93	6	644	104	16
2012	2469.93	159.55	6	649	114	18
2013	2831.59	180.11	6	658	91	14
2014	3297.73	225.32	7	631	100	16

资料来源：刘成果：《中国奶业年鉴》（2001～2014年），中国农业出版社2002～2015年历年版；荷斯坦杂志社、东方戴瑞咨询：《中国奶业统计资料（2015）》，荷斯坦杂志社2015年版。

另外，与发达国家相比，中国乳制品定位偏低，加剧了市场竞争。发达

国家将其乳制品主要定位为高端产品，而国内大部分定位为中低端产品。这一点充分体现在产品价格上，进口奶粉或国内生产的外国品牌奶粉价格多在每包100~200元，而国内企业生产的奶粉则基本在每包50元以下，甚至很多不到20元一包。[①] 进口乳制品凭借良好的口碑和强大的营销手段长期占领国内高端市场并获得声誉溢价带来的丰厚利润。而国内乳企，乳制品主要覆盖中低端市场，面向广大农村地区和城镇低收入家庭，只能依靠价格战来获取市场份额，但生产经营低端乳制品的利润十分微薄，这样，乳制品企业则缺乏提高乳制品质量安全的动力。何玉成、郑娜和曾南燕利用2000~2008年的乳业数据研究结果表明，乳制品产业集中度的提高能够增强乳制品产业的利润率。因此，只有提高乳制品产业集中度，增强乳制品企业的竞争能力，从而增强乳制品企业的技术创新和产品创新，以吸引消费者的购买，最终增强企业的盈利能力。[②] 在乳制品企业盈利能力上升之后，为乳制品质量安全水平的提升提供了条件。

三、产业集中度、管制资源配置与乳制品质量安全

中国乳制品产业集中度不高，存在大量的中小企业，而且地域分布十分广泛。加上长期以来中国乳制品产量供给不足，导致了部分乳制品企业更关注产量，而忽视质量安全。政府管制可在一定程度上确保乳制品质量安全。

中国乳制品质量安全管制采取分段式多部门管制的方式进行，管制机构包括中央和地方政府职能部门。其中，立法工作是政府管制的前提基础。近年来，关于乳制品的质量安全标准在不断地补充完善中，如《乳制品工业产业政策》《乳制品安全国家标准》等，这一系列法律法规的出台为政府管制提供了依据。但是，政府管制的有效执行才是确保乳制品质量安全的关键。根据前文分析，中国乳制品产业集中度较低，加工企业分布比较分散。面对频发的乳制品安全事件，政府管制执行能力相对不足，管制效率低下。目前，中国政府管制职能部门的人力资源呈“倒三角形”分布，即越到需要加强管制力量的基层，人力、财力、物力配置越少。在县一级，专业管制机构的力量只有一两个人，如此单薄的管制人员，很难从源头入手，实现常态化管制，

① 单仁平：《奶粉事件折射中国企业困境》，《环球时报》2008年9月19日。

② 何玉成、郑娜、曾南燕：《乳品产业集中度与利润率关系研究》，《中国物价》2010年第5期。

管制效率可见一斑。

乳制品产业集中度分散的“正三角形”与目前政府管制资源配置的“倒三角形”间出现了错配，是乳制品安全事件频发的重要原因之一。

第四节　产业集中度对我国乳制品质量安全影响的实证分析

本节基于上文对乳制品现状和产业集中度理论的分析，采用时间序列分析，考察产业集中度对乳制品质量安全的影响。首先对乳制品质量安全的影响因素进行分析，然后用协整模型以及误差修正模型（ECM）进行检验。

一、变量选取及数据说明

（一）变量选取

1. 被解释变量。乳制品质量安全的衡量标准用国家公布的乳制品年抽检合格率 *QR*（qualification rate）来替代。乳制品年抽检合格率是由国家食品药品监督总局每年进行测定并公布的权威数据，它的高低基本代表了我国乳制品质量安全水平的高低。

2. 解释变量。产业集中度 *CR*（concentration ratio）。何玉成、郑娜和曾南燕（2010）利用2000～2008年的乳业数据研究结果表明，乳制品产业集中度的提高能够增强乳品产业的利润率。而根据前文的理论分析，乳制品企业利润的提高有助于提高乳企的创新能力，从而增加乳企的竞争能力，让其在市场上有利可图。产业集中度的提高会增强乳企的私人声誉，乳企一旦生产了不安全的乳制品，其不仅不能获得声誉溢价，且市场声誉机制会对其进行惩罚。也就是说，声誉惩罚机制对乳企生产有问题乳制品形成了约束。正如“三鹿事件”一样，三鹿集团的声誉在“三鹿事件”发生后毁于一旦，而三鹿集团也因此招致破产的命运。

3. 控制变量。

（1）乳制品的消费支出 *DCE*（dairy consumption expenditure）。施海波和栾敬东（2013）提出要降低原料奶的成本，维持乳制品价格稳定，以此来提高居民的乳制品消费水平。然而，部分学者认为我国乳制品安全事件频发的部分原因就在于我国乳制品定价长期偏低，而乳制品企业为保持达到市场平均利润率，不得不以乳制品质量安全为代价。鉴于此，本书认为我国乳制品消费支出水平的提高，能够从一定程度上反映出消费者对乳制品的重视，能够间接地让乳制品企业获利，从而降低乳制品质量安全的风险。

（2）原奶产量 *RMP*（raw milk production）。根据经济理论，原奶产量供不应求造成原奶价格上涨，原奶价格上涨则表明乳制品成本上升，而乳制品价格在政府多轮调控之下没有获得其该有的涨幅。乳制品企业成本不断提高必然造成其亏损，而乳制品企业为避免亏损，则有动机降低乳制品质量安全水平，从而导致乳制品质量安全事件。因此，本书认为原奶产量的增长会在一定程度上缓解我国乳制品质量安全问题。

（3）管制机构指标 *RA*（regulation agency）。我国经历了数次乳制品质量安全管制机构改革，而改革最终目的就是为增强乳制品质量安全管制的效果。在历次乳制品安全管制机构改革中，有两个时间点的改革至关重要。第一个是 2003 年国家食品药品监督管理局（SFDA）成立，负责对我国乳制品安全管制的综合监督和组织协调。第二个是 2009 年国务院食品安全管理委员会成立，把原有的分散型管制模式转变成集中型管制模式。这两个关键节点的出现，进一步推进了我国乳制品安全管制机构的集权程度，使由原来的多个部门共同参与到现在由具体部分负责制度。在这两次对乳制品安全具有划时代意义的改革中，2009 年国务院食品安全管理委员会的成立无疑影响重大，特别是在经历过“三鹿事件”之后，国内乳制品业面临危机，为重新树立消费者信心，政府加大了食品安全管制机构改革的力度，其对管制集权的改善程度远远强于 2003 年国家食品药品监督管理局的成立。鉴于此，本书对每个时间点的管制机构指标赋予不同权重，将 1995～2002 年的管制机构指标设为 0，2003～2008 年的管制机构指标设为 0.25，2009 年以后的管制机构指标设为 1。

（4）管制力度指标 *RS*（regulation supervision）。从理论上看，管制力度与最后产生的效果之间应该呈现出正相关的关系。刘为军等（2008）的研究结果表明，政府管制是目前我国食品安全综合示范控制模式绩效的关键影响因素之一，而政府管制可细化为许多因素，其中非常重要的是政府组织机构成立数、年有效管制次数、示范企业参与数。真正对乳制品安全起到直接作用的是管制人员的管制力度，如管制人员数、管制人员素质以及检查频率等。例如，在日常监督检查中，应加强监督，提高管制效率，及时发现、消除并预防影响乳制品质量安全问题，尽量做到发现一起查处一起，做到有法必依、执法必严、违法必究。在此以全国监督检验乳制品企业数来衡量管制力度。管制力度的高低直接决定了管制效果好坏。因此，乳制品安全管制力度也是乳制品安全管制效果的重要影响因素。

（二）数据说明

1. 数据来源。本书选用1995～2014年的时间序列数据。其中，产业集中度指标采取用乳制品企业前四家销售额占总销售额比例的 CR_4，管制力度指标以全国监督检查乳制品企业的机构数量来衡量。乳制品年抽检合格率 *QR*、产业集中度 *CR*、乳制品消费支出水平 *DCE*、原奶产量 *RMP* 以及管制力度指标 *RS* 均来源于历年《中国奶业年鉴》及国家质检总局公布的《产品质量抽查公告》。

2. 数据描述性统计。相关数据的描述性统计和相关系数矩阵分别见表6－6和表6－7。

如表6－6所示，本书对各变量进行描述性统计。本书的被解释变量乳制品年抽检合格率的平均值为85.065，中位数为84.025，其最大值为99.1，而最小值为72，标准差为8.8262，表明我国乳制品年抽检合格率与以前相比有了巨大进步。解释变量乳制品产业集中度最大值为50.3，最小值为16.1，平均值为36.7011，表明我国乳制品产业集中度从原来较低程度上升到相对较高的程度，乳制品年产业集中度呈现出总体上升趋势。控制变量乳制品消费支出平均值为124.7606，最大值为253.57，最小值为31.43，中位数为128.535，表明随着我国经济发展水平的提升，消费者对乳制品消费的支出大幅度提升。原奶产量的平均值为2104.039，中位数为2003.45，最大值为3743.6，最小值为576.4，表明我国原奶产量与之前相比有了较大幅度提高。管制机构指标最低为0，最高为1，中位数为0.25，标准差为0.3981，表明我国管制机构能力呈现上升趋势，符合我国政府对乳制品安全的重视程度呈现上升趋势。管制力度指标平均值为2102.167，中位数为2272.5，最大值为2939，最小值为1037，同样从管制力度角度体现出我国政府对乳制品安全的重视程度呈逐渐上升趋势。

表 6－6　　变量的描述性统计信息

	QR	*CR*	*DCE*	*RMP*	*RA*	*RS*
平均值	85.0650	36.7011	124.7606	2104.0390	0.3056	2102.1670
中位数	84.0250	39.0450	128.5350	2003.4500	0.2500	2272.5000
最大值	99.1000	50.3000	253.5700	3743.6000	1.0000	2939.0000
最小值	72.0000	16.1000	31.4300	576.4000	0.0000	1037.0000
标准差	8.8262	8.6696	70.7364	1314.3890	0.3981	531.5117
偏度	0.4053	0.8216	0.2429	0.0524	1.0651	－0.6287
峰度	2.1364	3.1632	1.8628	1.2440	2.4795	2.4267

资料来源：根据 EViews6.0 软件运行而来。

根据表 6－7 所示，乳制品年抽检合格率与产业集中度的相关系数为 0.9306，表明两者间存在显著正相关关系。且乳制品年抽检合格率与乳制品消费支出、原奶产量、管制机构指标和管制力度指标间的相关系数分别为 0.9306、0.8763、0.9316、0.5362，表明乳制品年抽检合格率与控制变量间也有较强相关关系。同时，乳制品消费支出与原奶产量间的相关系数高达 0.9577，它们之间有可能存在多重共线性。

表 6－7　　乳制品年抽检合格率与各变量的相关系数矩阵

	QR	*CR*	*DCE*	*RMP*	*RA*	*RS*
QR	1.0000	0.9306	0.9316	0.8763	0.9316	0.5362
CR	0.9306	1.0000	0.6929	0.7445	0.4356	0.6346
DCE	0.9316	0.6929	1.0000	0.9577	0.6776	0.5757
RMP	0.8763	0.7445	0.9577	1.0000	0.8076	0.5073
RA	0.9316	0.4356	0.6776	0.8076	1.0000	0.3069
RS	0.5362	0.6346	0.5757	0.5073	0.3069	1.0000

资料来源：根据 EViews6.0 软件运行而来。

二、平稳性检验

由于本书采用时间序列模型，对时间序列模型进行平稳性检验非常必要，否则会产生伪回归的问题。

本书使用ADF检验方法分别对数据进行平稳性检验。在检验形式的选择上，采用图形观察法，从经验上大致确定其趋势项和常数项，然后按照标准检验过程进行一步一步的检验。检验结果如表6－8所示。所有变量的原数列都无法通过平稳性检验，而年抽检合格率、产业集中度、乳制品消费支出、原奶产量和管制机构指标、管制力度指标的一阶差分数列全部通过了平稳性检验，表明原数列均为一阶单整数列。

表6－8　单位根检验结果

变量	检验类型（C, t, q）	ADF统计量	检验结果
QR	(C, t, 1)	-3.0878	不平稳
ΔQR	(0, 0, 0)	-3.8848***	平稳
CR	(0, t, 0)	-1.6373	不平稳
ΔCR	(0, 0, 0)	-4.8939***	平稳
DCE	(C, t, 1)	-2.5743	不平稳
ΔDCE	(0, t, 1)	-3.3283**	平稳
RMP	(0, t, 2)	-1.2463	不平稳
ΔRMP	(C, t, 3)	-4.0622**	平稳
RA	(C, t, 0)	-2.0397	不平稳
ΔRA	(0, 0, 0)	-3.8730***	平稳
RS	(C, t, 0)	-3.0715	不平稳
ΔRS	(0, 0, 1)	-4.3730***	平稳

注：（1）C、t、q分别表示常数项、趋势项和滞后阶数；（2）***、**分别表示在1%、5%的显著性水平下显著；（3）Δ表示一阶差分。

三、模型构建及分析

（一）协整模型

1. 模型的建立。因为同阶单整的数列只有在协整关系情况下才能进行回归，否则会出现伪回归现象。本书采取先对原数列进行回归，然后判断其残差是否平稳以判断其是否存在协整关系。回归模型如式（6－1）所示。

$$QR = \alpha + \beta_1 CR + \beta_2 DCE + \beta_3 RMP + \beta_4 RA + \beta_5 RS \qquad (6-1)$$

从表 6 -7 相关系数矩阵表中可看出乳制品消费支出和原奶产量间可能存在多重共线性。通过逐步回归法减少多重共线性的影响，得到回归结果，如表 6 -9 所示。

表 6 -9　　　　　　　　　　　**回归结果**

Variable	Coefficient	Std. Error	t-Statistic
C	67. 4791 ***	2. 8525	23. 6559
CR	0. 6420 ***	0. 1975	[illegible]. 2502
DCE	0. 1449	0. 1015	1. 4288
RA	0. 6626 ***	3. 5310	4. 7188
RS	0. 0029 *	0. 0015	1. 9525
R-squared	0. 9515	*F-statistic*	63. 7795
Adjusted R-squared	0. 9366	*Prob.*	0. 0000
DW	1. 7872		

注：*** 、* 分别表示在 1% 、10% 的显著性水平下显著。

通过逐步回归法剔除了变量原奶产量，剩下变量基本不受多重共线性的影响。最终保留下来的变量为产业集中度、乳制品消费支出、管制机构指标和管制力度指标四个变量。

由表 6 -9 回归结果可看出，模型判定系数为 0. 9515，调整后的判定系数为 0. 9366，F 值为 63. 7795，在 0. 0000 的水平上具有显著性，这表明模型拟合度较高，具有显著的统计意义，说明乳制品年抽检合格率与各解释变量间具有显著相互关系。产业集中度在 1% 的显著性水平下显著，政府管制机构指标在 1% 的显著性水平下显著，政府管制力度在 10% 的显著性水平下显著，说明各解释变量统计显著。

根据回归结果可以得出回归方程为：

$$QR = 67.4791 + 0.642CR + 0.1449DCE + 0.6626RA + 0.0029RS \quad (6-2)$$

从式（6 -2）中可以看出，乳制品质量安全和产业集中度、乳制品消费支出、政府管制机构指标和政府管制力度之间呈现出正相关关系。模型存在着长期稳定的均衡关系。其中，产业集中度和政府管制机构指标对乳制品质量安全的影响较大，乳制品消费支出和政府管制力度次之。

2. 模型的协整检验。由于本书采取时间序列数据进行线性回归，且根据前文分析，所用变量皆为一阶单整序列。现只要证明上述各个变量间符合协整关系，则可证明上述回归模型符合时间序列建模的基本条件，回归模型具有意义。

本书采用协整检验方法，取上述回归方程残差序列的数值进行无趋势项的单位根检验，检验结果如表 6－10 所示。从检验结果中可看出，统计量 $ADF = -4.9115$，小于不同检验水平的三个临界值，因此残差序列为平稳序列。所以乳制品年抽检合格率、产业集中度、乳制品消费支出、政府管制机构指标和政府管制力度存在协整关系。

表 6－10　　残差的单位根检验

Null Hypothesis：E has a unit root

Lag Length：2（Automatic based on SIC，MAXLAG = 3）

		t-Statistic	Prob.
Augmented Dickey-Fuller test statistic		−4.9115	0.0001
Test critical values：	1% level	−2.7282	
	5% level	−1.9662	
	10% level	−1.6050	

注：此表格结果由 EViews 运行而来。由于残差 resid 无法直接进行单位根检验，故将残差 resid 的值赋值给 E 进行单位根检验。

3. 模型的结果分析。

（1）产业集中度提高对乳制品质量安全影响的正向影响十分显著。模型结果表明，产业集中度每增加 1 个单位，乳制品抽检合格率会上升 0.642 个单位。由于我国乳制品产业发展起步较晚，我国从原先的乳制品企业十分分散到现在逐步出现伊利、蒙牛等大企业，产业集中度不断提高。随着产业集中度的提高，我国乳制品的安全程度也在不断上升。特别是在“三鹿事件”发生之后，市场声誉的惩罚机制使三鹿集团受到重创。市场上的企业在认识到声誉机制的重要性之后，会更加重视企业声誉。随着乳制品市场产业集中度的不断提升，其私人声誉的属性也会不断加强，企业更会注重其私人声誉的维护。在此背景下，乳制品质量安全也会不断提升。

（2）乳制品消费支出的提高有利于提高乳制品质量安全。模型结果表明乳制品消费支出每提高 1 个单位，乳制品抽检合格率会上升 0.1449 个单位。

我国消费者对乳制品消费支出的提高基本体现在买方对乳制品需求的上升，且消费者对乳制品消费的提升一定程度反映消费者对乳制品质量安全的认可。如果乳制品企业在生产乳制品过程中能够持续保持稳定的收入流，则在声誉机制激励下，企业没有理由会生产不安全的乳制品。因此，乳制品消费支出的提高有利于乳制品企业盈利增长，最终有利于乳制品质量安全水平的提升。

（3）政府管制机构的变化对乳制品质量安全提升也有较大影响。模型结果表明政府管制机构指标每增加1个单位，乳制品抽检合格率会上升0.6626个单位。伴随食品质量安全管制机构的调整，表明政府对乳制品安全的重视程度在不断提升。在我国乳制品安全事件时有发生的背景下，2009年成立了国务院食品安全管理委员会，这反映我国政府对乳制品质量安全的重视。作为自上而下的运行机制，政府管制机构的变化自然对乳制品企业起到震慑作用，因此，乳制品质量安全将会在政府管制之下逐渐提高。

（4）政府管制力度的提升对乳制品质量安全的提升有一定影响。模型结果表明政府管制力度每提高1个单位，我国乳制品抽检合格率将会上升0.0029个单位。由于本书选取的是全国监督检验乳制品企业数作为政府管制力度的衡量标准，对真正政府管制力度的衡量可能会造成一定偏差。但从结果上看，政府管制力度对乳制品质量安全产生一定影响，原因在于真正能够接受政府检验的乳制品企业为通过政府部门的检验，必然努力提高乳制品质量，进而提高乳制品质量安全。

（二）误差修正模型（ECM）

1. 模型的建立。根据前文分析，本书已对数据进行平稳性检验，且各变量间已通过协整检验。根据恩格尔、格兰杰（1987）提出的格兰杰表述定理：如果 x 与 y 是协整的，则它们存在长期均衡关系，它们间的短期非均衡关系总能由一个误差修正模型表述，即：

$$\Delta QR_t = \beta_0 + \beta_1 \Delta CR_t + \beta_2 \Delta DCE_t + \beta_3 \Delta RA_t + \beta_4 \Delta RS_t + \lambda ECM_{t-1} \quad (6-3)$$

在式（6-3）中，Δ表示的是相关变量的一阶差分，而 ECM_{t-1} 表示的是滞后一期的误差修正项。采用恩格尔—格兰杰两步法建立误差修正模型。其中，该方法第一步建立长期关系模型在上文中已经建立，现在进行第二步建立短期动态关系，即误差修正方程。得到回归结果，如表6-11所示。

表 6-11 回归结果

Variable	Coefficient	Std. Error	t-Statistic
C	0.7026	0.9013	0.7795
D（CR）	0.3878***	0.1329	2.9192
D（DCE）	0.0261	0.0227	1.1484
D（RA）	0.4166***	2.7642	5.3602
D（RS）	0.0007	0.0010	0.6821
E（-1）	-0.3315***	0.2469	-3.3673
R-squared	0.8172	F-statistic	9.8372
Adjusted R-squared	0.7342	Prob.	0.0009
DW	1.6520		

注：*** 表示在1%的显著性水平下显著。

QR、CR、DCE、RA、RS 的误差修正模型如式（6-4）所示。

$$\Delta QR_t = 0.7026 + 0.3878\Delta CR_t + 0.0261\Delta DCE_t + 0.4166\Delta RA_t + 0.0007\Delta RS_t - 0.3315\Delta ECM_{t-1} \quad (6-4)$$

根据表6-11的回归结果，模型拟合度达0.8172，调整后达0.7342，F值为9.8372，在0.0009的水平上具有显著性，这表明模型拟合度较高，具有显著统计意义，其中变量符号与长期均衡关系符号一致，它们分别为分析乳制品质量安全问题提供了支撑。误差修正系数为负，符合反向修正机制。式（6-4）反映 QR 受 CR、DCE、RA、RS 影响的短期波动规律。

2. 模型的结果分析。在上面的误差修正模型中，产业集中度、乳制品消费支出、政府机构指标和政府管制力度指标短期变动对乳制品质量安全存在正向影响。产业集中度、乳制品消费支出、政府管制机构指标、政府管制力度指标每变化1单位，乳制品安全程度分别变化0.3878、0.0261、0.4166和0.0007单位。而产业集中度、乳制品消费支出、政府管制机构指标、政府管制力度短期变动可分为两部分：一是乳制品质量安全的影响；二是偏离长期均衡的影响。误差修正项 ECM_{t-1} 系数大小反映了对偏离长期均衡的调整力度。从系数估计值（-0.3315）来看，当短期波动偏离长期均衡时，将以（-0.3315）的调整力度将非均衡状态拉回到均衡状态。因而它表明每年实际发生的乳制品安全程度与长期均衡值的偏差的0.3315个单位被修正。

误差修正系数反向修正是很正常的情况。原因大体有以下几方面。第一，乳制品市场竞争十分激烈，且受多种因素影响。乳制品市场产业集中度的形成是各乳制品企业间相互竞争的结果。而由于市场的不可预测性，短期产业集中度变化对乳制品质量安全的影响在长期来看会被修正。第二，政府管制方面的因素往往具有短期效果。当处于政府乳制品安全管制严格时期，乳制品企业往往会生产较为安全的乳制品，而由于政府管制周期的存在，当政府对乳制品安全管制有所放松时，部分小乳企则会生产质量安全水平较低的乳制品。

四、实证分析结论

本节是产业集中度对乳制品安全影响分析的实证检验。首先对影响乳制品质量安全指标进行描述，并最终选取乳制品抽检合格率作为被解释变量来表明乳制品质量安全，产业集中度为解释变量，另选取了乳制品消费支出、原奶产量、政府管制机构以及政府管制力度等指标作为影响乳制品质量安全的控制变量，对其进行协整分析以及误差修正模型分析，为理论分析提供依据。

在消除各变量间相关性后，选取产业集中度、乳制品消费支出、政府管制机构、政府管制力度四个变量作为模型中的参数。协整模型回归结果显示，随着产业集中度的提高，乳制品质量安全水平会显著提升。在协整回归模型当中，产业集中度每增加 1 单位，乳制品抽检合格率会上升 0. 642 单位。据误差修正模型的结果显示，误差修正系数符合反向机制，有 0. 3315 单位被修正。且在该模型当中，短期来看，产业集中度每增加 1 单位，乳制品抽检合格率会上升 0. 3878 单位。这些模型的结果都有力支撑了我国乳制品产业集中度会对乳制品质量安全存在显著影响。

第五节　产业集中度提高过程中价格管制对食品质量安全的影响[①]

一、产业集中度提高过程中，乳制品企业面临价格管制

2013 年 7 月，国家发展改革委对乳企（主要是外企）进行反垄断调查，

① 周小梅：《质疑食品价格管制——兼论政府管制职能定位》，《经济理论与经济管理》2014 年第 7 期。

并最终以6.7亿元罚款终结该起案件。该事件引起不少媒体的热议。部分观点表示赞同，也有不少观点认为政府对乳制品价格控制是多此一举。争议焦点主要集中在，进口乳制品价格为何高于国外同样的乳制品价格3~4倍？国内乳制品市场存在企业垄断操纵价格吗？反垄断罚款会让乳制品价格下降吗？

事实上，自美国反垄断法诞生至今，国外部分学者一直质疑反垄断的合理性。针对反价格垄断政策，罗斯巴德（Rothbard）明确指出，不能指责较高价格就是垄断价格。只要是消费者自愿购买，缺乏弹性的需求并不能证明消费者利益受到了损害，而自愿交易正是消费者福利得到改善的证明。[①] 对于这次国家发展改革委的反垄断调查，国内学者薛兆丰强调，政府反垄断机构约束乳制品企业定价行为，似乎反映了法律的正义，但实质上是对价格信号和自由缔约的破坏，结果，消费者将为此付出相应的代价。[②] 邓峰则认为，若国外乳制品企业在市场中已经形成垄断地位，政府反垄断机构应先对这些企业的垄断地位进行测度，但我们并没有看到政府拿出令人信服的理由作为处罚这些乳企的依据。[③]

研究近年国外乳品如此"猖獗"涨价的原因发现，一方面，由于进口乳制品质量安全取得了消费者的信任，其声誉产生了"溢价"。另一方面，国内乳制品安全事件屡见报端，导致消费者对进口乳制品的需求缺乏弹性。政府对市场机制下的涨价行为进行控制，很可能适得其反。

值得注意的是，在上述质疑声中，除了对政府实施食品价格控制是否有效产生疑问外，还有对食品价格控制可能对食品安全产生的负面影响表示了担忧。即政府实施乳制品价格管制会影响乳制品的质量安全吗？尽管近年公众对食品价格上涨感到无奈，但面对频现的食品安全事件，在食品价格和食品安全两个变量中，公众更多关注食品安全。

中国从计划经济向市场经济转型，面对食品价格上涨，政府习惯性地会采用行政手段控制食品价格上涨。国内部分学者开始质疑政府对食品价格控制的效果，但尚缺乏分析食品价格控制可能对食品安全产生的风险，以及从政府管制职能转变角度分析政府对食品价格的控制问题。可以说，

---

① Rothbard, M. N. *For a New Liberty*. New York: Collier Macmillan Publishers, 1978.

② 薛兆丰：《不要鲁莽干扰奶粉行业的市场机制》，http://xuezhaofeng.com/blog/?p=1810，2014-04-15。

③ 邓峰：《看不懂的奶粉反垄断调查》，《中国外资》2013年第9期。

围绕政府是否应对乳制品价格进行控制展开的争议折射出政府管制职能定位的问题。

二、价格管制效果及其对食品安全的影响

中国长期以来实行计划经济，虽然经历了多年经济体制改革，但政府管理经济的方式仍有较明显计划经济的痕迹，没有厘清政府应有的职能。政府控制某种食品价格上涨，但生产经营这种食品的原材料、动力和人工等成本却在上升。政府价格管制下，对于趋利企业而言，则可能通过降低食品安全（质量）水平来达到降低成本的目的。例如，2008 年，政府实施价格控制政策，即规定所有乳制品涨价必须得到国家发展改革委批准。在价格控制下，迫使乳制品企业只好压缩原奶生产经营的成本。乳制品企业向奶站压价，奶站则只有向奶农压低价格，但奶农的饲料等成本却在不断上升，最后导致奶农养牛失去了应有的利润。奶农面临两种选择：要么杀牛；要么掺假。奶农和奶站都可能掺假，而乳制品企业则选择默许这种行为。这是因为，不掺假可能已经无法让它们继续经营下去。[①] 而作为食品价格控制的国家发展改革委并不履行对食品安全管制的职能。这样，由于政府稳定食品价格与食品安全控制目标间存在冲突，致使企业选择食品“不涨价”这种看得见的目标来敷衍政府物价控制部门，而在食品安全管制职能尚未完全到位的情况下，企业则选择生产存在安全隐患食品这种很难被管制部门察觉的行为。

观察发现，政府在面对通货膨胀时，通常把食品价格上升作为主要原因。这样，政府则希望通过控制食品价格来达到控制通胀的目的。例如，2010 年 7 月，中国 CPI 同比上涨 3. 3%，而食品价格同比上涨 6. 8%，食品价格上涨幅度明显高于 CPI 的上升幅度。但需要注意的是，企业提高食品安全性的代价则可能是降低产量，提高价格。统计显示，2011 年 6 月，中国猪肉价格与上年同期相比上升 57. 1%。据相关资料分析，央视在 2011 年 3 月对“瘦肉精”问题进行曝光是猪肉价格“暴涨”的重要原因。因为“瘦肉精”事件发生后，部分地区政府管制机构加大排查封存生猪的力度，

---

① 李静：《我国食品安全监管的制度困境——以三鹿奶粉事件为例》，《中国行政管理》2009 年第 10 期。

这直接导致猪肉供应减少，价格迅速上升。面对食品价格的快速上涨，政府部门通常会对价格进行控制。[①] 然而，部分企业在涨价受到限制的情况下，为了生存，则选择通过生产存在安全隐患的食品降低成本，为生存争取空间。

为促进经济增长，2008 年政府采取较宽松的经济政策，作为食品企业投入成本的原材料、燃料、动力购进价格指数以及居民消费价格指数均呈现较大幅度上升。诚然，同时期食品零售价格指数也呈现上升趋势。食品零售价格上涨是否存在企业借助垄断定价损害消费者利益的情况呢？分析中国目前食品行业的市场结构可对此做出回应。综合国务院新闻办 2007 年 8 月发表的《中国的食品质量安全状况》白皮书与 2011 年 12 月国家发展改革委、国家工业和信息化部发布的《食品工业“十二五”发展规划》的有关资料，2006 年全国共有食品生产加工企业 44.8 万家。其中，规模以上企业有 2.6 万家，规模以下且 10 人以上企业有 6.9 万家，而 10 人以下小作坊式企业 35.3 万家。尽管 2011 年全国规模以上食品生产加工企业已上升到 3.1 万家，比 2006 年增加了 5000 家左右，但食品生产加工企业以“小、散、低”为主的格局没有得到根本改变，小、微型和小作坊式的食品生产加工企业仍然占 90% 左右。[②] 显然，从目前中国食品行业整体情况看，尚未形成具有垄断地位企业控制市场的局面。也就是说，食品零售价格上升并非企业垄断定价，而是行业发展使然。

尽管这些年食品安全危机重重，但政府仍热衷于“立竿见影”的价格管制。面对一路走高的进口乳品价格，2013 年 7 月，国家发展改革委开始调查相关乳企纵向垄断价格操纵行为。在国家发展改革委启动反垄断调查后，有 8 家奶粉企业表示将配合调查，承诺奶粉降价。国家发展改革委最终对 6 家乳企（其中 5 家是外企）开出 6.7 亿元的巨额罚单。然而，调查显示，在罚款上缴后，包括多美滋、美赞臣等在内的多个品牌依然延续反垄断前的销售政策，价格并未发生明显改变。合生元中期业绩显示，合生元上半年收入 20.62 亿元。即便剔除上缴的 1.63 亿元罚金，上半年净利润依然达到 4.6 亿

① 胡虎林：《当前食品安全存在的问题、原因及对策——以浙江省为主要视角》，《法治研究》2012 年第 5 期。

② 吴林海、钱和：《中国食品安全发展报告 2012》，北京大学出版社 2012 年版，第 253 页。

元，上升 68.1%，净利润率高达到 22.3%。说明所谓的巨额罚金对体量大、利润高且正处于上升期的乳企来说，只能起到十分有限的警示作用。①

围绕这次反垄断调查以及乳企收到的罚单各种争议不断。赞同观点认为，在进行反垄断调查期间，奶粉价格确实有所回落，效果已体现出来。与此同时，也不断传出对此次反垄断调查和罚款的质疑声，主要观点有：其一，面对国家发展改革委反垄断调查，进口乳企降价诚意不足，企业承诺的降价是在搞促销。其二，进口奶粉降价可能仅限于生产环节，而零售终端未必会对价格做出应有调整。其三，反垄断调查后，进口乳企纷纷降价，如此默契配合降价，其目的是争夺更多市场份额，通过扩大市场实施横向垄断。其四，尽管进口乳企总体上在中国市场占有较高份额，但市场上不同档次乳制品都存在替代品，乳制品市场不存在垄断定价问题。尤其是，供需决定乳制品价格，而与乳制品产业链的变化没有必然联系。企业向市场提供乳制品，其价格最终由消费者支付意愿决定。而作为反垄断调查"受益者"的消费者也有顾虑，即乳企为巨额罚单付出的代价，很可能会变相把这些成本最终转嫁给消费者。

针对国家发展改革委迫使乳企降低奶粉价格的反垄断调查，乳企是"上有政策，下有对策"，表面看似乳企"抗拒"法律制裁，但实质上是消费者对进口奶粉的强大需求为这些乳企"撑腰"。

我们知道，国家发展改革委之所以对乳企开出罚单，是基于乳企拥有垄断地位，在缺乏市场竞争约束的情况下，对乳企"垄断"定价行为则要借助反垄断政策的控制。但理论与实践证明，在没有政府行政干预的市场中，在位企业就算是形成了市场中的经济性垄断，但面临的竞争压力仍然很大。这是因为，在市场外有大量潜在竞争者随时准备进入存在盈利空间的市场，其垄断地位无时无刻不遭受潜在竞争者的威胁，稍有不慎就会被其他企业替代。应该说，市场的开放、竞争才是保护消费者获取优质优价产品和服务的根本保障。

目前中国乳制品市场格局是市场竞争的结果。而在该案件中，反垄断法所惩罚的正是这些通过竞争获得优势的乳企。但实施反垄断法的目的应是维护市场竞争，而不是袒护市场中的竞争者。此轮对乳企的反垄断调查，在一

---

① 陈非：《罚款就能解决乳业问题?》，http：//finance. qq. com/zt2013/cjgc/rupin. htm? pgv_ref = aio2012&ptlang = 2052，2014 -04 -15。

定程度上抑制了乳制品市场的有效竞争。

分析发现，这次对乳企进行反垄断调查是基于前期政府出台系列整顿食品安全质量政策，为防止整顿后的乳制品行业价格上升，借助反垄断调查对乳企起到警示作用。但问题是，反垄断价格管制会对乳制品质量安全产生怎样的影响呢?

消费者购买产品和服务通常在“性价比”间进行选择。具体而言，就是在产品和服务满足消费者偏好的能力与价格间进行权衡。针对食品购买，则应是首先选择安全性，其次再考虑价格。为尊重消费者选择，食品安全危机重重，政府应慎用价格管制。①

第六节　本章小结

以乳制品产业为代表的中国食品产业发展迅速，经过多年发展，出现了部分知名企业（如蒙牛、光明、伊利、三元、完达山等）与大量中小企业并存的格局。改革开放以来，中国乳制品产业无论是生产工艺还是销售数量，都有质的飞跃。但与发达国家相比，中国乳制品产业发展差距依然较大。中国乳制品产业偏低的产业集中度，一方面，造成了乳制品市场中声誉的私用属性较弱，共用属性较强。以利润最大化为目标，企业保护私用声誉有利可图，而由于“搭便车”动机的存在，乳制品企业缺乏保护共用声誉的激励。另一方面，乳制品产业集中度过低，激烈竞争导致乳制品企业绩效低下，利润微薄。微薄利润很难支持乳制品企业进行技术创新和产品创新，企业只能在中低端展开广告战和价格战，进一步吞噬了其利润，制约了企业提高乳制品质量安全的能力。再者，乳制品产业的低集中度与管制力量的“倒三角形”间产生的错配，降低了乳制品质量安全管制效率。而随着乳制品产业集中度的提高，企业可能面临反垄断法对乳制品价格的控制。在政府价格管制职能与食品安全管制职能分离的情况下，在对乳制品价格实施管制的同时，

① 就算乳制品价格管制不会影响乳制品质量安全，但观察发现，这些年乳制品企业不断推出新品种，可谓“五花八门”。应该说，乳制品品种多样化不仅满足了消费者的不同偏好，同时也是为了规避价格管制，增加政府对乳制品价格管制的难度。

可能降低了乳制品的安全水平。然而，产业集中度的提升不仅有助于乳制品质量安全水平的提高，且可提高政府管制效率。因此，政府在政策上应鼓励乳制品产业不断发展壮大，提升产业集中度。与此同时，政府应转变管制职能，放松价格管制，加强食品质量安全管制。

根据本书研究结论，得出以下政策含义。

1. 应充分发挥乳制品行业协会的中间人作用。乳制品行业协会是政府与企业之间的桥梁和纽带，协会要改变过去被少数乳企“绑架”的事实，要在搜集各个乳企完整数据的情况下，积极向政府和社会反馈乳制品企业发展现状，对存在困难的乳企进行辅导和帮助，充分发挥乳制品行业协会应有的作用。

2. 政府应积极鼓励乳制品产业提高集中度。本书论证产业集中度提升对乳制品质量安全的影响效果起到激励作用。政府应引导乳制品企业积极做大做强，尽快打破地方行政垄断壁垒，慎用反垄断法，为企业间的兼并重组扫清障碍。我国乳制品产业品牌众多，区域性品牌色彩浓厚，而形成区域性品牌的原因在于地方政府对当地品牌的扶持和保护，动辄以补贴和扶持等行政手段鼓励发展当地企业，造成我国乳制品产业集中度一直不高。地方政府要摒弃行政区域的限制，为大企业兼并重组创造条件，努力实现地方产业升级。地方政府应调整对当地乳制品企业的政策，主要包括：首先，取消对中小乳制品企业的补贴。在制造业不景气的情况下，一些靠补贴的中小乳制品企业往往挣扎在破产的边缘，由于造假成本低等原因，出问题最多的恰恰是这些维持在“生存线”的中小企业。其次，地方政府要为大企业的兼并重组“开绿灯”。大企业对小企业兼并重组的过程，往往是产业升级、更新换代的过程，在产业升级过程中，提升产品价值链，成长为世界知名品牌。而品牌大企业必然通过提升乳制品质量安全水平建立和维护企业声誉。

3. 放松价格管制，加强食品安全管制。（1）政府对食品安全的管制职能。中国属于经济转型国家，管制是在进行市场化改革过程中不断加强的政府职能之一。需引起注意的是，随着垄断性产业不断放松管制，政府应逐步放弃对产业的经济性管制（主要包括进入、退出以及价格管制等），不断强化对食品安全、环境保护和工作场所安全等的社会性管制。[①] 而多数食品市

① 王俊豪：《“转型期的政府管制改革”专题讨论》，《浙江工商大学学报》2013 年第 1 期。

场属于竞争性市场，企业进入、退出以及食品价格由市场竞争决定，政府应主要履行对食品安全（质量）的社会性管制职能。食品安全管制是政府通过制定法律法规，借助政府强制性政策和手段约束食品生产经营者行为，使其决策符合社会的总体利益。[①] 具体而言，应通过建立相对独立的政府管制机构，科学制定食品安全标准，强制要求企业提供符合安全标准的食品，对违规企业实施处罚，达到激励企业生产经营安全食品的目的。（2）调整政府管制职能，强化食品安全管制。中国进行市场化改革已经三十多年，对于竞争性食品市场，政府职能应及时做出调整，即诸如食品价格和数量这些市场有能力调节的经济指标，政府应放松管制；而市场在对食品安全控制问题上很容易出现失灵，政府应强化这类社会性管制职能。否则，政府管制职能一旦错位，不仅不能解决市场失灵，反而会加剧诸如食品安全市场的失灵。也就是说，当前发生这些食品安全事件，除了市场本身失灵外，还与政府管制职能错位有关。由于政府控制食品市场职能模糊，本质上给生产经营食品的企业带来很大不确定性，使其没有稳定预期。这种情况下，企业不会考虑长期的信誉投资。显然，要规范食品市场一定首先要规范政府行为，没有规范的政府行为就不会有规范的市场行为。可以说，政府食品价格管制与安全管制目标间的冲突加剧了市场失灵。为改善食品安全管制效果，必须尽快放弃政府不应履行的价格管制职责，同时担负其应该履行的食品安全管制职能。

4. 政府管制资源应随乳制品产业集中度动态调整。乳制品产业集中度的动态变化要求我国政府管制资源也该随着其变化而动态调整。目前，我国政府管制部门的人力资源呈“倒三角形”分布，即越到需要加强管制力量的基层，人力、财力、物力配置越少。到县一级，专业管制机构的力量只有一两个人，如此薄弱的管制人员，很难从源头入手，实现常态化管制。面对我国乳制品产业分布“正三角形”的情况，首先，政府应该加强基层管制力量，提高管制效率，以管制效率的提高来提升我国乳制品安全水平。其次，政府基层管制力量的提高不是盲目的，要跟上乳制品产业集中度的变化，随着乳制品产业集中度的更加集中，政府可以用较少的人力实现常态化管制。

① 蒋建军：《论食品安全管制的理论分析》，《中国行政管理》2005 年第 4 期。

第七章

零售业态演变下生鲜农产品质量安全控制激励机制

生鲜农产品主要包括果蔬、水产、肉类等初级农产品，具有易腐易损性。本书研究的生鲜农产品质量安全是指生鲜农产品应符合保障人的健康、安全要求，不应导致消费者急性、亚急性或慢性毒害危害。根据新《食品安全法》的规定，相关生产经营者应承担生鲜农产品质量安全责任。生鲜农产品从田头到餐桌，要经历多个环节，而任何环节都可能存在质量安全隐患，加上生鲜农产品具有易腐易损性，对冷藏和保鲜技术要求较高，生鲜农产品质量安全保障面临挑战。我国市场经济逐步成熟，生鲜农产品零售业不断演变。生鲜农产品零售业态演变过程中，一方面，随着零售业集中度的提高，声誉机制控制质量安全的激励日益增强，并沿食品链向上游传导，激励生产经营者加强质量安全控制；另一方面，零售业态演变缩短了供应链，零售商采取产地直采或建立生产基地，通过纵向契约协作控制生鲜农产品质量安全，控制能力不断增强。而生鲜农产品零售业集中度的提升也有助于提高政府管制效率。本书研究生鲜农产品零售业态演变过程中市场机制如何激励生产经营者加强质量安全控制，以及如何调整政府管制政策以顺应产业演化规律。

第一节　我国生鲜农产品零售业态演变及其现有格局

一、产业组织演变的动力分析

制度环境变迁和技术创新等是促进生鲜农产品零售业态演变的主要驱

动力。

（一）制度环境与产业组织演变

演变理论研究产业与制度环境互动如何推动产业组织发生演变。企业适应制度环境包括两种方式。一是主动适应，即企业根据自身条件，分析产业的制度环境，进行自主创新，具有激进性。二是被动适应，即制度环境变化迫使企业创新而适应新环境，具有渐进性。在制度环境变化过程中，企业则是“适者生存”，产业组织随之发生演变。而制度环境对产业组织演变的影响，具体表现为不同制度安排和政策产生的作用。目前我国主要通过诸如产权改革和管制等政策影响产业组织演变。改革开放后，制度环境变迁在很大程度上促成产业组织演变。

（二）技术创新与产业组织演变

产业演变和经济转型过程中，技术创新与产业的出现、成长和衰退紧密相连。一方面，企业主动进行技术创新。技术创新具有内生性，获取垄断地位与超额利润激励企业进行技术创新。技术创新中取得竞争优势的企业，会逐渐驱逐没有技术创新的企业。另一方面，消费者诱导创新。消费者偏好具有内生性，收入越高，需求越具多样性，多样化需求激励企业进行技术创新。诚然，很难分割企业主动技术创新与消费者诱导技术创新，两者互为补充。新旧技术替代促进产业组织由低级向高级演变。值得关注的是，现代互联网技术让电子商务成为新商业模式，产业组织随之演变。可见，技术创新是产业组织演变的重要动力之一。需要指出的是，演变过程中，制度环境变迁和技术创新并非单独发生作用，两者相辅相成。技术创新需要相应制度环境，也就是说，在技术取得突破性进展时，如果制度滞后，则技术创新会催生新制度，而好制度有助于促进技术创新。因此，制度环境变迁和技术创新共同引导产业组织演变。

二、我国生鲜农产品零售业态演变历程

生鲜农产品零售业态演变取决于制度环境和技术创新。在此过程中，产权改革与放松管制为业态演变提供了制度环境，而层出不穷的技术创新（互

联网与冷链技术等），不仅让农贸市场可利用电子屏幕发布食品质量安全信息，提高质量安全控制能力，且让连锁超市和电商经营生鲜农产品成为趋势。中华人民共和国成立以来，生鲜农产品零售业态演变大体分为五个阶段。

（一）城乡集市和庙会（1949～1952年）

中华人民共和国成立前，生鲜农产品流通自由，零售主体是私营商业。中华人民共和国成立后，政府逐步扩大国营商业公司和供销合作社在生鲜农产品流通中的比重，以期打压投机，维护价格稳定。1949年，国营商业公司和供销合作社在流通领域中所占比重分别为14.1%和10.3%。1952年，这两个比重依次为14.1%和19.1%。[①]但总体而言，该时期生鲜农产品流通比较灵活，零售主体是城乡集市和庙会。

（二）国营商业公司和供销合作社（1953～1977年）

中华人民共和国成立初期，我国以传统农业为主，收入水平较低，工业化进程中面临资金短缺。1953年，为应对城市人口增长及工业化带来的城市农产品供应短缺，政府对农产品实行“统购统销”政策。此举让政府可将农业剩余资金进行有效集中以发展工业。“统购统销”把生鲜农产品零售主体变为国营公司。在1953～1964年间，国营商业公司与合作社收购生鲜农产品比例大幅上升，1964年该比例高达93.9%。[②]20世纪60年代初，由于自然灾害等原因，我国允许部分农贸市场进行交易，但国营商业公司与合作社在生鲜农产品零售中仍占主导地位。

（三）城乡农产品集贸市场（1978～1995年）

改革开放后，政府逐步放开生鲜农产品零售业管制。1985年，除个别农产品外，政府对农产品不再实行“统购统销”，生鲜农产品经营基本放开。且随农村经济发展水平的提高，生鲜农产品产量和品种出现快速增长，小规模集市贸易已无法满足农产品异地交易需求。在此背景下，

①② 姚今观等：《中国农产品流通体制与价格制度》，中国物价出版社1995年版。

生鲜农产品批发市场应运而生。1995 年，我国农产品批发市场数目达 3517 个[①]，大约是 1986 年的 4 倍。以批发市场为核心的农贸市场在生鲜农产品零售业中占主导地位。

（四）连锁超市（1996～2011 年）

经济快速增长中，连锁超市经营规模迅速扩大。2011 年，连锁超市总店数达 633 个，门店总数 55918 个，零售总额为 5888 亿元，占社会消费品零售总额的 3.2%。[②] 干净整洁的购物环境、严格的质量安全控制体系及一站式购物体验等让连锁超市经营生鲜农产品具有独特的优势。2002 年，许多城市开始推行"农改超"，将农贸市场改造成生鲜超市。但由于当时超市经营管理能力不足，以及农贸市场灵活经营的优势，"农改超"进程受阻。随着消费者对生鲜农产品质量安全需求的增加，基于连锁超市对生产端的控制能力，可就质量安全对农户生产提出相关要求并进行指导，为生鲜农产品质量安全提供了更好的保障。2008 年，在需求引导下，"农超对接"再次启动，之后其生鲜销售额占总生鲜销售额比重逐步增加。生鲜农产品流通逐渐形成农贸市场与连锁超市并行的业态。

（五）生鲜电商（2012 年至今）

互联网的普及以及配送、支付等配套服务的进一步完善，网购逐步被消费者接受。2006 年，网络零售交易额为 258 亿元；2015 年，网络零售交易额达 3.84 万亿元[③]，是 2006 年的 149 倍。一般认为，生鲜电商发展始于 2012 年。但事实上，2005 年"易果生鲜"的创建让生鲜电商迈开了第一步。从表 7－1 可以看出，2010 年生鲜电商交易规模为 4.2 亿元；2012 年交易规模达到 40.5 亿元；2015 年，生鲜电商交易规模为 542 亿元，是 2010 年的 129 倍。生鲜电商将在零售业中占重要地位。

---

① 中华人民共和国国家统计局贸易外经统计司等：《中国商品交易市场年鉴》，中国统计出版社 1987～2002 年历年版。

② 中华人民共和国国家统计局贸易外经统计司等：《中国零售和餐饮连锁企业统计年鉴》，中国统计出版社 2007～2012 年历年版。

③ 中国互联网络信息中心网站 http：//www.cnnic.net.cn/。

表 7-1　　中国生鲜电商市场交易规模（2010～2015 年）

年　份	交易规模（亿元）	增长率（%）
2010	4.2	—
2011	10.5	150.0
2012	40.5	285.7
2013	130.2	221.5
2014	289.8	122.6
2015	542.0	87.0

资料来源：易观智库网站 http：//www.analysys.cn/。

三、我国生鲜农产品零售业现有格局

目前我国生鲜农产品零售业以农贸市场、连锁超市及生鲜电商等多种业态共存。

（一）传统农贸市场改造升级

农贸市场销售生鲜农产品仍具一定优势，主要包括菜品新鲜，回转周期短，种类丰富，价格相对较低，面对面交易等。20 世纪 80 年代中期，批发市场作为枢纽，连同农贸市场成为生鲜农产品流通主渠道。但农贸市场基础设施落后陈旧，管理粗放，以及质量安全检测体系不健全等弊端已不能满足消费者对质量安全及购物环境的需求。例如，张瑞云等（2014）对杭州江干区农贸市场蔬菜进行 12 种有机磷农药检测，检测样本为 209 份蔬菜，检出率为 13.4%，超标率为 2.39%。[①] 近年来，全国范围内对农贸市场进行改造。以浙江为例，截至 2014 年，浙江把 225 家农贸市场改造为“放心”市场。2015 年，浙江继续出台重点市场认证办法，持续推进农贸市场改造升级。总体而言，在需求引导下，农贸市场经营环境改善进入实质性落实阶段，并取得成效，但改造提升尚需进一步推进。

① 张瑞云、周燕、蒋雪凤：《杭州市江干区农贸市场 209 份蔬菜中 12 种有机磷农药残留监测结果分析》，《中国卫生检疫杂志》2014 年第 9 期。

（二）连锁超市生鲜经营规模不断扩大

目前部分连锁超市不断增加生鲜农产品经营比例，且许多大型连锁超市零售的生鲜农产品，在价格、种类和品相等方面与农贸市场相当，甚至部分农产品比农贸市场更丰富，价格更便宜。为缩短供应链、降低采购成本、控制生鲜农产品质量安全等，各超市实施“农超对接”，扩大基地直采生鲜农产品比例。以经营生鲜为特色的永辉超市为例，根据永辉超市 2016 年年报，2016 年新开门店数 105 家，全国门店总数达 487 家，覆盖福建、广东等 18 个省市。全年营业收入 492.32 亿元，同比增长 16.82%，其中生鲜及加工业务的营业收入达 220 亿元，占全部营业收入的 44.7%。年报强调，要推进食品标准化体系，对供应商进行整合，实现供应链覆盖全物种，部分大流量产品则逐步推进产地直采，生鲜采购与信息等相关部门不断升级食品安全云网，实现部分食用农产品从田间到销售门店全程可追溯，产品检测数据可实时监测。扩张过程中，永辉超市不断加强生鲜农产品质量安全控制。

（三）生鲜电商进入高速成长期

根据易观智库（Analysys）的调查统计，2015 年中国生鲜电商交易额为 542 亿元，并预测 2017 年生鲜电商交易规模将达 1449.6 亿元。[①] 然而，面对巨大商机，生鲜电商步履维艰。据统计，全国生鲜电商数量有 4000 多家，仅 1% 盈利、4% 持平、88% 亏损，剩下的 7% 则是巨额亏损。[②] 究其原因，2015 年我国生鲜电商交易额仅占农产品交易总额的 3.4%，市场占有率较低。且生鲜电商量多规模小，在规模约束下，生鲜电商承担瓜果蔬菜冷链成本的能力有限。2015 年，我国瓜果蔬菜冷链流通率仅为 15%，瓜果蔬菜在流通中损耗率高达 25%。有专家认为，如果我国果蔬损耗率能减少 3% ~5%，则可多获利 1000 多亿元。[③] 可见，高损耗率一定程度上减少了生鲜电商获利机会。我国亟须加强生鲜农产品冷链物流体系建设，而这有待于生鲜电商的规模化运营。

---

① 易观智库网站 http：//www. analysys. cn/。

② 中国电子商务研究中心网站 http：//www. 100ec. cn/。

③ 中国产业信息网站 http：//www. chyxx. com/。

随着连锁超市和电商市场份额的扩大，我国生鲜农产品零售业市场集中度呈不断提升趋势，生鲜农产品供应链得到重新整合，渠道控制力逐渐向下游集聚。

第二节 零售业态演变下市场机制对生鲜农产品质量安全的控制

生鲜农产品零售业态演变中，市场对质量安全的控制机制主要包括声誉及纵向契约协作。

一、声誉机制与质量安全控制

（一）声誉机制对食品质量安全的影响

市场机制通常是指通过声誉奖惩机制激励企业自律以保证食品安全。Klein 和 Leffler（1981）构建声誉模型，分析若没有政府管制，质量安全有保障的食品通过市场供给需要满足什么条件。模型指出，消费者一旦发现食品质量安全问题，通过信息传递，会让所有消费者抵制这种食品。结果，由于声誉受损导致销路受阻，该企业最终失去市场，被淘汰出局，这是声誉惩罚机制。并进一步提出，溢价足够高时，生产者供给高质量产品获得未来利润流的现值会高于生产低质量产品一次性节约的成本，此时生产者获得生产高质量产品的正激励。溢价意味着只要以现行价格出售，企业将获得超额利润。溢价与消费者支付意愿呈正相关。消费者通过更高支付意愿向市场传递信号，可对企业供给安全食品形成激励。[①]

分析发现，企业自由进入与价格竞争可能会减少在位企业品牌溢价，为此，在位企业应加强非价格竞争，一般通过专用资本（或沉没成本）投资，这其中包括“声誉资本”。声誉可激励生产商采取控制食品质量安全的措施以获得稳定现金流，如果企业以次充好，则会遭受声誉损失。鉴于此，企业

① Klein, B., Leffler, K. B. Role of Market Forces in Assuring Contractual Performance. *Journal of Political Economy*, 1981, 89 (4): 615-641.

有动力建立和维护高质量安全的声誉。用δ表示品牌资本，即为企业欺骗所做的抵押，在高质量安全食品的价格$P_{q_s}^* = P$时，$\delta = \{[P - (AC)_0]x\}/i$，$(AC)_0$代表沉没成本，$i$表示利率，$x$表示产量。竞争性企业品牌资本的价值等于专用资本或沉没成本总价值。也就是说，品牌资本市价等于由高质量产出的预期溢价流的现值。“声誉资本”可给企业带来利润，这是声誉奖励机制，但声誉形成需漫长过程。

声誉激励引导企业着眼长远发展。如果企业供给有质量安全问题的生鲜农产品，来自市场的惩罚将是失去获得长远利益的可能性，而不是根据合同或法律规定实施的惩罚。基于企业对声誉的维护和未来收益的预期，声誉机制与政府管制在控制生鲜农产品质量安全问题上有不同程度的控制力。如果企业希望建立良好声誉，从而最终实现声誉溢价，则尽管食品市场有信息不对称问题，但企业会倾向于为消费者提供更多关于质量安全的真实信息，这是对企业的一种隐性激励。在声誉激励下，可通过市场机制以保障生鲜农产品质量安全。一般情况下，市场机制可有效解决食品质量安全问题。对供给不安全生鲜农产品的企业而言，其行为迟早会被消费者识破，并受到消费者“用脚投票”的惩罚。

（二）理论模型

以生鲜农产品为研究对象，参考 Miguel Carriquiry 和 Bruce A. Babcock（2007）的声誉理论，构建一个简单理论模型，分析在声誉机制作用下，生鲜农产品零售商会如何选择质量安全保证体系水平。[①]

首先，假设零售商不知道生鲜农产品生产过程是否满足质量安全标准，但是生产技术不能提高生鲜农产品质量安全水平，即高质量生鲜农产品需要高生产成本。其次，假设零售商对于生鲜农产品的采购与销售一一对应，且不考虑从采购到销售过程中的损耗问题，所以零售商的利润率本质上由采购成本的多少决定。设Q为随机向量，表示不能被完全观测到的质量属性，并且本书研究对象是质量属性中的安全属性。Q的累积分布函数为$F_Q(q) = \Pr_Q(Q \leq q)$，用q^M表示最低质量标准，则$F_Q(q^M)$表示生鲜农产

---

① Miguel Carriquiry and Bruce A. Babcock. Reputations, market structure, and the choice of quality assurance systems in the food industry. *American Journal of Agricultural Economics*, 2007, 89 (1): 12-23.

品出现质量安全问题的概率。假如生鲜农产品零售商从愿意并有能力提供高质量生鲜农产品的生产者那里采购产品，由于零售商质量安全控制体系的不完善，一些不符合质量安全标准的生鲜农产品可能会被错误地认证为符合标准。因此，零售商经营的生鲜农产品中可能有少部分不能符合消费者要求，出现这种情况的可能性也用 $F_Q(q^M)$ 表示。令 $S=\{s\in R, s^O\leqslant s\leqslant s^U\}$，表示生鲜农产品质量安全保证体系情况的集合。其中 $s=s^O$ 表示对生鲜农产品质量安全情况不进行认证，此时生鲜农产品质量安全没有保障；$s=s^U$ 表示生鲜农产品质量安全认证非常严格，此时能够完全保障生鲜农产品的质量安全。生鲜农产品零售商从使用质量安全保证级别为 s 的生产者那里采购产品，用 $\lambda(s)=1-F_Q(q^M \mid s)$ 表示采购的生鲜农产品具有高质量安全水平的概率，则不安全生鲜农产品的概率可以表示为 $1-\lambda(s)=F_Q(q^M \mid s)$，只有通过认证的生鲜农产品才能够进行出售。严格的质量安全认证可以提高获得安全生鲜农产品的概率，即 $\partial\lambda(s)/\partial s>0$。但是生鲜农产品在采用严格质量安全认证体系的同时会产生相应的成本，包括对卖方生产投入增加的补偿成本和监督成本。对于生鲜农产品零售商 i，这一成本用 $C(y_i, s)$ 表示，其中 y_i 表示该零售商销售生鲜农产品的数量。假设不考虑生鲜零售商的其他成本，那么对于销售高质量安全水平生鲜农产品的零售商，其在第一阶段的利润为：$\pi^{i,r}(y, s; a)=R(y; a)-C(y_i, s)$，$y=(y_i, y_{-i})$，其中，$r$ 表示声誉，a 表示消费者对高质量安全生鲜农产品的偏好程度，并且 $\partial R(y; a)/\partial a>0$，$\partial^2 R(y; a)/\partial y\partial a>0$。

引入 $w\in[0, 1]$，用来衡量消费者对生鲜农产品实际质量安全的认知程度。$w=1$ 表示消费者在消费生鲜农产品之后可以完全识别生鲜农产品的质量安全状况，即此类生鲜农产品具有经验品属性；$w=0$ 表示生鲜农产品具有信用品属性，即消费者在消费后也无法知道生鲜农产品质量安全状况。w 的中间值可以理解为偶然被消费者发现或只能被部分消费者发现的质量安全属性。例如，仅有小部分消费者能够识别牛排是否来自只吃草的牛。假设消费者同意质量安全标准，但是具体标准会因为对质量支付意愿而产生差异。假设消费者可以知道质量安全保证体系是否恰当，但无法推断某一零售商使用的质量安全保证系统中生鲜农产品实际质量安全水平。这意味着零售商不能把被应用的质量安全保证系统当作区分与其他被认证供应者的标志。

用 T 表示由于消费者发现购买的生鲜农产品不符合质量安全标准而导致声誉损失的时间。对于单个生鲜农产品零售商来说，假设在质量安全问题被发现之前，它可以一直被消费者信任。所以该零售商面临的情况有两种，用 $r=1$，2 表示：第一，一直保持良好声誉，面临旺盛需求；第二，出现质量安全问题，其生鲜农产品需求为零，被驱逐出市场。零售商从第一种情况转向第二种情况所获得利润为：

$$\prod(s,y) = \sum_{t=1}^{T}\beta^{t-1}\pi(y,s;a) = \pi(y,s;a)\sum_{t=1}^{T}\beta^{t-1} = \pi(y,s;a)\frac{1-\beta^{T}}{1-\beta} \tag{7-1}$$

β 是贴现因子。认识到质量安全状况是随机的，零售商的期望利润为：

$$E\left(\prod(y,s)\right) = E\left(\pi(y,s;a)\frac{1-\beta^{T}}{1-\beta}\mid s,w\right) = \pi(y,s;a)\frac{1-E(\beta^{T}\mid s,w)}{1-\beta} \tag{7-2}$$

s，w 通过 $m(s, w)$ 的形式影响最后的期望算子，表示零售商使用严格度为 s 的质量安全保证系统，并且消费者的认知程度为 w 的条件下，零售商继续存在的概率。特别地，如果零售商能够连续存在两个时期，$m(s, w) = \lambda(s)+[1-\lambda(s)](1-w)$。企业在第二阶段获得零利润的概率为 $1-m(s, w)$。T 是一个几何随机变量，代表直到第一次产生毁灭性失误的期数，出现的概率为 $1-m(s, w)$，并有：

$$\begin{aligned} E(\beta^{T}\mid s,w) &= \sum_{t=1}^{\infty}\beta^{t}\Pr(T=t\mid s,w) = \sum_{t=1}^{\infty}\beta^{t}\Pr(T=t\mid s,w)[1-m(s,w)] \\ &= \frac{[1-m(s,w)]\beta}{1-m(s,w)\beta} \end{aligned}$$

代入式（7－2）后，零售商面临的问题是：

$$\max_{y\geq 0,s\in S} E\left(\prod(y,s)\right) = \max_{y\geq 0,s\in S}\frac{\pi(y,s;a)}{1-\beta m(s,w)}$$

一阶条件：

$$\frac{\partial E\left[\prod(y,s)\right]}{\partial y} = \frac{\partial \pi(y,s;a)}{\partial y}\cdot\frac{1}{1-\beta m(s,w)} \leq 0, y\geq 0 \tag{7-3}$$

$$\frac{\partial E[\prod(y,s)]}{\partial s}=\frac{\partial\pi(y,s;a)}{\partial s}\cdot\frac{1}{1-\beta m(s,w)}+\partial\pi(y,s;a)\frac{\beta\frac{\partial m(s,w)}{\partial s}}{[1-\beta m(s,w)]^2}\leqslant 0,s\geqslant 0 \quad (7-4)$$

方程（7－3）是单个零售商利润最大化的标准必要条件，因此不进行深入讨论。方程（7－4）表明当增加 s 带来的边际收益与边际成本相等时，s 为最佳水平。增加 s 的边际收益等于高质量生鲜农产品购买比例的变化乘以低质量生鲜农产品不被发现的概率（$\frac{\partial m(s,\ w)}{\partial s}=w\frac{\partial\lambda(s)}{\partial s}$）。提高质量保证水平的边际收益随着消费者对质量水平认知程度的提高及不合格认证体系更加严格而增加。在每期都有高利润及未来对零售商很重要的情况下，转入第二种状态是一种非常残酷的惩罚。增加 s 导致的边际成本增加值为采用一个更严格的质量安全认证体系必须发生的费用。求解一阶条件可获得最优产出和严格程度，分别用 $y^*(w,\ \beta,\ a)$ 和 $s^*(w,\ \beta,\ a)$ 表示。对下面几个偏导数进行研究：$\frac{\partial y^*}{\partial w}$，$\frac{\partial s^*}{\partial w}$，$\frac{\partial y^*}{\partial\beta}$，$\frac{\partial s^*}{\partial\beta}$，$\frac{\partial y^*}{\partial a}$，$\frac{\partial s^*}{\partial a}$。在合理假设下，前面四个可以表示为这种形式，但是最后两个导数需要更严格的假设。

命题 A：质量安全保证体系的严格度关于消费者对质量安全的认知能力及零售商投资的未来价值非递减；

命题 B：如果边际成本随着高控制水平而增加（即$\frac{\partial^2 C(y,\ s)}{\partial y\partial s}\geqslant 0$），那么产出率关于消费者对质量安全的认知能力及零售商投资的未来价值非递减；

命题 C：如果技术与投入无关，暗指$\frac{\partial^2 C(y,\ s)}{\partial y\partial s}=0$，产出率和控制的严格度都随着需求的扩大而提高。

证明：把 A 与 B 放在一起证明，然后证明 C。对方程（7－3）和方程（7－4）关于 w 求微分，可得：

$$\begin{pmatrix}\frac{\partial^2\pi}{\partial y^2} & \frac{\partial^2\pi}{\partial y\partial s}\\ \frac{\partial^2\pi}{\partial y\partial s}\frac{\partial^2\pi}{\partial s^2} & +\pi\beta\frac{\partial^2 m}{\partial s^2}\frac{1}{(1-\beta m)}\end{pmatrix}\begin{pmatrix}\frac{\partial y^*}{\partial w}\\ \frac{\partial s^*}{\partial w}\end{pmatrix}=\left(-\frac{\pi\beta}{(1-\beta m)^2}\left(\frac{\partial^2 m}{\partial s\partial w}(1-\beta m)+\beta\frac{\partial m}{\partial s}\frac{\partial m}{\partial w}\right)\right) \quad (7-5)$$

根据萨缪尔森的共轭定理有：

$$\mathrm{sgn}\left(\frac{\partial s^*}{\partial w}\right) = \mathrm{sgn}\left(\frac{\pi\beta}{(1-\beta m)^2}\left(\frac{\partial^2 m}{\partial s\partial w}(1-\beta m)+\beta\frac{\partial m}{\partial s}\frac{\partial m}{\partial w}\right)\right)$$

$$= \mathrm{sgn}\left(\frac{\pi\beta}{(1-\beta m)^2}\frac{\partial\lambda}{\partial s}(1-\beta)\right)\geqslant 0$$

假设 $\frac{\partial^2 C(y,s)}{\partial y\partial s}\geqslant 0$，运用克莱默法则求$\frac{\partial y^*}{\partial w}$，发现 $\mathrm{sgn}\left(\frac{\partial y^*}{\partial w}\right) = \mathrm{sgn}\left(\frac{\partial^2\pi}{\partial y\partial s}\right)\leqslant 0$。对方程（7－3）和方程（7－4）关于$\beta$求微分并再次使用克莱默法则，可得 $\mathrm{sgn}\left(\frac{\partial y^*}{\partial\beta}\right) = \mathrm{sgn}\left(\frac{\partial^2\pi(y,s;a)}{\partial y\partial s}\right)\leqslant 0$，$\mathrm{sgn}\left(\frac{\partial s^*}{\partial\beta}\right) = \mathrm{sgn}\left(\frac{\partial^2\pi(y,s;a)}{\partial y\partial s}\right)\leqslant 0$。为了证明 C，对方程（7－3）和方程（7－4）关于 a 求微分并假设 $\frac{\partial^2 C(y,s)}{\partial y\partial s}=0$，可得：$\mathrm{sgn}\left(\frac{\partial y^*}{\partial a}\right) = \mathrm{sgn}\left(\frac{\partial R(y;a)}{\partial y\partial a}\right)\geqslant 0$，$\mathrm{sgn}\left(\frac{\partial s^*}{\partial a}\right) = \mathrm{sgn}\left(\frac{\partial R(y;a)}{\partial y\partial a}\right)\geqslant 0$。

命题 A 的结果与 Darby 和 Karni（1973）① 的发现相似。学者们认为，在声誉机制发挥作用的情况下，随着消费者对生鲜农产品质量安全认知程度的上升，零售商欺诈最优数量减少。消费者辨别质量安全能力增强，零售商有动力减少犯错。零售商主要是在更加精确质量安全保证体系的高成本与降低失去消费者信任的可能性间进行权衡。此外，消费者不信任导致的期望损失增加，会使零售商认识到实际质量安全水平的提高会增加回报。

综上所述，声誉机制作用下，消费者对质量安全认知水平上升，有利于生鲜农产品零售商提高质量安全水平。

（三）不同零售业态下声誉机制与生鲜农产品质量安全②

1. 城乡集市与庙会。中华人民共和国成立初期，我国农业发展水平低，交通不发达。生鲜农产品限于本地供给，且产销一体，消费者与生产者面对面交易。当时的种植和加工技术让生鲜农产品天然性得以保留，化学污染现象轻微。尤其在“熟人”社会，非正式契约对生产经营者有较强约束，所以

① Michael R. Darby and Edi Karni. Free Competition and the Optimal Amount of Fraud. *Journal of Law and Economics*, 1973, 16（1）: 67－88.

② 周小梅、卞敏敏：《零售业态演变过程中生鲜农产品质量安全控制：市场机制与政府管制》，《消费经济》2017 年第 6 期。

生鲜农产品质量安全问题不是很严重，且这一时期，为解决温饱问题，人们更多追求生鲜农产品数量安全，因此，对声誉与质量安全的关系并没有很好的认知。

2. 国营商业公司与合作社。此时，生鲜农产品生产过程仍基本使用天然肥料，人们对质量安全问题不会给予过多关注，且生鲜农产品由政府“统购统销”，政府供给完全代替了声誉机制。

3. 农贸市场。从改革开放初期至今，农贸市场在生鲜农产品零售业中均占重要地位，且生鲜农产品化学污染等问题开始显现。竞争较充分的农贸市场存在大量同质生鲜农产品。由于生鲜农产品部分信息具有信用品属性，而生鲜农产品个体经营户又没有能力承担产品认证成本，生鲜农产品真实信息披露存在困难，很难按照“高质高价”出售。也就是说，个体经营户溢价能力较弱。这样，个体经营户缺乏“声誉资本”投入的激励，市场中一旦出现质量安全问题，对于几乎不存在沉没成本的个体经营户而言，较易退出市场，逃避责任。可见，在农贸市场中，声誉的私用属性较弱，共用属性较强，个体经营户维护自身声誉的欲望不强，这种情况声誉机制较难发挥作用。

4. 连锁超市。连锁超市经营规模大，有激励和能力进行“声誉资本”投资。一般而言，进入大型连锁超市销售的生鲜农产品需通过质量安全检测。而超市对质量安全检测等设备的投入是对声誉的投资，目的在于向消费者传达产品已经过检测、质量安全有保障这一信息。基于安全检测的信息披露以及超市声誉，部分消费者会选择在超市购买安全有保障的生鲜农产品。这说明声誉在控制质量安全方面已经发挥作用。维护好声誉，超市则有较强的溢价能力。例如，超市把农产品区分为无公害、有机、绿色农产品。其中无公害农产品是最低标准，指可使用农药，但农药残留要符合相关标准，绿色与有机农产品标准更加严格，且这三种生鲜农产品价格不同，依次上升。基于对超市产品质量的信任，消费者愿意为溢价买单，超市则有动力通过严格控制质量安全以维护声誉。对超市而言，声誉机制可有效地发挥作用。

5. 生鲜电商。鉴于网络购物平台的规模经济性，生鲜电商前期都有较大的专用资本投入，为回收前期投入成本并获得相应回报，必须确保生鲜农产品质量安全以建立和维护声誉，达到实现溢价的目的。为此，借助互联网的技术优势，电商通过建立信用评价平台，让消费者对其产品质量安全进行监督，激励卖家完善质量安全保证体系，建立并维护私用声誉，同时也维护互联网购物平台的共用声誉。与其他业态相比，电商平台上的声誉机制对质量安全的控制直接且有效。

二、纵向契约协作与质量安全控制

（一）基于交易成本最小化的契约选择

消费者对生鲜农产品质量安全需求的增加，势必引导零售企业加强对质量安全的控制，并向上游生产企业传递这种需求信息。而生鲜农产品供应链各环节加强契约协作是满足消费者对质量安全需求的关键。在生鲜农产品零售业态演变中，集中度的提高会增强零售企业纵向控制能力。另外，供应链上游也逐渐出现大量农民专业合作社及大中型龙头企业。这两种趋势对于加强生鲜农产品供应链的纵向契约协作起到重要作用。与此同时，生鲜农产品质量安全可得到有效控制。

市场中的契约协作选择取决于交易成本。威廉姆森把交易成本分为事前交易成本与事后交易成本。前者主要包括搜寻、议价、签约、保障契约达成等成本，后者主要为契约无法达到预期带来的成本。[①] 显然，一项交易活动的实现要付出大量交易成本，而交易成本最小化是选择交易模式的基本原则。具体分析生鲜农产品供给，上游生产企业可选择纵向一体化，自产自销；也可向零售企业供应产品。零售企业可选择建立基地组织生产，自产自销；也可向上游供货商购买产品。为降低交易成本，交易各方需衡量不同交易模式的交易成本。从零售业角度看，为控制生鲜农产品质量安全，如果选择自产自销，可对生产环节的质量安全进行直接控制，与此同时，降低了从上游企业购买需要付出对质量安全进行检测的成本，但这会损失市场分工产生的效率；如果向上游生产企业购买，则必须通过签订契约以约束产品质量安全，当然还可建立自己的检测系统（如超市）以控制质量安全。目前这两种经营模式在我国生鲜农产品不同零售业态中均存在。不同交易模式的选择，反映不同企业在权衡交易成本上的差异。

① 奥利弗·E. 威廉姆森：《资本主义经济制度：论企业签约与市场签约》，段毅才、王伟译，商务印书馆2009年版，第39页。

（二）生鲜农产品质量安全契约模型分析

在此构建一个简单生鲜农产品供给模型，以生鲜农产品中的果蔬为例，研究纵向契约协作对质量安全的控制能力。设有生鲜零售商甲和农业生产者乙。假定双方追求的目标都是利润最大化，且都是风险中度偏好者。农业生产者可以供应两类果蔬：普通果蔬 A_c 和绿色果蔬 A_g，普通果蔬质量安全没有保证，绿色果蔬质量安全有保证，农业生产者从零售商处索取的价格分别为 P_{ac} 和 P_{ag}，且 $P_{ag}>P_{ac}$，$\{(A_c,P_{ac}),(A_g,P_{ag})\}$ 就表示果蔬生产情况集合。假设存在两种生产技术，其中普通生产技术 T_c 只能生产出质量安全水平一般的果蔬，即 A_c；绿色果蔬的生产需要绿色生产技术 T_g，即绿色果蔬的生产需要专用技术与资产。改良土壤、使用有机肥等的投入可以视为为生产绿色安全果蔬的专有投入。

生鲜零售商通过分类、包装、运输等最终将果蔬卖给消费者。消费者面临的最终生鲜果蔬也有两种：普通果蔬 A_{bc} 和绿色果蔬 A_{bg}。假设消费者愿意支付价格分别为 P_{bc} 和 P_{bg}，且 $P_{bg}>P_{bc}$。最终生鲜类型取决于两方面：农业生产者提供生鲜类型与生鲜零售商的运输、储存等相关技术。假定零售商可以选用两种技术：普通技术 T_{bc} 与绿色安全技术 T_{bg}，最终果蔬情况属性见表7－2。

表7－2　最终果蔬情况属性

	零售商采用普通技术 T_{bc}	零售商采用安全技术 T_{bg}
生产者采用普通技术 T_c	普通果蔬 G_{bc}	普通果蔬 G_{bc}
生产者采用绿色安全技术 T_g	普通果蔬 G_{bc}	绿色果蔬 G_{bg}

由表7－2可见，只有当生产者和零售商都使用绿色安全生产技术，才能最终为消费者提供绿色安全生鲜果蔬。否则只能供应普通生鲜，即最终安全生鲜受生鲜供给链每一环节影响，供给过程中任一环节的安全隐患都会导致最终生鲜不安全。

将农业生产者生产一单位普通果蔬和绿色果蔬的成本进行标准化，分别为0和 C_a，生鲜零售商分别为0和 C_b。要使最终生鲜农产品具有安全保障，那么生鲜零售商使用绿色安全技术可获利润必然要大于使用普通技术。假设生鲜零售商出于维护自身声誉的考虑愿意且能够向消费者供给果蔬实际质量安全信息，那么零售商提供安全生鲜果蔬的激励为：$P_{bg}-P_{ag}-C_b \geqslant P_{bc}-P_{ac}$。

相对于生鲜零售商而言，农业生产者拥有更多关于生鲜果蔬质量安全方面的信息，信息不对称容易产生机会主义行为。在此情况下，农业生产者会用普通果蔬冒充绿色果蔬，此时农业生产者获得回报 P_{ag}，却不用支付 C_a。一般情况下，生鲜零售商无法有效监督生产行为，只得通过质量安全检测判定农业生产者提供果蔬的质量安全水平为 A_c 或 A_g。目前监测体系尚存在很多不足之处，所以会导致有些产品成为“漏网之鱼”，农业生产者产生机会主义。假设农业生产者使用普通产品冒充绿色产品，被零售商发现的概率用 $\alpha \in [0,1]$ 表示，此时生产者获得 P_{ac}，零售商也会相应采取处罚措施，用 T 表示生产者因被发现所产生的损失，T 代表罚金，也可指生产者因失去信誉而导致未来损失的现值。

同样地，生鲜农产品零售商也有机会主义行为。简单起见，本书只考虑零售商的一种情况，即将生产者生产出高质量生鲜认证为普通生鲜，从而支付价格 P_{ac}，使生产者承受损失 $P_{ag}-P_{ac}$，假设这种情况发生的概率为 $\omega \in [0,1]$。为简化模型，假设外在保留价格为0，只有在期望价格大于或等于外在保留价格的条件下，生产者才会选择加入契约。此时，生产者使用安全生产技术的约束条件为：

$$(1-\omega)P_{ag}+\omega P_{ac}-C_a \geqslant 0 \tag{7-6}$$

生产者不使用安全生产技术的条件为：

$$\alpha P_{ac}+P_{ac}-T \geqslant 0 \tag{7-7}$$

在生产者和生鲜农产品零售商都有机会主义行为时，生产者愿意供给安全生鲜的必要条件为：

$$(1-\omega)P_{ag}+\omega P_{ac}-C_a \geqslant \alpha P_{ac}+(1-\alpha)P_{ag}-T \tag{7-8}$$

即：

$$C_a \leqslant (\alpha-\omega)(P_{ag}-P_{ac})+T \tag{7-9}$$

只有在满足不等式（7-9）的条件下，生产者才会提供绿色安全果蔬。其中，不等式右边是专用资产的基准投入资本，如果生产绿色果蔬需要投入的专用性资产成本超过该基准成本，生产者不会采用安全生产技术；若左边小于右边，则生产者愿意使用安全技术。从不等式（7-9）可以看出，右边所示基准成本由4个量决定：α、ω、T和（$P_{ag}-P_{ac}$）。其中，α、T、（$P_{ag}-P_{ac}$）与基准成本正向变化，即这三个变量的值越大，基准成本越高，即零售商质量安全检测系统越健全、惩罚越大、价格溢价越高，越能够激励生产者使用安全生产技术。ω与基准成本反向变化，说明零售商对生产者欺诈的严重性程度越高，就越不利于生产者进行安全生产专用资产投资。

（三）不同生鲜农产品零售业态的纵向契约协作

1. 农贸市场。作为我国生鲜农产品零售的传统方式，农贸市场中的零售商多为生鲜农产品的生产者或个体商贩，所以说农贸市场上的生鲜农产品主要来源于自产或农产品批发市场。我国农贸市场的质量安全检测体系尚存在很多不足，也就是说上述模型中的α值较低，这不利于农户采用安全生产技术。此外，批发市场向农户批量收购生鲜农产品时，农民的议价能力比较低，在这种情况下批发商可能利用自身优势强行压低价格，即ω值比较大，这同样会打击农户提高质量安全水平的积极性。农贸市场中多为小商贩，且购买人群分散，信息流通不畅，其欺骗消费者行为所产生的罚金或信誉损失T较小，这也不利于激励农户进行安全生产。由于消费者生鲜农产品质量安全信息存在不对称问题，使消费者无法识别绿色安全生鲜农产品和一般生鲜农产品，所以农贸市场上的（$P_{as}-P_{ac}$）也比较低。因此，农贸市场中的纵向契约协作的约束力有限，不利于激励生产者提供质量安全有保障的生鲜农产品。

2. 连锁超市。连锁超市作为现代生鲜农产品零售的主流业态，其利用纵向契约保障生鲜农产品质量安全的能力明显强于农贸市场。首先，与农贸市场相比，超市有更强大的资金实力，基于维护声誉的考虑，其对于质量安全的检测更加完善和严格，即α值比较大；其次，为了维持与农户的长期合作关系，保证货源，超市多采用超市加合作社加农户的采购模式，甚至有些超市会对农户提供技术指导等工作，引导和帮助农户进行安全生产，所以其在认证生鲜农产品的质量安全等级时相对比较客观，即ω值比较低；再次，如果农户生产出的生鲜农产品不符合契约中的要求，那么超市会拒绝销售这批生鲜农产品，要求赔偿相应损失，甚至可能会终止与农户之间的契约，也就是说T值比较大；最后，超市中对于无公害、绿色、有机生鲜农产品进行分类，而且这些分类的可信度也得到消费者认可，所以超市可给高质量产品定更高的价格，相应的（$P_{as}-P_{ac}$）值也较大。综上所述，对于超市这种生鲜农产品零售业态，其通过纵向契约协作可以达到激励农户提供安全生鲜农产品的目的。

3. 生鲜电商。生鲜电商是生鲜农产品零售的新兴业态，其产业价值链如图7－1所示。与农贸市场和连锁超市相比，电商在质量安全信息传递方面有先天优势。在发展战略方面，生鲜电商主要实行品牌战略，这对其控制农产品质量安全有很强的激励作用。例如，“1号店”“本来生活网”等知名生鲜电商都建立了采购基地，与采购基地间的契约有很强的约束力，通过组织人员进行实地考察，建立完善的质量安全监测体系，以确保产品质量安全。从产业演变趋势看，上游生产企业与下游零售企业都有不断扩大规模的趋势，在此背景下，大企业间通过契约协作控制生鲜农产品质量安全可在一定程度上降低交易成本，且享受到市场分工产生的效率。

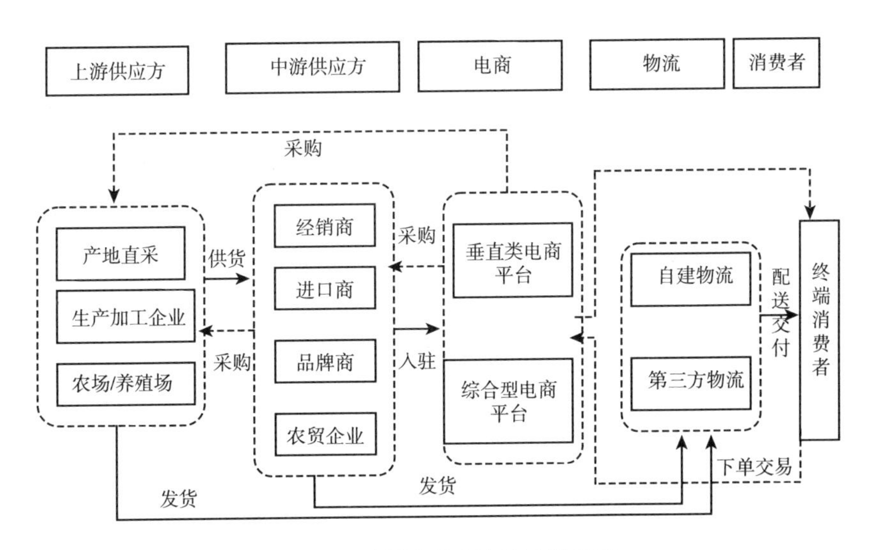

图7－1　中国生鲜电商产业价值链

第三节　零售业态演变下政府管制对生鲜农产品质量安全的控制

一、生鲜农产品质量安全信息的信用品属性让政府管制成为必需

生鲜农产品质量安全的部分信息具有信用品属性（如农药、化肥等残

留）。这种情况下，生产经营者了解产品质量安全，但消费者则很难获得此类信息。诚然，生鲜农产品生产经营者可通过产品认证向消费者传递质量安全信息。而生鲜农产品认证一方面可通过市场中的第三方认证机构供给信息；另一方面也可通过政府供给信息。而不论何种方式都需付出成本。目前市场中部分生鲜农产品企业通过第三方机构获得各种认证，认证的生鲜农产品通常安全性会更高，价格也更高（包括认证成本）。对有能力承担认证成本的生鲜农产品而言，其质量安全可通过市场声誉机制得到控制。而受我国目前生活水平的限制，不少生鲜农产品要满足低收入水平的需求，相对应的价格较低。这部分生鲜农产品没有能力承担第三方认证机构的认证成本，市场声誉机制不起作用。此时，为满足消费者对生鲜农产品质量安全基本信息的需求，凭借强制力与公信力，政府需承担生鲜农产品质量安全基本信息供给的职责，政府管制机构应通过常规的抽检制度获取生鲜农产品质量安全的基本信息，并且通过官方媒体定期向公众公布。

二、零售业态演变与生鲜农产品质量安全管制

（一）农贸市场中生鲜农产品质量安全管制

由于农贸市场声誉机制作用不明显，因此政府管制是控制质量安全问题的主要途径。政府管制机构通过限制农药生产企业生产剧毒农药以减少源头污染，加大农贸市场基础设施投入，提高质量安全检测水平，一定程度上起到控制质量安全的作用。但由于农民市场中经营者规模小、数量多，对于农贸市场的管制需大量人力、财力，加上政府部门职能交叉，存在管制缺位现象。政府尽管履行管制职能，但难度太大，导致质量安全事件时有发生。

（二）连锁超市中生鲜农产品质量安全管制

由于连锁超市经营规模大，受声誉约束，为建立质量安全检测体系，为减少交易成本，采取纵向协作方式保障生鲜农产品货源，增强零售端对生鲜农产品质量安全的控制能力。在此背景下，政府管制机构无须面对大量分散的生鲜农产品生产经营者，管制效率得到提升。

(三) 生鲜电商平台上的生鲜农产品质量安全管制

与连锁超市相似，在生鲜电商平台交易环境下，政府无须面对众多小型生鲜农产品生产经营者实施管制的压力。尤其是目前大型生鲜电商基本采用全产业链经营模式，加上提供网上评价平台，信息传播更有效，声誉机制可有效激励生鲜电商控制农产品质量安全。在此背景下，政府管制机构仅需面对电商履行常规的质量安全抽查检测等的基本职能。

综上所述，随着连锁超市和生鲜电商所占生鲜农产品市场份额的提高，生鲜农产品零售业集中度不断提升，这个过程中，政府对生鲜农产品质量安全实施管制的重点应转向制定质量安全最低标准，以及有效供给质量安全基本信息等方面。也就是说，政府管制要顺应生鲜农产品零售业态演变规律，动态调整管制政策和手段，确保生鲜农产品质量安全信息的有效供给。

第四节　基于消费者调查问卷的实证分析

消费者是生鲜农产品质量安全与否的直接受益或受害者，终端消费者选择生鲜农产品过程中的声誉感知与管制需求是质量安全控制的根本驱动力。鉴于此，本书主要针对消费者的声誉感知与管制需求进行问卷调查，采集数据，实证分析生鲜农产品零售业态演变对质量安全控制的影响。

一、研究设计

(一) 问卷设计

问卷设计包括四部分：首先是调查对象基本信息，即性别、年龄、受教育程度与家庭月收入；其次是被调查者选择购买生鲜农产品的渠道，包括农贸市场、连锁超市、网购、专卖店等；然后是影响购买渠道选择的主要因素，此部分采取量表形式；最后是消费者为声誉支付溢价的意愿、消费者维权意识调查及管制需求。

(二) 调查方法与样本选择

对于消费者的调查采取问卷方式，为获取足量调查数据，问卷发行采取先线上后线下的方式。问卷所设题型有两种：单选题与量表题。其中线上发行是通过问卷星[①]设计问卷，并通过QQ、微信、微博及邮箱等方式推送，面向全国消费者进行调查；线下发行主要是在杭州江干区、西湖区、上城区和下城区等农贸市场、超市、车站等人流较大的地方进行随机拦截，问卷发放时间是2016年6月下旬。截至2016年6月底，总计发放问卷300份，其中线上发放160份，线下发放140份，在调研过程中，由于问卷发放人员的细心指导，使所发问卷均为有效答卷，有效答卷率为100%。

二、数据分析

（一）被调查者分析

1. 样本人口统计特征。统计回收问卷的情况，得到样本人口统计特征见表7-3。

表7-3　　受访者社会人口统计特征

变量	特征	人数	变量	特征	人数
性别	男	116（38.7%）	受教育程度	初中及以下	74（24.7%）
	女	184（61.3%）		高中或中专	55（18.3%）
年龄	19岁及以下	5（1.7%）		专科或本科	115（38.3%）
	20~29岁	125（41.7%）		研究生及以上	56（18.7%）
	30~39岁	70（23.3%）	家庭月收入	3000元以下	60（20.0%）
	40~49岁	40（13.3%）		3000~5000元	97（32.3%）
	50~59岁	46（15.3%）		5000~8000元	52（17.3%）
	60岁及以上	14（4.7%）		8000~10000元	35（11.7%）
				10000元及以上	56（18.7%）

根据表7-3，在被调查对象中，男性116人，占38.7%，女性184人，占61.3%，原因是受中国“男主外，女主内”传统的影响，女性购买生鲜农产品较多。从年龄来看，20~29岁间人数最多，共125人，占41.7%，其次是30~39岁，共70人，占23.3%。原因是问卷采取线上线下同时发行，而

① 调查问卷：《生鲜农产品零售业态演变对食品质量安全的影响》，http：//www.sojump.com/jq/8906914.aspx。

线上被调查对象大多为中青年群体，这与常使用网络的对象有关。为平衡这个问题，实地发放问卷的过程中有意寻找其他年龄段群体，最终使样本在年龄上分布相对合理。从受教育程度来看，专科或本科较多，占38.3%，其他学历人群分布较均匀。从家庭月收入来看，3000~5000元这一档人数较多，占32.3%，这跟年龄分布基本一致，其他收入等级分布均匀。总体看来，样本分布合理。

2. 消费者质量安全信息关注度分析。

（1）消费者质量安全信息关注度调查结果分析。在对消费者质量安全信息关注度的调查结果中发现，85%以上（44%经常关注，41.3%偶尔关注，14.7%几乎不关注）的消费者会关注生鲜农产品质量安全信息，只是关注频率存在差异。这说明绝大多数消费者有质量安全意识，而消费者对于质量安全信息的关注有助于消费者识别生鲜农产品质量安全状况，即一定程度上提高消费者对于生鲜农产品质量安全的认知水平。

（2）群体特征与生鲜农产品质量安全关注度的显著性检验。不同群体对于生鲜农产品质量安全的关注程度不同，对于生鲜农产品质量安全信息的掌握、支付意愿也存在差异，因此对企业诚信的制约也不同。根据这一特征，利用SPSS19.0统计软件进行交叉分析，在交叉分析过程中，比较卡方检验的Asymp. Sig（双侧）。检验结果如表7-4所示。

表7-4　　群体特征与生鲜农产品质量安全关注度的显著性检验

人口统计特征	是否关注生鲜农产品质量安全	是否存在显著差异
	渐进Sig.（双侧）	是/否
性别	0.876	否
年龄	0.000	是
受教育水平	0.000	是
收入	0.002	是

表7-4的检验结果显示，是否关注生鲜农产品质量安全信息与年龄、受教育水平和收入显著相关。其交叉分析如表7-5、表7-6和表7-7所示。

如表7-5所示，年龄较长者中，经常关注人群占比较大，因为年龄较长者倾向于更加注意身体健康，而生鲜农产品安全与否会直接影响身体健康。当然年轻人也有质量安全意识，但出于某些约束他们会选择忽视质量安全。

表7-5　　年龄与生鲜农产品质量安全关注度的交叉分析

		您平时会关注生鲜农产品（蔬菜、鲜果、肉禽蛋、水产品等）质量安全信息吗？			合计（人）
		经常关注	偶尔关注	几乎不关注	
您的年龄是	19岁及以下	2（40.0%）	1（20.0%）	2（40.0%）	5
	20~29岁	41（32.8%）	70（56.0%）	14（11.2%）	125
	30~39岁	29（41.4%）	38（54.3%）	3（4.3%）	70
	40~49岁	19（47.5%）	15（37.5%）	6（15.0%）	40
	50~59岁	23（50.0%）	7（15.2%）	16（34.8%）	46
	60岁及以上	10（71.4%）	1（7.1%）	3（21.4%）	14
合计（人）		124	132	44	300

如表7-6显示，初中及以下人群对于生鲜农产品质量安全信息的关注度较弱，高中及以上人群对于生鲜农产品质量安全信息的关注度相对较强。

表7-6　　受教育程度与生鲜农产品质量安全关注度的交叉分析

		您平时会关注生鲜农产品（蔬菜、鲜果、肉禽蛋、水产品等）质量安全信息吗？			合计（人）
		经常关注	偶尔关注	几乎不关注	
您的受教育水平是	初中及以下	23（31.1%）	28（37.8%）	23（31.1%）	74
	高中或中专	32（58.2%）	20（36.4%）	3（5.5%）	55
	专科或本科	46（41.1%）	58（46.4%）	11（12.5%）	115
	研究生及以上	23（41.3%）	26（44.0%）	7（14.7%）	56
合计（人）		124	132	44	300

表7-7显示的结果与表7-5基本一致，因为收入与年龄具有相关性。年轻群体大多属于中等收入水平，受预算约束，他们可能选择忽视质量安全。年龄较长者多属高收入或退休群体，会经常关注质量安全信息。

表 7-7　　收入与生鲜农产品质量安全关注度的交叉分析

		您平时会关注生鲜农产品（蔬菜、鲜果、肉禽蛋、水产品等）质量安全信息吗？			合计（人）
		经常关注	偶尔关注	几乎不关注	
您的家庭月平均收入是	3000 元以下	25（41.7%）	17（28.3%）	18（30.0%）	60
	3000～5000 元	35（36.1%）	52（53.6%）	10（10.3%）	97
	5000～8000 元	24（46.2%）	18（34.6%）	10（19.2%）	52
	8000～10000 元	15（42.9%）	17（48.6%）	3（8.6%）	35
	10000 元及以上	25（44.6%）	28（50.0%）	3（5.4%）	56
合计（人）		124	132	44	300

（二）消费者对声誉的感知调查结果分析

1. 声誉对消费者选择生鲜农产品购买渠道的影响调查结果分析。在调查影响消费者选择购买渠道的因素时，本书选取十个因素，如图 7-2 所示，重要性排在前三位的分别为新鲜度、安全性与商家信誉，即这三者为主要影响因素。

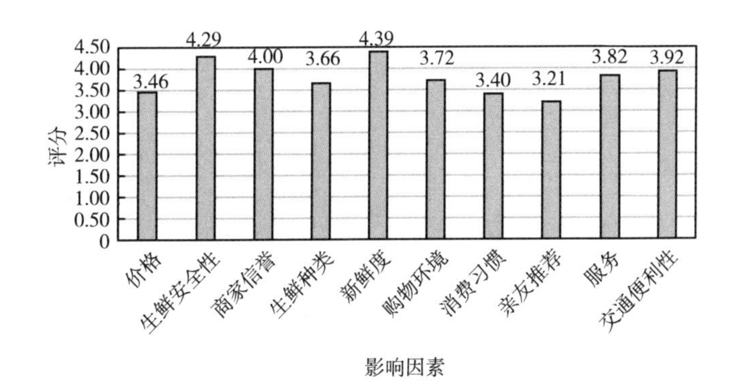

图 7-2　消费者生鲜农产品购买地点影响因素评分

设 X_1 表示价格，X_2 表示生鲜安全性，X_3 表示商家信誉，X_4 表示生鲜种类，X_5 表示新鲜度，X_6 表示购物环境，X_7 表示消费习惯，X_8 表示亲友推荐，X_9 表示服务，X_{10} 表示交通便利性。利用 SPSS19.0 计算各因素间的相关系数，结果见表 7-8。根据表 7-8，商家信誉与生鲜安全性的相关系数为 0.70，这说明二者间存在正相关性，即消费者认为具有良好信誉的商家其产品安全性更高，声誉好坏是消费者选择是否购买的重要因素，消费者能够感知声誉。

表 7-8　　各影响因素的相关系数

	X_1	X_2	X_3	X_4	X_5	X_6	X_7	X_8	X_9	X_{10}
X_1	1.00									
X_2	0.45	1.00								
X_3	0.50	0.70	1.00							
X_4	0.36	0.52	0.53	1.00						
X_5	0.43	0.66	0.80	0.54	1.00					
X_6	0.27	0.52	0.42	0.35	0.45	1.00				
X_7	0.28	0.38	0.34	0.43	0.33	0.54	1.00			
X_8	0.33	0.36	0.28	0.25	0.22	0.41	0.51	1.00		
X_9	0.40	0.47	0.46	0.40	0.44	0.49	0.43	0.42	1.00	
X_{10}	0.37	0.44	0.45	0.39	0.43	0.42	0.50	0.41	0.65	1.00

收入水平是影响消费者实际选择生鲜农产品购买地点的重要因素。根据问卷调查结果，表 7-9 显示了收入与生鲜农产品购买地点之间的关系。

根据表 7-9，对于网上购买，中高收入群体比低收入群体占比大，原因主要有两个：一是与网络的使用频率有关，通常中高收入者相对于低收入者使用网络频率更高；二是对于网购产品而言，价格是反映质量的重要指标，中高收入消费者在选择产品时，一般会选择价格较高者，且可参考消费者评价，所以购物体验相对满意，更容易接受这一零售方式。选择在农贸市场或超市购买生鲜农产品的消费者数量差别不明显，原因是农贸市场与超市是我国目前主要零售主体，占生鲜农产品零售主导地位。对于专卖店等零售方式，只有家庭月收入在 8000～10000 元、10000 元及以上的消费者会选择在高档小区专卖店购买生鲜农产品，其他收入区间消费者没有选择这一零售终端。原因是高档小区专卖店的生鲜农产品价格、质量、服务等方面都要高于或优于其他零售终端，需要高收入水平支撑。消费者虽知道高档小区专卖店的产品质优，能够感知声誉，但受收入水平等约束，他们不会选择高档小区专卖店购买。

表 7-9　　家庭月收入与生鲜农产品购买地点的交叉分析　　单位：%

月收入	农贸市场	大型连锁超市	低档小区专卖店	中档小区专卖店	高档小区专卖店	网上购买	学校周围水果店
3000 元以下	56.67	61.67	5.00	13.33	0.00	5.00	13.33
3000～5000 元	63.92	58.76	6.19	8.25	0.00	6.19	14.43
5000～8000 元	69.23	71.15	7.69	5.77	0.00	11.54	19.23
8000～10000 元	80.00	71.43	5.71	8.57	2.86	11.43	11.43
10000 元及以上	71.43	69.64	5.36	14.29	10.71	19.64	17.86

2. 消费者为声誉支付溢价的意愿与声誉机制的发挥。根据调查，约 74% 的消费者愿意为信誉好的商家支付更高价格。根据声誉理论，在生产者能够获得足够溢价情况下，其供给高质量产品获得的未来利润流的现值会高于生产低质量产品一次性节约的成本，此时生产者获得生产高质量产品的正激励。因此，声誉机制发挥作用的现实条件是消费者愿意并能够为高质量产品支付合理溢价，这需要消费者收入水平作支撑。图 7-3 显示我国 1978～2016 年城镇居民人均可支配收入变化。

从图 7-3 可见，改革开放以来，我国城镇居民人均可支配收入不断上升，而且调查结果也显示绝大多数消费者愿意为声誉支付溢价，这就满足了声誉机制发挥作用的现实条件。此外，对生鲜农产品质量安全信息的关注也有利于提高消费者对质量安全的认知水平，在声誉机制作用下，随着消费者对质量安全认知水平的提高，生鲜农产品零售商会选择更严格的质量安全保证体系，更好保障生鲜农产品质量安全。

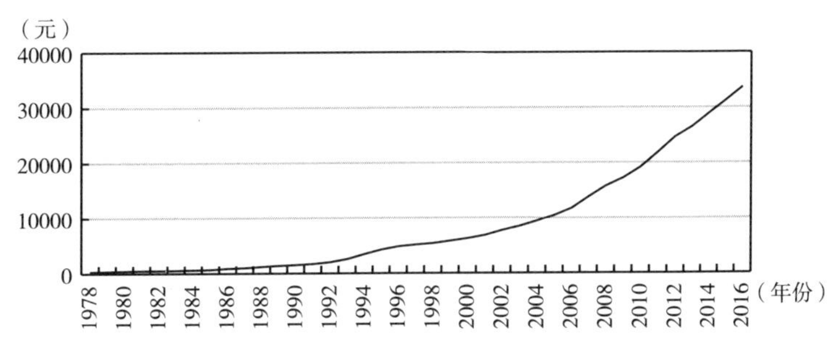

图 7-3　城镇居民人均可支配收入情况

（三）消费者对管制的需求及管制现状调查结果分析

在对政府管制需求的调查中，约97%的消费者认为政府需要对生鲜农产品质量安全进行管制。原因是随着收入水平的提高，人们消费观念已发生变化，追求安全食品的消费，成为人们消费的主流。时有发生的食品质量安全事件促使消费者产生强烈的食品质量安全管制需求。

在对政府管制效果的调查中，大多数消费者认为政府管制对保障质量安全的作用不到位。69%的消费者认为管制效果不明显，近10%的消费者认为管制没有作用，只有21%的消费者认为管制作用较大。37%的被调查者表示没有接触到政府提供的生鲜农产品质量安全信息，77%的消费者对政府提供的质量安全信息不满意。总体来看，政府对生鲜农产品质量安全的管制并未达到预期效果。

（四）实证结论

1. 消费者能够感知声誉，从而激励声誉发挥控制质量安全的作用。实证分析结果显示，人们在选择生鲜农产品购买渠道时，主要受生鲜农产品新鲜度、安全性及商家信誉等因素影响。商家信誉与新鲜度和安全性的相关系数分别为0.66和0.70，即可以认为商家信誉越好，则新鲜度越好，安全性也越高。也就是说，消费者会把产品质量安全优劣与商家信誉联系起来，能够感知声誉。此外，收入也是影响消费者选择购买渠道的重要因素之一。调查结果发现，对于高档小区专卖店销售的生鲜农产品，只有家庭月收入在8000~10000元、10000元及以上的消费者才会选择购买，原因是高档小区专卖店产品的价格、质量、服务等方面都要高于或优于其他零售终端，需要高收入水平支撑。所以消费者并非不愿购买，只是不具备相应支付能力。

在调查消费者对声誉溢价的支付意愿时发现，绝大多数消费者愿意为声誉支付溢价，且自改革开放以来，我国城镇居民人均可支配收入不断上升，也使消费者有能力支付溢价。例如，在对消费者采访中发现，消费者普遍认为超市产品更安全，原因是消费者知道生鲜农产品在进入超市之前会经过质量安全检测，加之大超市信誉良好，一旦出现问题可进行投诉并追究责任。因此，虽然超市产品相对农贸市场价格偏高，但多数消费者还是会选择去超市购买，即超市产品基于良好声誉能够实现溢价。

对于网购生鲜农产品，大型生鲜电商一般采取品牌营销策略，并有自己专业的产销链及质量安全检测体系。此外，消费者在网上选择生鲜农产品时，会把商品评价作为主要参考。而消费者对商品评价的关注是获取更多商品信息的过程。商品评价是决定商铺声誉的重要因素，也是对质量安全控制的约束与激励。

对于小区专卖店，其服务对象主要是本小区居民，重复消费过程中会披露信息，即重复购买行为向消费者传递产品值得信赖的信息。而如果消费者在专卖店购买了有问题的生鲜农产品，则在此“熟人”社会里，专卖店很难继续生存。重复消费使小区专卖店在整个小区范围内逐渐建立声誉并选择维护声誉，提供满足消费者需求的安全生鲜农产品，以实现长期盈利。

综上所述，消费者能够感知声誉，并会产生相应的购买行为，从而进一步激励零售商维护声誉。

2. 消费者有管制需求，政府在质量安全信息供给方面尚显不足。消费观念随收入水平提高发生变化，人们生鲜农产品消费已从追求数量安全转变为质量安全。生鲜农产品质量安全事件促使消费者产生强烈的生鲜农产品质量安全管制需求，以期借助政府力量改善市场质量安全信息不对称。在问卷调查过程中，约 97% 消费者认为需要管制，即消费者有管制需求。但目前管制效果并不明显，90% 以上消费者认为管制效果不如人意，且在质量安全信息供给方面尚存在较大提升空间。

3. 消费者缺乏维权意识，对于零售商诚信约束不足。面对有问题的生鲜农产品，消费者中有 40% 自认倒霉，43% 找商家说理并退换，9% 向有关部门投诉，2% 向媒体曝光，6% 选择其他做法。在对消费者进行随机采访的过程中，多数消费者认为，对于蔬菜水果类生鲜农产品，消费数额相对较少，退换过于麻烦，所以会选择直接扔掉。而对于价格较高的生鲜农产品，他们可能会选择找商家说理并退换，还有少部分消费者会选择投诉、曝光等其他做法。由此可见，消费者维权意识不足，这会减少低质量生鲜农产品的处罚成本，不利于零售商的诚信约束。

第五节　本章小结

目前我国生鲜农产品零售业已形成农贸市场、连锁超市、生鲜电商等多种业态并存的基本格局。与传统农贸市场相比，连锁超市、生鲜电商等新零售业态在质量安全控制方面已具优势。但我国生鲜农产品零售业仍存在冷链物流体系建设落后、流通损腐率高、质量安全检测体系不完善等问题。从生鲜农产品零售业演变趋势看，连锁超市和电商市场份额逐步提高。连锁超市在全国范围内进行经营，规模较大，部分连锁超市实行生鲜农产品统一配送，确保生鲜农产品质量安全的同时可提升讨价还价能力，降低采购成本。大型生鲜电商的经营模式除了有助于实现产业集中、“产销对接”的目的外，还可借助信用评价平台，让声誉有效激励企业控制产品质量安全。因此，生鲜农产品零售产业集中度的提升，一方面，为维护声誉，不同零售业态中的企业均有加强产品质量安全控制的激励；另一方面，生鲜农产品上下游产业集中度的提升，有助于零售企业与生产企业间通过纵向契约控制质量安全。

根据本书研究结论，得出以下政策含义。

1. 提高生鲜农产品零售产业集中度，激励生产经营企业控制生鲜农产品质量安全。我国生鲜农产品零售主体众多，没有企业能做到一家独大，这不利于形成规模经济。政府应鼓励生产加工龙头企业的发展建设，鼓励企业进行技术创新，不断提高生鲜农产品生产的专业化水平，这不仅有助于推动规模经济的实现，节约生产成本，并且随着生鲜农产品零售业集中度的提高，声誉机制可以更好激励企业控制质量安全。例如，相对于农贸市场及超市而言，大型生鲜电商更能打破空间限制，提高市场集中度。大型生鲜电商具有市场覆盖能力强、细化消费群体，从而实现准确定位、网络评论使其具有良好的反馈机制等独特优势。目前，京东、天猫、顺丰等均对生鲜电商业务有所涉及，生鲜电商平台的建设可以促进生鲜农产品在全国范围内的流通，各大营销平台对声誉的重视能够激励企业控制生鲜农产品质量安全。

2. 政府应加强生鲜农产品相关标准化建设，确保生鲜农产品质量安全信息的有效供给。政府应完善生鲜农产品安全生产的国家标准、行业标准、地方性标准建设。对于进入流通环节的生鲜农产品，要做好质量安全检测及认证工作，做好生鲜农产品质量安全分级工作，细分客户群体，确保高质量产品能获得相应回报，激发生产者生产高质量产品的积极性。同时，加强生鲜农产品质量安全追溯体系建设，对于进入市场的“漏网之鱼”要确保能迅速找到来源，让相关产品及时下架，并对其生产者采取相应处罚措施，提高其生产不安全生鲜农产品成本，捍卫生鲜农产品质量安全相关法律的威慑力，

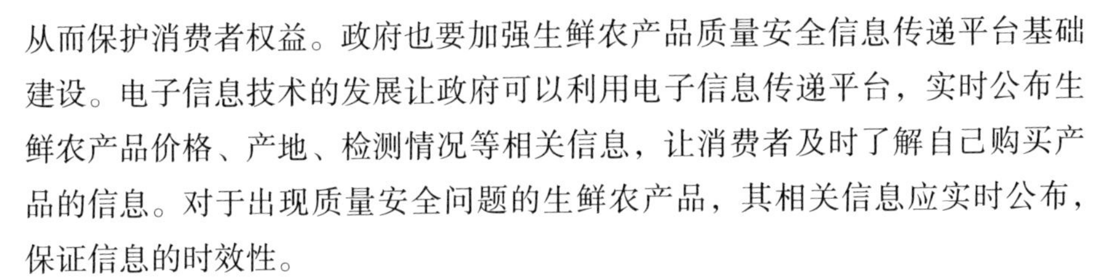

从而保护消费者权益。政府也要加强生鲜农产品质量安全信息传递平台基础建设。电子信息技术的发展让政府可以利用电子信息传递平台，实时公布生鲜农产品价格、产地、检测情况等相关信息，让消费者及时了解自己购买产品的信息。对于出现质量安全问题的生鲜农产品，其相关信息应实时公布，保证信息的时效性。

3. 政府管制应随生鲜农产品零售业态演变进行动态调整。正确处理政府与市场之间的关系，要求政府管制政策应随市场变换进行动态调整。在生鲜农产品零售业态演变过程中，市场集中度不断提升，零售端对于生鲜农产品质量安全的控制能力逐渐增强，此时，政府可以逐步摆脱无法对千千万万生产者进行有效管制的困境，转而对生鲜农产品零售商的质量安全状况进行管制。首先，政府要加强基层力量建设，提高管制效率，提升生鲜农产品质量安全管制水平。政府应有足够的基层力量对各大农贸市场、超市、大型生鲜电商经营的产品进行质量安全检测，确保进入消费领域的生鲜农产品是安全的。由于现在产销对接已成为生鲜农产品的发展趋势，零售商自然会去控制生产者，对质量安全标准作出约定。其次，鼓励技术创新，提升我国生鲜农产品流通过程中冷链物流建设水平，降低生鲜农产品流通损耗率，提高企业经营利润率，确保生鲜农产品质量安全水平。

4. 提高消费者生鲜农产品质量安全意识，增强其对声誉的认知程度。声誉可以传递信息，这依赖于消费者对声誉有充分认知，主要体现在消费者愿意并能够为声誉支付合理溢价。但事实是，仍存在部分消费者不愿意为信誉好的商家支付更高价格，或者说虽然愿意支付，但是溢价幅度有限，仍达不到相关价格水平。据前文分析可知，只有在溢价达到一定水平时，声誉才能达到控制质量安全的效果。所以，政府应加强宣传教育，增加消费者市场意识，促进声誉机制发挥，共同解决生鲜农产品质量安全问题。

附录

生鲜农产品零售业态演变对食品质量安全控制的影响：针对消费者的调查问卷

尊敬的女士/先生：

对您在百忙之中参与本次的问卷调查表示十分的感谢！本问卷目的是调查消费者在生鲜农产品零售业态演变下的行为，以及对政府管制的需求，调查数据将用于科学研究。需要说明的是，生鲜农产品主要包括果蔬、肉类、水产等。问卷答案没有“好、坏”与“对、错”之分，也不涉及对您的评价，希望您如实作答；问卷以匿名方式进行，我们将对您的数据保守秘密，请您放心作答。

1. 您的性别是（　　）。

A. 男　　B. 女

2. 您的年龄是（　　）。

A. 19 岁及以下　　B. 20 ~ 29 岁　　C. 30 ~ 39 岁

D. 40 ~ 49 岁　　E. 50 ~ 59 岁　　F. 60 岁及以上

3. 您的受教育水平是（　　）。

A. 初中及以下　　B. 高中或中专

C. 专科或本科　　D. 研究生及以上

4. 您的家庭月平均收入是（　　）。

A. 3000 元以下　　B. 3000 ~ 5000 元

C. 5000 ~ 8000 元　　D. 8000 ~ 10000 元

E. 10000 元及以上

5. 您平时会关注生鲜农产品（蔬菜、鲜果、肉禽蛋、水产品等）质量安

全信息吗？（　　）

A. 经常关注　　B. 偶尔关注　　C. 几乎不关注

6. 您平常选择在什么地方购买生鲜农产品（可多选）？（　　）

A. 农贸市场

B. 大型连锁超市（物美、沃尔玛、华联等）

C. 低档小区专卖店

D. 中档小区专卖店

E. 高档小区专卖店

F. 网上购买

G. 学校周围水果店

7. 您在选择生鲜农产品购买地点时，下列因素对您的影响程度为：

	非常重要5	重要4	一般3	不重要2	非常不重要1
价格					
生鲜安全性					
商家信誉					
生鲜种类					
新鲜度					
购物环境					
消费习惯					
亲友推荐					
服务					
交通便利性					

8. 对于信誉比较好的商家，您愿意为生鲜农产品支付更高的价格吗？（　　）

A. 不愿意　　B. 愿意

9. 您认为政府需要对生鲜农产品的质量安全进行管制吗？（　　）

A. 需要　　B. 不需要

10. 您认为目前政府对生鲜农产品的管制对保障质量安全有没有作用？（　　）

A. 有很大作用　　B. 作用不明显　　C. 没有作用

11. 据您所知，政府提供过生鲜农产品质量安全等方面的信息吗？(　　)

A. 没有　　B. 有

12. 您对目前政府所提供的信息满意吗？(　　)

A. 不满意　　B. 满意

13. 如果您购买到有问题的生鲜农产品，您会选择怎样做？(　　)

A. 自认倒霉　　B. 找商家说理并退换

C. 向有关部门投诉　　D. 向媒体曝光

E. 其他

问卷结束，再次感谢您的支持与配合！

第八章

网络交易平台食品质量安全控制激励机制

网络交易平台食品质量安全是指通过电商渠道销售的食品在经过种植、养殖、加工、包装、储藏、运输和销售等环节，食品包装、标识要合格规范，最终被消费者从网络交易平台购买并食用，食品质量安全不发生实质性变化仍可食用，且食用后对消费者不会有能察觉到的不良反应，不会伤害消费者，不存在可能损害、威胁人体健康的毒害物质以及导致消费者病亡或危害消费者及其后代的隐患。近年我国电商发展迅速，2015 年电商零售额占社会消费品总零售额的 12.74%，成为国民经济重要组成部分。与实体交易相比，在食品质量安全保障方面，网络交易平台有优势也有弊端。网络交易平台评价体系为通过市场声誉机制控制食品质量安全提供了“屏障”，但网购食品很难即时鉴别质量安全信息的真实性，食品过期、变质、包装破损、来源不明等问题相对隐蔽。另外，网上销售食品准入“门槛”低，存在质量安全隐患的食品较易混杂其中。电商主要通过对交易主体资质审查进行控制，并借助平台信用评价体系对食品质量安全进行控制。而政府如何对网购食品质量安全实施管制，现有《食品安全法》《消费者权益保护法》等相关法律法规尚未对此进行界定，尤其是电商平台上交易主体的分散性对目前主要以区域为划分政府管制范围的体系提出了挑战。本章分析网络平台环境下声誉如何激励电商对卖家食品质量安全进行有效控制，并探讨政府如何实现网购食品质量安全管制创新。

第一节　基于信息传播的网络平台食品质量安全控制激励机制

一、网络交易平台及食品质量安全信息的传播

（一）网络交易平台对食品链的影响

近年来网络平台食品交易量和品种增长迅速。网络平台在改变消费者购买食品方式的同时也改变了供应链组织方式。如图8－1所示，传统食品链中，食品经生产企业通过多环节（如中间商一、中间商二等）分销到零售店，最终向消费者销售。而网络平台让食品生产企业与平台对接，让供应链更短。供应链的缩短让零售商对食品质量安全控制更直接。同时没有中间代理商牟取差价，缩短环节，节约成本，网络食品市场售价比实体店优惠，有价格竞争优势，为网络交易中的食品生产经营企业提供更多利润空间，同时也为其控制食品质量安全提供了激励。

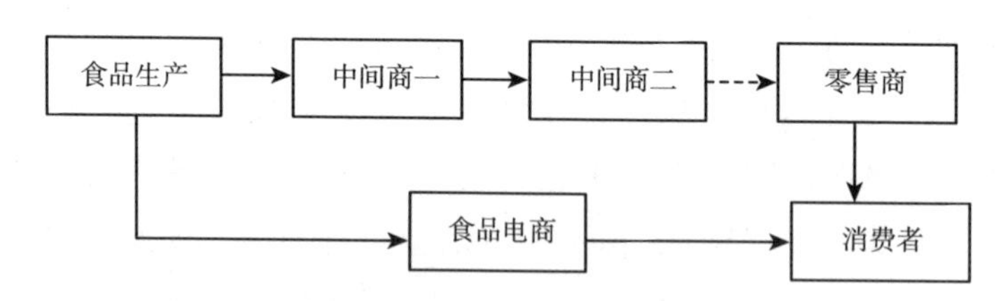

图8－1　实体与网络交易平台食品供应链的比较

（二）网络平台交易环境中食品质量安全信息的传播

网络食品交易就是把传统实体交易放在网络环境中，从面对面实物交易转变成虚拟网络化平台交易。而网络声誉形成与功能发挥离不开信息传播。

网络交易平台食品质量安全信息主要是指，由电商、卖家、消费者、政府披露传递的从食品生产至销售环节中所有关键点信息，涵盖食品包装、价格、质量安全、他人购买经验等信息。在网络交易平台上，消费者可通过网上搜索了解食品质量安全、价格、商家信誉和物流等信息，并可与其他同类

卖家进行对比。与实体交易相比，尽管网络食品交易存在信息虚拟性问题，但网络平台是信息传播载体，其信息承载和发布能力较强，具备信息量大、传播范围广、速度快、互动性强等优势，且很大程度上降低了消费者获取信息的成本。

二、市场声誉对网购食品质量安全的控制

（一）声誉机制对食品质量安全控制的激励作用

声誉是企业的商业行为、社会行为、内部员工间和上下级间关系的总和。良好声誉给当事人带来长期收益。当事人若考虑长期利益，就算短期遭受损失，也会维护好声誉。声誉通过重复交易产生的信息建立与更新。在食品市场中，交易双方通常借助签订契约保障食品质量安全，食品企业确保履约以维护声誉。另外，政府对相关食品质量安全抽查和媒体调查所披露的信息，以及第三方机构的认证信息等都是食品质量安全的声誉信息。

在消费食品前，消费者可掌握搜寻品属性的食品质量安全信息，经验品属性可通过消费者长期购买获取的经验进行判断，但消费者很难了解信用品属性的食品质量安全信息。消费者通常依据企业过去的交易行为做出购买决策，而市场声誉则是企业过去行为累积的体现。企业可通过建立良好声誉，借助声誉机制传播食品安全且品质高的信号，将信用品转换为搜寻品属性信息。声誉机制能有效节约信息成本，当消费者面临信息不对称时，企业则以良好声誉证明所提供食品的质量安全是有保证的。消费者可通过企业声誉感知食品质量安全水平，从而减少信息搜集、显示、甄别、签约所需的信息与谈判费用。声誉越好，交易费用越低。良好声誉的经济主体可克服或缓解不良声誉经济主体的发展“瓶颈”，是交易契约有效运行的润滑剂，有助于提高交易效率。

声誉作为专用性资产，是一种隐形的、内在的契约激励机制。声誉可约束经济主体行为，是建立在长期信任基础上的委托—代理关系。良好声誉让高质量安全的食品产生“溢价”。为维护声誉“溢价”产生的利益，企业则提供高质量安全食品。因为如果企业生产经营存在质量安全隐患的食品，一旦被发现则导致声誉资本贬值，丧失“溢价”能力，甚至被市场淘汰。可见，市场声誉对企业机会主义行为有很强的约束力。声誉激励和约束可通过

市场机制以保障食品质量安全。

（二）产业集中度、声誉与食品质量安全控制

产业集中度是指市场中某产业主要企业集中程度，是影响企业声誉投资的关键因素。在产业演化进程中，食品产业集中度不断提高，与此同时，食品链上大企业纵向控制能力不断提升。这样通过市场声誉机制激励企业提供安全食品的效果会更好，且效率会更高。[①] 产业集中度与质量安全正相关，也就是说，如果企业市场份额较大，传递出良好质量安全的信号，则消费者倾向于选择有较高市场份额、声誉好的企业购买食品。

竞争是声誉机制形成的基础，但在产业集中度偏低的市场中，过度竞争会损害声誉机制的作用。这是因为，许多企业利润率低或陷入亏损状态，为维持生存，企业可能被迫降低产品或服务质量，违背各种承诺，甚至进行欺骗，结果严重损害了企业声誉。如果市场中大量中小企业很难获得声誉“溢价”，失信则成为其在市场获利的途径之一。而在产业集中度较高的市场，较丰厚的利润激励企业提高食品质量安全水平以维护良好声誉，继而从食品“溢价”中获益。

（三）食品质量安全控制的声誉机制：电商平台、买家与卖家间的博弈

食品供应链主体之间交易行为其实是一种博弈，可以是一次博弈，也可以重复博弈。KMRW 声誉模型表明即使存在不完全信息等问题，食品供给方、消费者主体通过几个回合的食品交易，在重复博弈对峙中达到一定程度的合作状态。张云华[②]通过分析消费者、食品供给方的策略选择，发现在仅有一次交易回合的食品市场，食品链供给方选择不合作的机会主义策略，追求自我利益最大化，而在无数次交易回合的食品市场，食品链供给方与消费者之间重复博弈，以期达到一种合作均衡，共同维护供给食品的质量安全。

食品电商市场中存在众多参与主体，包括店铺卖家、买家（消费者）、平台管理者、服务支持者、政府等。而涉及电子商务市场声誉的三大主体为

---

① 周小梅、张琦：《产业集中度对食品质量安全的影响：以乳制品为考察对象》，《中共浙江省委党校学报》2016 年第 5 期。

② 张云华、杨晓艳：《食品供给链中食品安全问题的博弈分析》，《中国软科学》2004 年第 11 期。

买家和卖家，以及电子商务平台。

1. 完全信息静态博弈分析。针对食品电商平台的声誉约束机制模型。假设食品电商参与人是在复杂的环境下进行交易及信用模式的选择，假设：（1）交易主体只有三个参与人：消费者、入网食品生产经营者、电商平台，都追求自身利益最大化；（2）参与人完全了解网购食品市场质量安全信息；（3）买家和卖家同时做出决策；（4）参与人有两个策略选择，消费者可选择交易或不交易，入网食品生产经营者选择为供给高质量的食品诚信经营或提供劣质食品以次充好；（5）食品电商平台有一个约束机制，即当卖家选择提供劣质食品时，有被发现的可能，从而要承担相应的处罚。

该博弈模型设定以下变量，假设高质食品成本为 C_1，低质食品成本为 C_2，市场上食品售价为 P，消费者网购质量安全食品获得的效用为 U，电商平台在食品网购交易中扮演中间人角色，出现食品质量安全问题，平台需先行赔付，平台所驻商户若提供低质食品，则损害电商平台声誉和利益，故电商平台要求入网食品生产经营者上交一定保证金 F，入网食品生产经营者不注重声誉，电商平台会将保证金扣除，并给予相应惩罚。网购食品市场一次交易回合买卖双方的博弈关系，如表 8-1 所示。

表 8-1　食品电商平台声誉约束机制

买家＼卖家	诚信	欺诈
交易	$U,\ P-C_1$	$-U,\ P-C_2-F$
不交易	0，0	0，$-F$

如果卖家选择诚信经营，$U>0$，买家最优策略为交易；当卖家选择欺诈，$-U<0$，买家最优策略为不交易。若买家选择不交易，$-F<0$，则卖家最优策略为诚信经营；如果买家选择交易，$P-C_1$ 和 $P-C_2-F$ 两者大小关系不确定，所以分以下两种情况。

（1）当 $P-C_1>P-C_2-F$ 时，卖家诚信经营的收益大于欺诈所获得的收益，此时该博弈存在纯策略纳什均衡（交易，诚信），即买卖双方都没有动力和积极性改变这种均衡结果。

（2）当 $P-C_1<P-C_2-F$ 时，该博弈不存在一个纯策略纳什均衡，此时考虑通过混合策略分析来求解买卖双方的混合策略纳什均衡。假设买家交易

概率是 X，则不交易概率为 $1-X$；卖家诚信概率为 Y，则欺诈概率为 $1-Y$。

对买家交易概率 X 的分析，卖家选择诚信的期望收益为 $X(P-C_1)$，卖家选择欺诈的期望收益为 $X(P-C_2-F)-F(1-X)$，令两者相等，解得 $X=\frac{F}{C_1-C_2}$。当 $X<\frac{F}{C_1-C_2}$时，入网食品生产经营者诚信的收益大于欺诈，所以商家选择供给高质量安全食品；当 $X>\frac{F}{C_1-C_2}$时，入网食品生产经营者欺诈行为的收益大于诚信，所以商家选择供给低质量安全食品。从以上结果看出，买家交易概率 X 与 F 有关，当电商平台对卖家的约束越强，F 越大，食品质量安全得到保障，从而买家愿意与之交易，概率 X 也就越大。对卖家诚信概率 Y 的分析，买家选择交易的期望收益为 $UY-U(1-Y)$，买家选择不交易的期望收益为 0，令两者相等，则 $Y=\frac{1}{2}$。当卖家选择提供高质量安全食品时，即 $Y>\frac{1}{2}$时，买家愿意与之交易的概率就越大，好的口碑得以传播的可能性越高；反之，当卖家选择提供低质量安全食品时，即 $Y<\frac{1}{2}$时，买家愿意与之交易的可能性越小，从而不好的口碑将会传播，卖家销售额递减。

以上分析是针对食品电商平台的声誉约束机制，采取向食品卖家征收信用保证金 F，由于食品电商平台需要良好信誉，通过声誉溢价对盈利能力的影响，零售商、电商有动力分析食品供应商的信息属性及内容，并提供信息。利用市场运营的控制力，激励入网食品生产经营者维护食品质量安全声誉，增加质量安全投入。而当消费者发现卖家有提供不安全食品的经营行为时，责任首先归于食品电商平台，所以食品电商平台可将 F 补偿给受损的消费者。

2. 不完全信息动态博弈分析。分析买家声誉约束机制对卖家提供食品质量的控制。设消费者未完全观察到所有企业历史交易信息，但电商平台设置信用评价体系，快速传播反馈交易记录及购买行为等信息，每个消费者都可观察以往消费者对入网食品生产经营者的信用评价，积累的历史交易信息记录反映食品商家声誉。买家与卖家在市场上重复相遇，买家终止与卖家继续交易的行为将遏制卖家的欺骗行为，激励其建立良好声誉。

消费者支付水平和入网食品生产经营者提供的食品质量安全水平决定交

易双方的收益，模型假设食品生产经营者 A 与消费者 B 供需匹配，A 选择提供质量安全为 Q_A 的食品[①]，$Q_A \in [0,1]$。设所有食品生产经营者提供质量安全同为 Q_A 的食品所耗费边际成本相同，为 $C(Q_A)$，边际成本递增，二阶导数小于 0，令 $C(0)=0$，消费者 B 愿意支付 $P(Q_A)$ 购买质量安全为 Q_A 的产品，记 $P_0=P(0)$，交易总剩余为 $P(Q_A)-C(Q_A)$。设 A 和 B 讨价还价能力相同，交易中双方获益一样，等于 $\frac{P(Q_A)-C(Q_A)}{2}$。设食品生产经营者 A 提供质量为 Q_A^* 的食品时，总剩余最大，引入贴现率 $\delta(0<\delta<1)$，即消费者重复购买概率为 δ，博弈的阶段数为 $N(N\to\infty)$，A 所获总利润是各阶段收益折现值之和。电子商务交易中消费者 B 若购买的食品质量安全未达到预期效用，可通过网络声誉机制“抹黑”食品生产经营者 A 的声誉。设食品生产经营者 A 的声誉为 $R_A(T)$，若食品生产经营者 A 在时期 T 之前从未被“抹黑”，则 $R_A(T)=0$，质量安全为 Q_A^* 的食品消费者支付水平为 $\frac{P(Q_A^*)+C(Q_A^*)}{2}$，交易正常进行；反之，则 $R_A(T)$ 就不为 0，由于消费者和电商平台间存在着上述的信息传播机制，若是商家 A 提供食品质量安全低于 Q_A^*，第一次欺诈行为其可获得 $\frac{P(Q_A^*)+C(Q_A^*)}{2}$ 收益，随后时期 T 内其声誉将会被“抹黑”，其他消费者观察到其声誉信息后，消费者 B 选择不再信任 A，支付意愿仅为 $\frac{P_0}{2}$，商家收益水平下降，所以消费者声誉约束机制的惩罚足够大于其选择欺诈行为带来的收益，商家会改变行为，供给质量安全 Q_A^* 的食品，努力恢复并维持良好声誉。

$$\frac{P(Q_A^*)+C(Q_A^*)}{2}+(\delta+\delta^2+\cdots+\delta^T)P_0/2$$
$$\leqslant(1+\delta+\delta^2+\cdots+\delta^T)\frac{P(Q_A^*)-C(Q_A^*)}{2}$$

解得：
$$C(Q_A^*)\leqslant(\delta+\delta^2+\cdots+\delta^T)\frac{P(Q_A^*)-C(Q_A^*)-P_0}{2}$$

① 王啸华：《声誉、契约执行和产品质量——对网上交易信用评价系统的分析》，《宏观质量研究》2014 年第 2 期。

声誉模型说明：T 和 δ 满足上式时，商家会选择一直提供质量安全为 q_i^* 的产品，消费者愿意支付的价格为 $\frac{P(Q_A^*)+C(Q_A^*)}{2}$。

如果电子商务环境下消费者、商家等主体间，买家声誉机制产生一定约束效力，则出现全部食品企业选择履约的均衡状态概率较大，当消费者长期拒绝购买使商家交易机会减少，商家遭受的声誉惩罚（差评）的代价高于其选择生产、销售低质量安全食品行为所节约的成本，即使其跟消费者沟通用返现等优惠措施，要求更改差评也是耗费成本之举，食品商家则不会选择提供低质量安全的投机行为。虽然在网购食品链下各主体间不完全信息问题会影响该合作博弈的均衡状态，但交易回合的增多，更多食品质量安全信息的披露，网购食品质量安全应该有一定的保障。

3. 博弈分析的启示。消费者了解食品质量安全信息通常来自上一次购买经验或其他消费者购买体验，消费者第一次购买食品获得较高效用后，与入网食品生产经营者进入重复博弈，消费者继续信任企业重复购买，商家获长远利益的发展。商家若选择冒风险，生产质量安全低的食品，则会打破之前合作关系，消费者不会信任该商家，从此放弃与商家进行食品交易，最终导致食品商家被市场淘汰。

（四）网络交易平台环境下声誉对食品质量安全控制的激励机制

分析发现，网络交易平台具备自我净化、内部监督协调能力。一方面，入网卖家借助平台提供的大量客户流量资源、支付平台、协调管理等网络基础设施从事食品交易活动，平台为入网卖家提供更多交易机会，同时也降低了成本；另一方面，网络交易平台从为卖家或消费者提供网上交易食品、搜集质量安全信息、监督质量安全的服务中获取利润。而网络交易平台与入网卖家长期实现“双赢”则需以维护好彼此声誉为前提。

与实体交易相比，网络交易环境下，消费者与入网卖家，以及入网卖家与平台间通过契约进行约束。借助网络声誉，消费者形成对入网卖家、网络平台的认知和印象，并据此进行消费决策。这样，入网卖家和电商平台均存在通过加强食品质量安全控制以建立和维护良好声誉的激励。

首先，从入网卖家角度看，消费者一般通过甄别网络中卖家资质、信用来判断食品质量安全信息。而卖家可通过广告宣传，塑造品牌形象，传递食品质量安全的声誉信息。消费者的品牌信任感会增加对卖家食品质量安全的信任。因此，在品牌竞争下，为维护良好声誉，卖家有控制食品质量安全的激励。

其次，从网络交易平台角度看，网络交易平台一定程度上提高了食品零售市场集中度。而网络交易平台的规模经济性需要大量专用资本投入，为确保收回前期投入并获得相应回报，电商需对平台上交易的食品质量安全进行控制，以避免声誉资本贬值削弱溢价能力。为此，电商通过建立信用评价体系，快速传播反馈交易记录及购买行为等信息。消费者可观察以往对入网卖家的信用评价，积累的历史交易信息记录反映卖家声誉。与分散且规模小的实体食品卖家相比，网络交易平台规模更大、信息更透明。电商食品交易市场首次接触是“陌生人”社会，但通过消费者对卖家及网络交易平台的声誉评价可实现“熟人”社会模式。“熟人”社会模式的卖家信用对消费者购买决策有重要引导作用。如果卖家遭受声誉惩罚（差评）的代价（包括因此失去的市场份额以及与消费者沟通要求更改差评等耗费的成本等）高于其销售存在质量安全隐患的食品所节约的成本，卖家则不会提供安全低、品质差的食品。也就是说，信用评价体系下的“熟人”社会模式可有效地约束卖家销售有质量安全隐患的食品。另外，电商在网购交易中担当“中间人”角色，一旦出现食品质量安全问题，平台需先行向消费者赔付。而且平台入网卖家如果提供有质量安全隐患的食品，则损害网络平台声誉。为此，网络平台要求入网卖家缴纳一定信用保证金，卖家如果销售有质量安全隐患的食品，则网络平台会将保证金扣除，并给予相应惩罚。网络平台利用市场运营的控制力，激励入网卖家维护声誉，提高食品质量安全的投入。可见，网络交易平台通过提高食品零售业集中度，为食品质量安全控制增加了“屏障”。

三、政府管制对网络交易平台食品质量安全的控制

（一）网络交易平台食品质量安全的政府管制

食品质量安全的部分信息具有信用品属性（如违法添加剂和农药残留等）让质量安全存在隐患。这种情况下的信息不对称，生产经营者了解食品质量安全，且可通过产品认证向消费者传递质量安全信息。而食品质量安全认证一方面可通过市场中的第三方认证机构供给信息；另一方面也可通过政

府供给信息。诚然，不论何种方式都需付出成本。目前市场中部分食品企业通过第三方机构获得各种认证，认证的食品通常安全性会更高，价格也更高（包括认证成本）。对有能力承担认证成本的食品而言，其质量安全可通过市场声誉机制得到控制。而受我国目前生活水平的限制，不少食品要满足低收入水平需求，相对应价格较低。这部分食品没有能力承担第三方机构的认证成本，市场声誉机制不起作用。这种情况下，为满足消费者对食品质量安全基本信息的需求，政府凭借强制力与公信力，以相关法律法规为依据对食品质量安全信息进行管制，具体包括构建食品质量安全标准体系、信息收集交流系统、食品标签制度、食品质量安全监测、风险评估与预警信息，食品质量安全信息可追溯系统以及质量安全教育与培训在内的信息制度等。

（二）网络平台交易环境下的政府管制模式

网购食品质量安全事件时有发生，很重要的原因是电商平台对食品质量安全控制不足，平台上销售的食品描述与实物不符，有质量安全问题，电商平台应有控制责任。而政府主要是针对食品电商平台的管制。网购食品交易中，在虚拟且隐蔽的网络交易环境下，面对食品供应链端无数的生产者和零售商，政府全方位管制会出现“管制失灵”。政府应通过对网购食品链末端电子商务企业的监控，利用电商平台在食品供应链中已经建立的“链主”地位、平台监督和电商企业的行业自律，推动整个网购食品供应链的质量安全控制。政府管制机构与电商平台间形成长期关系契约，有助于网络交易平台声誉的建立和维护，促进食品质量安全水平的提升。

与传统线下销售模式不同，网络交易平台是一个庞大的信息平台，可有效、便捷、快速地追溯销售商家的相关信息，提高可追溯效率，关键点即是要求可追溯的质量安全信息是完备可循的。

传统管理方式不能形成较好的信息传递机制，运用到网购食品管制中，存在着许多管制方面的问题与难题。网络声誉形成与功能发挥也离不开信息传播。网络是信息传播载体和平台，一方面网络信息承载和发布能力强，消费者获取信息成本降低，所获信息丰富且及时；另一方面网络平台上“碎片化”语境，海量信息造成利益群体诉求分割化，网购食品消费者迫切需要得到权威信息。政府应推进网络交易平台信息管制，向消费者提供较全面的食品质量安全信息。

根据管制经济理论，如果是政府管制不足，则会导致市场经济主体的机会主义行为泛滥，诚实守信的食品生产者将会蒙受损失，出现逆向选择问题。如果政府管制过度，则抑制口碑和声誉机制对食品企业约束力作用的发挥，扭曲市场机制。因此，政府对食品生产、经营者行为的管制应控制在有效合理的范围，既有助于促进食品企业声誉水平的提高，又可约束其机会主义行为。我国已存在诸如食品质量监测结果定期公示的信息发布活动，一般采用职能部门的专业渠道，诸如质检系统、工商系统的官方网站等，尚未实现有效传播，信息共享度低。在现有专业媒体之外，还应选择大部分消费者最经常接触、共享度高的媒介，扩大信息流动渠道，公众能够快速获取食品质量安全信息，进而及时启动声誉处罚机制。食品质量安全信息传播效率越高，声誉激励约束机制越有效。

第二节　我国网络交易平台食品质量安全及其控制机制

一、网络交易平台食品交易规模

网络交易平台食品销售品种主要涉及零食坚果、农副产品、酒水茶饮、保健品、奶粉辅食、各地土特产等。淘宝网上输入关键词“食品”，搜索出121.76万件食品和26万家入网卖家。根据《2015食品电商报告》，消费者网购各类食品占比分别为：有机食品（23%）、奶制品（21%）、健康食品（19%）、进口食品（16%）、生鲜食品（12%）、地方特产（9%）。[①] 趋势上，消费者对高品质食品的需求不断增加。

根据我国网购食品市场交易额（见图8－2），2009～2014年保持正向增长。2014年，实现425亿元网络食品零售交易额，年均增长率约45%，其在网络总零售交易额中占比1.51%。尽管占比不大，但网购食品市场发展势头不减。

① 《2015食品电商报告：市场份额最大是天猫》，http：//www.ebrun.com/20150828/146913.shtml。

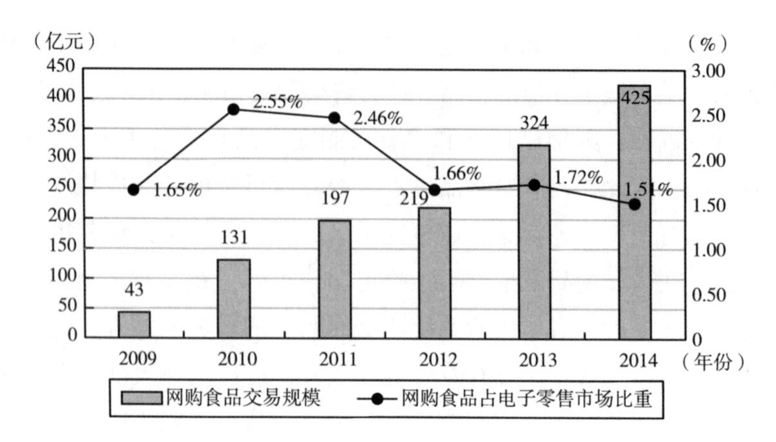

图8－2　2009～2014年网购食品交易规模及其占电子零售市场比重

资料来源：《2010～2014年食品电商行业发展情况分析》，http：//www.chyxx.com/industry/201508/335715.html。

二、网络交易平台环境下食品质量安全隐患

在网购食品质量安全控制环节中，网络交易平台需承担重要责任。按照国务院规定，入网卖家需依法注册登记，实行亮照经营。但从执行情况看，为扩大市场容量，网络交易平台放松市场准入环节，未进行详尽审查经营者资质，导致网购食品市场环境良莠不齐，质量安全存隐患。另外，面对不同电商平台间及同一平台上不同入网卖家间的竞争，一些卖家为减少成本，散装休闲食品、有包装的食品质量安全很难有保障，消费者食用后可能会对身体造成不良影响。网络食品交易市场具有准入“门槛”低、经营范围广、无区域流通界线等特性，因此问题食品、“三无”食品、标志滥用食品容易混杂其中，从网络食品市场大量交易信息中判断食品卖家资质、声誉、所售食品质量安全，这对消费者和电商都是不小的挑战。

（一）消费者与入网卖家间的信息不对称

网购食品市场进入“门槛”低，入网卖家众多，食品质量安全参差不齐。同品类食品行业有共用声誉，但不同品牌食品价格不同，食品质量安全水平有别。如淘宝平台上的食品比天猫旗舰店的食品价格更低，消费者若贪图便宜会购买低价食品，获得劣质食品概率较高。另外，消费者网购食品通

常借助图片了解食品质量安全细节，入网卖家夸张美化图片与食品真实色泽度产生偏差，消费者购买前很难鉴别。也有部分卖家自行修改食品生产日期的现象。在食品质量安全信息标识方面，有的网购食品包装袋上除了食品名称，其他信息诸如保质期、配料表、卫生许可证等都是空白，甚至有卖家使用假商标以及用非法手段刷信用度和评论误导消费者等。显然，消费者与入网卖家间存在质量安全信息不对称问题。

（二）网络交易平台与入网卖家间的信息不对称

电商对网络平台上卖家资质进行考核，但对食品质量安全难以全面严格把关。网络交易平台若在审查中发现卖家虚假经营行为，取消其销售资质，卖家换个身份重新入驻平台开店经营，违规成本几乎为零。入网卖家不仅有一个店铺名称，为扩展销路，对外使用多个店名，套牌违法经营甚至其食品零售（餐饮）许可证与网店营业执照不一致。在互联网法律法规和检测体系建设相对滞后的情况下，网络交易平台与入网卖家间同样存在信息不对称问题。

三、网络交易平台声誉机制与食品质量安全控制

网络平台食品交易模式在很大程度上决定了声誉机制在质量安全控制方面的有效性。

（一）网络平台交易模式

目前我国食品网络交易模式主要包括垂直型（B2C）、综合型（B2C）和平台型（C2C）等。(1）垂直型食品电商。垂直型食品电商是从事电子商务的网上交易平台，从生产、储存和运输到推广销售再到售后服务均由电商运营。电商对纵向产业链实现科学管理，责任明确，渠道清晰，可直接控制食品质量安全。顺丰优选、沱沱工社、本来生活网及中国零食网等均属于此类型。(2）综合型食品电商。综合型食品电商包括自营食品及提供平台服务。零售商自营即通过自建电商网站向消费者提供多种类型食品，拥有较高的网站流量和庞大的注册用户，基地采购，自有物流，有信誉保证。另外一些实体品牌商以企业身份在电商平台设立了官方旗舰店，电商把品牌食品及优质

海外食品引入到平台，一定程度上迎合了消费者对优质食品的需求。天猫、当当以及一号店等属于此类型。（3）平台型食品电商。网络交易平台本质上属于中介，它为入网卖家提供零售交易平台，平台提供数据服务，保证交易环境便捷、安全，起到市场管理的作用，其本身并不负责产品配送和售后，主要成本是电商平台的建设和维护。淘宝、苏宁易购、亚马逊等属于此类型。

（二）网络交易平台声誉维护机制：以淘宝为例

为维护网络交易平台声誉，淘宝作为最大的C2C平台，从卖家进入平台到交易完成，设计5种制度约束卖家行为以维护平台声誉，包括实名认证、信用评级（店铺评分）、交易信息反馈（售后评价）、卖家商盟和第三方担保交易（支付宝）等制度。其中，信用评级和信息反馈制度是声誉的量化指标。实名认证是对卖家入网信用的核实。而卖家商盟制度是对入盟商家经营过程中信用的约束，实质是把入盟商家声誉“捆绑”在一起，让卖家私人声誉与平台共用声誉一致，避免卖家在声誉方面“搭便车”。商盟制度有助于增强网络平台交易的信用。显然，商盟制度是信誉评价系统的有效补充。第三方担保交易制度是对交易完成后卖家信用的确认。为维护平台声誉，电商通过制度设计确保卖家从“入口”到“出口”的信用，如图8－3所示。

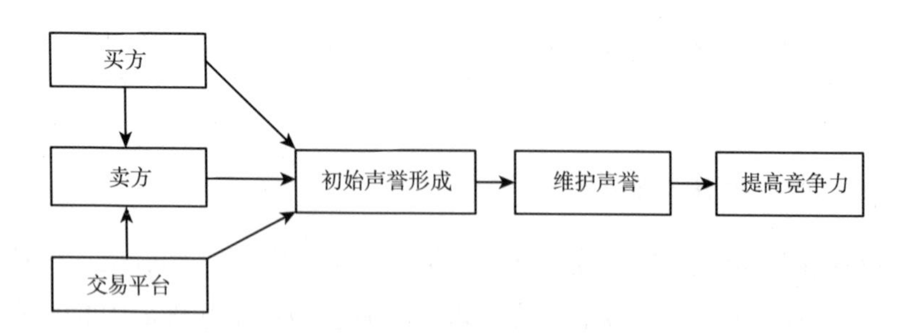

图8－3　电商声誉机制运行机理

（三）食品电商模式的声誉机制分析：以淘宝和天猫为例

市场竞争中，规模、声誉有大小之分。作为网络食品交易平台，消费者与卖方，以及网络交易平台与卖方间通过契约进行约束。不同电商交易模式以不同契约关系约束经营者以维护平台声誉。网购食品链不同电商模式下，声誉机制强弱有别，而组织性强的电商更注重声誉。阿里巴巴在食品网购零售端设置淘宝和天猫（两种契约）两类电商平台，食品生产经营者可选择其一，消费者选择平台是对电商平台声誉最好的评价。

1. 淘宝 C2C。企业较分散，小企业众多，进入壁垒低。通过实名认证①的支付宝账户绑定淘宝，上传有效资质凭证并经淘宝平台审核备案，创立店铺，即可发布商品。食品类企业必须加入淘宝平台消费者保障服务，消保保证金只需缴纳一次，缴纳额为 1000 元。淘宝平台现有食品小卖家已达 25 万家，生产经营利润微薄，从而导致卖家财力不足，对声誉资本投入较少，维护私用声誉的激励不强，部分卖家抱着侥幸心理，希望成为平台共用声誉的“免费搭车者”。加之低进入和退出成本，催生大量很少沉淀成本的企业，大部分企业均没有独立品牌，因而市场上声誉公用属性较强，私用属性较弱。尽管淘宝平台通过构建内部信用评级体系，在一定程度上约束了平台上经营者的机会主义行为，但组织性较弱使声誉机制的激励作用受到限制。

2. 天猫 B2C。大品牌、大卖家的集合，进入壁垒高。天猫商城里 8747 家注册的食品商家资质较好，一些实体品牌商以企业身份在天猫商城设立了官方旗舰店，天猫招商要求入驻企业注册资本 100 万元以上，依法成立 1 年以上，所售为品牌商品及优质海外商品，迎合消费者对优质商品的需求。与知名品牌、淘宝已有品牌相同或近似的品牌限制入驻，严重违规、资质造假被天猫发现即被清退，并永久取消入驻资格。还有部分自创纯互联网食品品牌企业（如三只松鼠、百草味和良品果子等），建立食品企业的私用声誉。尤其是食品卖家在天猫经营需缴纳不菲的保证金，商家有违规行为时用于支付违约金，品牌旗舰店、专卖店 10 万元；专营店 15 万元；年费 3 万元。消费者利益受损，商家需向买家支付成交金额 10 倍的赔偿金，并通过限制发布、下架商品、限制建铺、查封账户等监督措施控制入网卖家失信行为。高额保证金和严格的监督制度提高了卖家违规成本。另外，天猫卖家接受消费者 7 天无理由退换货，无须担心买到商品不合适或与现实相差太大，且商品多数有正品保障标志。可见，天猫对入网卖家的选择确保了卖家良好的私用声誉，以及通过卖家缴纳高额保证金维护平台共用声誉，通过如此声誉的“双保险”实现卖家和平台的“双赢”。

---

① 《淘宝规则》，https：//rule. taobao. com/detail－62. htm；《天猫规则》，https：//rule. tmall. com/tdetail－3263. htm?spm＝0. 0. 0. 0. hmJH6G&tag＝self。

3. 淘宝与天猫声誉的强弱。市场定位让不同电商组织性强弱有别，组织水平决定了声誉强弱的差异。淘宝与天猫声誉强弱主要取决于：首先，天猫比淘宝平台规模更大，维护声誉的激励更强；其次，天猫对入网卖家的品牌筛选机制为维护平台声誉设立了“天然屏障”；最后，当卖家销售的食品被消费者发现有质量安全隐患时，天猫对卖家的惩罚大于淘宝，即卖家在天猫的违规成本高于淘宝。显然，较高的组织性让天猫声誉更易维护，更有价值(见表8－2)。

表8－2　不同电商模式下声誉强弱分析

电商模式	声誉构成	声誉强弱
天猫	大平台，品牌企业	平台声誉较强，企业私人声誉较强
淘宝	小平台，小企业	平台声誉较弱，企业私人声誉较弱

（四）网络交易平台声誉激励下的食品质量安全控制

鉴于不同电商市场定位，不同组织性的电商维护声誉方面的激励和能力导致其在控制平台上的食品质量安全有一定差异。尽管如此，与实体食品零售企业相比，电商平台把入网卖家的私人声誉与平台的共用声誉通过相应的制度“捆绑”在一起，通过制度设计，引导平台上的卖家与电商合作，引导各方经营者发送、收集和存储食品质量安全信息，在建立和维护彼此声誉的同时，也有助于确保食品质量安全。从电商平台对食品质量安全声誉控制机制来看，其食品质量安全系数应高于实体食品零售企业。

四、网络交易平台食品质量安全管制现状

与传统食品零售业相比，电商平台提高了零售端的市场集中度，这有助于降低政府管制成本，提高管制效率。然而，鉴于电商平台作为新的食品零售业态，我国目前针对网购食品质量安全的政府管制仍存在以下局限性。

（一）尚未完善网购食品质量安全管制的法律法规

电商平台食品交易行为涉及面广，电子商务、商品流通，交易过程相对复杂，目前尚缺乏针对性强的法律法规规范协调网购食品质量安全。网购食品质量安全一旦出现问题，仅在电商相关法律法规基础上出台有关政策进行

规范。显然，利用原有法律法规管制网购食品交易中的质量安全问题不免缺乏针对性。

（二）尚未根据网络平台的食品交易重构政府管制机构

多年来，为提高食品质量安全管制效率和效果，我国食品质量安全管制机构设置一直处于调整之中。尽管在政府管制机构的分工、人员配备、职能协调等方面有了很大改善，但对于电商平台食品交易这种新型零售业态，尤其是电商平台入网卖家的跨区域性让政府管制机制在实施食品质量安全管制时面对职能定位，以及跨区域管制机构间的协调问题。

（三）网络平台食品质量安全管制技术相对落后

由于目前尚缺乏获取有效的食品质量安全信息的技术和手段，一旦出现食品质量安全问题，政府管制机构无法还原真实交易过程，让执法无计可施，追责无果。其结果是，电商平台上信息可追溯性较弱，也缺乏追溯后的追责惩罚制度的有效配合。

（四）网络平台食品质量安全信息供给不足

与传统食品零售业相比，电商平台交易环境下的电子数据保存、证据收集，以及商家注册信息的真伪、经营范围、厂家地址、食品供货来源等商家信息是政府管制机构需要准确掌握的交易信息，以利于处理网络交易纠纷，保障市场秩序。因此，管制机构在前期应筛选虚假信息，利用互联网技术手段配合调查取证工作，规避网购食品交易风险。然而，目前网络交易平台尚没有系统保护数据信息，商家的信息录入、食品来源渠道、物流、食品质量安全检查、健康证明以及经营范围等交易过程的信息留存都有信息不完备问题。另外，目前我国已存在诸如食品质量监测结果定期公示的信息发布活动，一般采用职能部门的专业渠道，诸如质检系统、工商系统的官方网站等，未能引起消费者关注，信息共享度低，最终导致信息传播效率低。

第三节　影响网络交易平台声誉功能发挥作用的因素

鉴于网络交易环境下消费者的声誉感知对声誉功能发挥作用起到关键作

用，本书针对网购食品电商声誉机制评价指标，分析消费者声誉感知，包括消费者感知食品质量安全信息和支付意愿，感知政府食品质量安全信息供给，以及消费者对食品卖家及网络交易平台的品牌信任。而网络交易平台声誉评价通过影响消费者网购食品的购买意愿和监督意愿，从而对网购食品质量安全形成激励和约束。

一、消费者食品质量安全信息感知与支付意愿

（一）消费者感知食品质量安全信息

面对网络零售市场食品质量安全、信用评价信息质量、电商平台搜寻质量等，消费者都有判断，而这种评判就是质量安全感知的结果。消费者如果能及时了解食品质量安全，则信息完备。面对网购食品，消费者购买前对食品质量安全信息了解有限，但购买食用后可获取相应信息，消费者提供对所购食品质量安全的感知评价，传递质量安全信息，其他网购者可根据他人对食品的感知和评价判断食品质量安全水平。这样，食品质量安全问题就可通过市场声誉机制解决。但是，消费者需要较长时期后才了解食品质量安全信息的信任品属性，或根本不可能了解这类信息，由于缺乏鼓励评价的激励机制，所以消费者很可能不愿意作出评价，同时鉴于食品质量安全信息评价内容缺乏统一明确的标准，消费者对网购食品回馈的质量安全信息可参考性较小。如果出现这种情况，声誉机制则受到抑制。

（二）消费者支付意愿

市场机制借助价格信号配置资源，消费者对安全食品的有效需求（消费者支付意愿）与食品质量安全成本相关，食品质量安全水平提升伴随成本增加，价格上涨。如果消费者愿意为高质量安全水平的食品支付较高价格，则食品质量安全水平相应上升。图8－4是食品价格与平均质量安全水平间的关系，横坐标代表食品价格，纵坐标代表食品平均质量安全水平，质量安全曲线代表每一价格下市场所出售食品的平均质量安全水平。可见，食品价格越高，平均质量安全水平相应提高。质量安全曲线斜率边际递减说明消费者支付意愿越来越小，激励生产者提高质量安全水平的动力越小，平均质量水平提高速率降低。如果消费者愿意提高支付水平，则较高溢价激励生产者提供

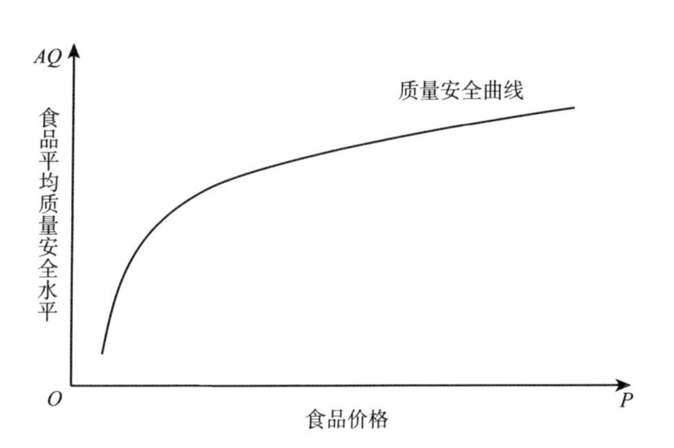

图8-4 食品质量安全曲线

资料来源：刘录民：《我国食品安全管制体系研究》，中国质检出版社2013年版，第58~59页。

高质量产品，利于声誉建立和维护。

二、消费者对食品卖家与电商平台的品牌信任

品牌信任即指一方对另一方的不确定性互动中，对另一方可靠性的认可，消费者对卖家食品质量安全的相信程度和态度倾向。食品质量安全的信任品属性决定了品牌信任是影响网购食品市场声誉机制发挥作用的关键因素。

首先是消费者对食品卖家的信任。入网食品生产经营者质量参差不齐，真假难辨。消费者会通过甄别网络中卖家资质、信誉度判断食品质量安全信息。市场信誉度变化影响在线消费者行为，提高对食品质量安全的预期。卖家可通过广告宣传，塑造品牌形象，传递食品质量安全声誉信息，消费者强烈的品牌信任感会增加对卖家食品质量安全的信任。而激烈的品牌竞争促进卖家生产经营安全食品，维护信誉。

其次是消费者对网络交易平台的信任。与分散且经营规模小、不稳定、责任意识参差不齐、信息不清晰的食品卖家相比，电商平台规模更大、责任心更强、信息更透明。电商承担先行赔付责任，为消费者维权提供了保障。优质电商平台以消费者利益为主，注重品质保证，在食品销售上有良好经验和口碑，起到监控入网食品卖家行为的作用。如中粮我买网属于“大电商”，直接销售商品，控制食品质量安全准入关，通过建立良好的声誉吸引更多消

费者从该电商平台购买食品。

三、政府食品质量安全信息供给

根据 Shapiro① 的经典质量声誉模型分析，企业建立高质量声誉的均衡条件是：$p(q)=c(q)+[(1+r)^n-1][c(q)-c(q_0)]$，当利息率 r 足够小时，即 t 的时间价值足够小，企业建立高质量声誉的均衡条件近似于：$p(q)=c(q)+rn[c(q)-c(q_0)]$，这表明消费者获得产品质量安全的信息越慢，声誉溢价越大，卖方才愿意建立高质量安全声誉，而食品质量安全的信用品属性正是属于此类情况。食品质量安全的信用品属性使事前管制成为一种较为理想的干预模式。因为食品质量安全信息供给短缺，消费者如果购买后发现质量问题，退货不方便、成本高。此时声誉机制发挥作用的必要条件是信息供给量，政府发布食品质量安全信息，将网购食品质量安全的信用品属性转化为搜寻品属性。通过政府大数据信息供给，发挥引导作用，主要包括发布食品质量安全信息，缩短网购消费者对食品质量安全感知的时间，使网购消费者能尽快了解食品的真实质量安全。

四、网络交易平台声誉对食品质量安全的控制

食品质量安全信息作为经验品或信任品属性，需要从更多经验消费者的感知行为、评价中获知产品的质量与安全性。网上交易平台作为食品销售重要渠道，使消费者与食品卖家间，以及电商平台与食品卖家间有契约关系。借助电子商务平台的信誉评价，不同种类契约模式下电商交易模式不断创新以维护声誉。

如图 8 -5 所示，消费者感知食品质量安全信息和支付意愿，消费者对食品卖家和网络交易平台的品牌信任，以及政府食品质量安全信息供给等可将食品质量安全信息的经验品、信用品属性转换为搜寻品，让网络交易平台的市场声誉机制发挥作用。也就是说，通过声誉机制影响消费者网购食品的购买意愿和监督意愿，购买意愿是指消费者愿意网购食品、选择食品商家的主

① 樊孝凤：《生鲜蔬菜质量安全治理的逆向选择与产品质量声誉模型研究》，中国农业科学技术出版社 2008 年版，第 103 -105 页。

观概率，监督意愿是指消费者对食品电商经营行为的监督，购买后主动评价，发现问题后积极反馈的倾向，消费者购买行为的改变影响食品卖家、平台成本收益，平台选择优质食品卖家、卖家选择生产安全食品，从而对网购食品质量安全形成激励和约束。

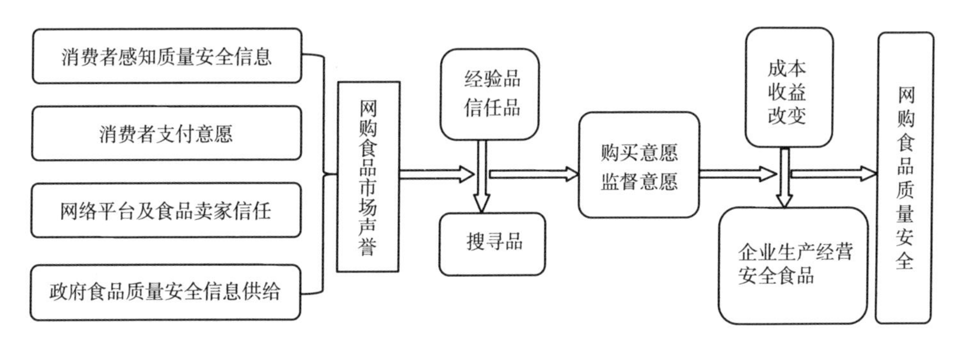

图 8－5　声誉机制及政府管制对网购食品质量安全控制路径

第四节　基于消费者调查问卷的实证分析

网络声誉由电商平台声誉、卖家声誉及消费者声誉构成，消费者网购食品的选择是对食品质量安全控制最好的手段与工具。消费者对网络声誉的认知与信任度决定网络声誉机制的发挥及对质量安全的控制。本书通过调查问卷分析消费者对网络声誉的感知，以及网络声誉如何影响消费者的购买意愿和监督意愿，以达到控制网购食品质量安全的效果。

一、样本选择和数据收集

在网络食品市场交易过程中，声誉口碑可让消费者在购买决策时获取一定的食品质量安全信息。因此，声誉具有控制网购食品链质量安全的作用。作为食品质量安全的直接体验者，消费者对网络声誉的认知与信任度决定了网络声誉机制的发挥及对质量安全的控制。此外，作为网络声誉的互补，政府管制对声誉的发挥具有一定激励作用。据此，本书在调查公众对网络声誉的认知程度，以及政府管制对消费者评判质量安全影响的基础上，探讨网络声誉机制对食品质量安全的控制作用，并进而分析政府管制存在的不足。

项目组对355名消费者进行调查访问，调查方式属于网络问卷调查与实地走访调查相结合，网络调查主要由“问卷星调查网”提供问卷发布平台与数据的基本整理。同时，选择年龄、性别、受教育程度等人口统计学变量因素。这些因素直接影响消费者对网络声誉的了解与信任程度，进而对购买行为产生影响。调查问卷共有20个问题，除个人基本信息调查问题外，还包括消费者对电商平台声誉、卖家声誉、食品质量的感知，对政府管制措施激励声誉的评价，从而论证网络声誉对网购食品质量安全的控制。

二、调查问卷数据统计分析

本次调查研究的受访者主要来自江、浙、沪、粤四个网购大省，平均年龄28岁，其中男性146人，占41.13%，女性209人，占58.87%。受访消费者普遍具有较高学历，本科及以上学历的消费者所占比例高达59.44%，食品电商市场主力消费者是28~38岁年龄层，网购食品多为年轻人，具体统计数据分析如表8-3所示。

表8-3　　消费者问卷的社会人口统计特征

统计特征	分类指标	比例（%）	统计特征	分类指标	比例（%）
性别	男性	41.1	年龄	20岁以下	4.5
	女性	58.9		20~29岁	51.8
家庭月收入	3000元以下	15.2		30~39岁	26.2
	3000~5000元	24.5		40~49岁	14.1
	5000~8000元	28.5		50岁以上	3.4
	8000元以上	31.8	学历	初中及以下	5.4
网购食品频率	经常且重复购买	20.9		高中或中专	15.8
	偶尔会网购	63.7		本科或大专	59.4
	从来没买过	15.5		硕士及以上	19.4

资料来源：根据消费者调查问卷整理得出。

在对消费者是否经常网购食品的调查中。其中，20.9%的消费者会经常网购且重复购买，63.7%偶尔会网购食品，15.5%从未网购过食品。而从未网购食品的原因显示，58.2%的消费者倾向于在实体店购买，没有网购习惯，7.3%是因为不会网购，27.3%的消费者是因为不信任食品电商。总体来看，网购食品的消费者是在信任食品电商的基础上进行网购的，少部分消费者因为消费习惯倾向于实体店购买从而没有网购食品的经历。本书对消费者网购食品基本情况及声誉感知的调查是针对有网购食品经历的300名消费者。

三、消费者网购食品的基本情况分析

问卷数据经过整理分析显示，图8-6网购食品种类中，71.33%的消费者愿意购买坚果类、甜食等休闲食品，39.33%的消费者愿意购买外卖即进行网上订餐，购买进口食品、保健品和生鲜类食品的比例分别为18.00%、7.67%和20.33%。图8-7食品电商声誉问题表现中，消费者发现食品质量安全问题后退货难的占27.00%，这反映网络平台交易环境下淘汰低质量安全水平的食品存在障碍，网络平台声誉受到负面评价。65.33%的消费者认为食物和图片不符，表明食品的搜寻品特征存在不符，需提高食品质量安全信息的准确性，要求商家必须按照网站规则的要求"如实描述、实物拍摄"，以保障消费者合法权益。认为过期且劣质食品的占37.33%，认为此次购买质量安全还好，之后出现质量安全问题的比例为30.67%。这表明食品作为经验品，消费者仍能通过体验辨别出食品的质量安全，声誉问题最主要的是质量安全问题，即声誉好坏可反映食品质量安全的高低。质量安全问题直接影响电商声誉。

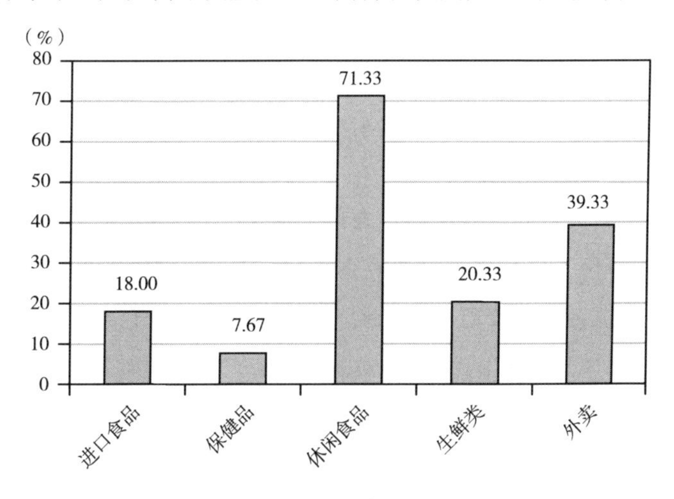

图8-6 网购食品种类

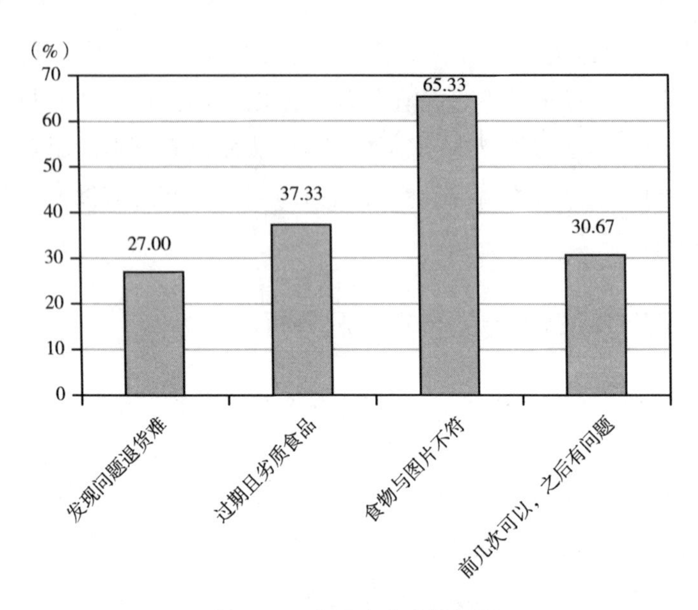

图 8 - 7 食品电商声誉问题

网购食品有问题，消费者如何反馈的调查中，图 8 - 8 可以看出在网购食品过程中，49.67% 的消费者对其声誉网上进行差级评价，提醒其他消费者，47.67% 的受访者更愿意因声誉问题爆发后而停买，可见消费者对食品商家声誉的感知较高，会通过声誉评价措施表达对网购食品的监督意愿，从而保障网购食品的安全。38.38% 的消费者选择与卖家售后客服协商解决，28.00% 的消费者向电商平台投诉，表明在网购食品质量安全有问题时，消费者会选择与电商平台及卖家沟通解决问题，即作为电商声誉的主体，有其自身的管理秩序保障消费者权益。仅 4.67% 的受访者主动向消协、工商等政府机构投诉，说明目前我国政府机构提供的网络管制分工不明确的情况下，多数消费者放弃借助政府管制机构维权。

图 8 - 9 网购食品质量安全信息获取渠道中，绝大部分受访者通过电商平台提供的信用评价及自身消费经验获取信息，分别占 50.00% 和 35.67%。同时，18.00% 受访者表示政府传媒平台提供的质量安全信息对消费者有利。这表明面临信用品属性引起的信息不对称时，消费者不仅依赖政府信息供给，电商信用评价即网络声誉是消费者选择购买食品的重要参考，消费者会根据商家声誉判断食品质量安全，关键是电商评价要足够可靠。36.00% 的消费者通过亲友的口碑推荐了解食品，表明熟人社会效应在网购食品市场依然发挥

作用，占27.33%的消费者认为食品企业广告宣传能满足消费者对食品质量安全信息获取的需求。

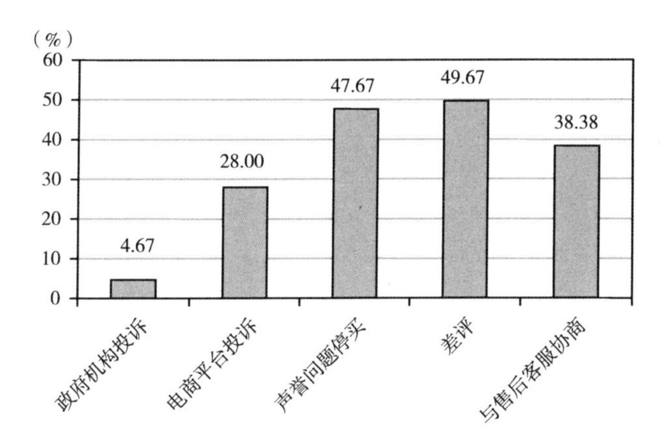

图8-8 网购问题食品反馈

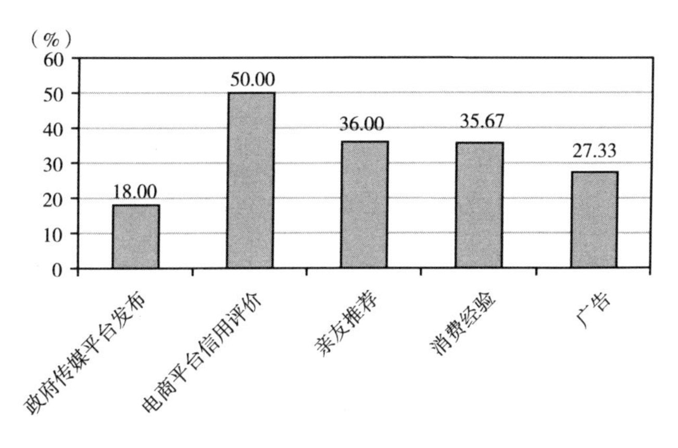

图8-9 网购食品质量安全信息获取渠道

四、消费者对网络声誉的感知

从最终统计结果看，消费者质量安全信息感知及支付意愿，食品卖家和电商平台声誉，以及政府管制措施会对消费者是否信任网络声誉产生一定影响，网络声誉又会通过影响消费者的购买意愿和监督意愿实现对网购食品质量安全的控制。

表8-4中的数据显示，对于电商平台的声誉，大多数消费者认为天猫等电商平台规模大，诚信度高，提供食品比较值得消费者信赖，且平台所入驻

商家资质高，质量好。对于卖家声誉，52.7%的消费者认可购买销量大、好评率高的食品，25.0%的消费者会选择在线下有食品实体店的卖家。对于消费者感知，58.7%的消费者不会关注卖家生产许可证、营业执照等基本信息，仅有37.3%的消费者赞同高价格的食品质量好。对于政府管制措施，主要研究其在食品质量安全信息传递中所发挥的作用，45.0%的消费者认为政府食品质量安全信息供给不足，希望政府提供更多网购食品质量安全信息，多数消费者认为政府在食品管制上缺乏对电商平台的实质性管制，且难以保障网购食品信息的真实性，因此目前多数消费者认为政府对网购食品质量安全的管制效果不明显。

表8－4　网络声誉机制及政府管制对网购食品质量安全控制统计分析

项目	问卷内容	比例
电商平台声誉	电商平台的选择	天猫71.0%、淘宝44.0%、京东24.7%、垂直电商7.3%、其他5.7%
	选择该电商平台的理由	平台规模大、可信度高61.7% 入驻该平台商家资质高，质量好46.3% 售前售后服务周到13.3% 物流快、配送及时30.0%
卖家声誉	网购食品选择哪种卖家	网络畅销品牌的卖家22.3% 线下有食品实体店的卖家25.0% 销量大、好评率高的卖家52.7%
消费者感知	网购食品是否会关注卖家的生产许可证、营业执照等信息	会41.3% 不会58.7%
	网购食品是否安全	安全41.1% 不安全36.6% 没想过22.3%
	是否认同食品的"高价格"对应食品"高质量"	认同37.3% 不认同26.7% 不好说36.0%
声誉机制对质量控制——监督意愿	信用评价提供的信息是否可信	不可信41.3% 可信，会根据此信息购买食品58.7%
	是否主动评价，提供所知食品信息	多数情况会进行真实评价50.0% 有时为了返现券直接好评6.7% 很少评价35.3% 不评价8.0%

续表

项目	问卷内容	比例
政府管制的有效性与缺陷	政府对网购食品质量安全管制是否有效	有效 21.7% 效果不明显 68.7% 无效 9.7%
	政府在网购食品管制上有哪些缺陷	食品质量安全信息供给不足 45.0% 缺乏对电商平台实质性管制 59.0% 很难保证网购信息真实性 48.3% 法律法规建设滞后 14.7%

资料来源：根据消费者调查问卷整理所得。

针对网络声誉对食品质量安全的控制，通过消费者购买意愿可知，41.1%的消费者认同网购食品是安全的，网购食品频率也较高，愿意参与监督食品电商的经营行为，通过买方购买过程实现质量检测，获得更高概率的高质量食品体验。22.3%的消费者在购买前没想过网购食品是否安全，安全意识薄弱，经营者可能会据此欺骗消费者。在关于监督意愿的调查中，58.7%的消费者相信信用评价并据此信息购买食品；在网购后，主动进行评价，反映真实体验食品信息的消费者占半数。

五、实证结论

上述数据验证了电商平台声誉、卖家声誉评判所传递的质量安全信息必不可少，而政府发布食品质量安全信息也是必要的补充。同时食品商家的声誉问题发生后，消费者更愿意选择声誉评价的方式对食品质量安全进行监督。政府管制机构与网络声誉相辅相成，政府以其公信力、权威性以及信息供给向消费者担保，促进消费者信任网购食品声誉，从而使网购食品链的电商企业愿意提供高质量的产品以建立和维护声誉，最终实现网络声誉对网购食品质量安全的控制。

（一）网购声誉良好，声誉金字塔没有塌方

消费者会根据电商平台和卖家声誉来判断食品质量安全，主动询问卖家有关食品的质量安全信息，且在网购后，主动进行评价，评估特性，反映真实体验的食品信息，与其他用户共享关于网络平台和卖家的诚信信息，通过

买方购买过程实现质量检测与监督。可见，网络声誉可有效控制食品质量安全，这对食品生产经营者的食品质量安全管理投入形成了激励和约束。

（二）消费者对高质量安全食品支付意愿低、品牌依赖度低制约声誉发挥作用

部分网购消费者搜索食品时按照食品的市场价格由低到高排序，贪图便宜，选择价格偏低的食品，26.7%的消费者不认同食品高价格对应食品高质量，36.0%的消费者认为价格与质量间的关系不好说，针对食品卖家的选择，仅22.3%的消费者选择网络畅销品牌的卖家。目前消费者对高质量食品支付意愿低，对品牌的依赖度低。显然，消费者不应撇开价格谈质量，尽量减少对低价食品的网上大额交易，选择购买优质的适价食品，以减轻损失。

（三）消费者是第一责任人

消费者网购食品意愿与行为是对食品质量安全控制最好的手段与工具。消费者安全意识淡薄助长电商不注重声誉的建立和维护，从而影响网络声誉机制的发挥。消费者如果在网购前潜意识里去主动搜寻相关信息，以确认网购食品是否安全，就会积极参与网购食品质量安全的监督，增加对良好声誉食品的购买，获得更高概率健康、安全的消费体验。

（四）大规模电商平台共用声誉强

电商平台是一个庞大的系统，消费者认为天猫等电商平台规模大，诚信度高，提供的食品质量安全值得消费者信赖，且平台所入驻商家资质高，质量好，平台共用声誉与食品卖家私用声誉相互作用，消费者会倾向选择市场集中度高的平台与商家，平台与商家市场份额扩大，消费者也节约了搜寻成本，提高了电商平台管理食品质量安全的效率。

（五）政府管制效果不明显，重点应提高食品质量安全信息供给效率

食品质量安全事件的发生主要是食品质量安全信息缺乏，增加了消费者信息搜寻成本。这时如果政府在社会公众平台大力度宣传与报道，筛选提供真实食品质量安全信息，则有助于降低消费者获取网购食品质量安全信息的成本，提高消费者对网购食品链声誉的信任度。

第五节　本章小结

与传统零售相比，电商平台交易环境下食品质量安全控制有其特殊性。一方面，电商平台食品交易的“间接性”让部分质量安全信息更具隐蔽性，增加了消费者识别质量安全信息的成本，提高了质量安全风险。但另一方面，电商平台食品交易环境下的信息数据记录功能让质量安全信息传播更有效。电商平台不仅为信息传播提供了技术支撑，更为重要的是一定程度上提高了食品零售业集中度，而较高的组织性让其有动力且有能力维护平台声誉。尽管不同市场定位下电商运营模式的差异让平台声誉有别，但总体而言，在声誉激励下，电商平台建立了入网资质审核、信用评价体系及第三方支付等对卖家信用的约束制度，把平台上卖家的信用“捆绑”起来，在确保卖家私用声誉的基础上，维护电商平台共用声誉。电商对平台声誉的维护在根本上对在平台上交易食品的质量安全起到了很好的控制作用。尽管电商为网购环境下的食品质量安全设置了“屏障”，但作为政府管制部门仍需对网络交易平台实施必要的管制。

根据研究结论，得出以下政策含义。

1. 完善网购食品质量安全法规，让管制有法可依。我国网购食品质量安全管制法规体系构建尚处初级阶段，管制缺乏依据，2015 年 10 月 1 日涉及网购食品管制的新《食品安全法》才开始正式实施。2016 年 10 月 1 日实行中国第一个《网络食品安全违法行为查处办法》，强化了平台与入网卖家的责任。相关法规尚需进一步完善，让管制有法可依。

2. 明确界定政府管制部门的职责，有效落实网购食品质量安全管制。工商部门在流通领域食品质量安全治理上负主责，让工商部门进入网络环境中履行职责，建立网购食品卖家数据库，明确要求网络交易平台详细登记、筛查入网卖家地址、联系电话、经营范围等信息，加强食品生产流通信息公示。质检部门不仅对食品质量安全进行管制，且对网络公布的食品质量安全信息的真实性进行审查。政府管制部门应建立明确规则处理网购交易中的纠纷和投诉事件，明晰管制对象，且应针对电商平台入网卖家的跨区域性经营特点建立跨区域管制机构间的协调机制。

3. 提升管制技术水平，提高管制效率。为对网购食品质量安全进行有效管制，政府管制部门需以互联网技术为支撑，成立专业技术支持部门，培育技术人员，拦截不法刷单，以网治网，保障网络平台提供信用评价的真实性，创建“质量认证体系”与“安全保障体系”。通过对食品链各环节质量安全的检测，发现并快速召回问题食品，减少对食品供应链的损失及对消费者的伤害。

4. 改善食品质量安全信息化管理，规范信息发布。信息共享是声誉机制发挥作用的基础，政府应重点披露食品质量安全信任品属性的信息，加强对该类信息的收集、分析，增加信息供给，提供食品从基地生产、加工、配送至电商每个环节的食品质量安全检测信息，建立和运行一个公开、全面的食品质量安全信息平台。在现有专业媒体之外，还应选择大部分消费者经常接触、共享度高的媒介，发布声誉评级信息，扩大信息流动渠道，让公众快速有效地获取食品质量安全信息。质量安全信息充分有效的披露和传播可引导网络交易平台环境下的食品生产经营者加强对食品质量安全的控制。

附录

声誉机制及政府管制对网购食品质量安全控制的调查问卷

您好，这是一份关于声誉机制及政府管制对网购食品质量安全控制的调查问卷，调查网购食品的消费者情况，对您填答的所有资料，仅供学术研究使用，绝不外流。请您按您的实际情况或想法填选，非常感谢您的合作与参与。

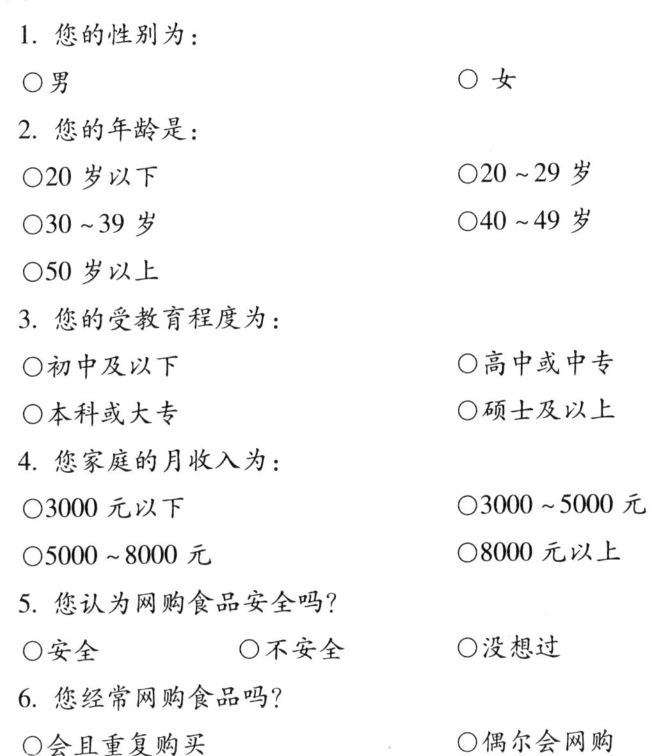

1. 您的性别为：

○男　　○ 女

2. 您的年龄是：

○20 岁以下　　○20～29 岁

○30～39 岁　　○40～49 岁

○50 岁以上

3. 您的受教育程度为：

○初中及以下　　○高中或中专

○本科或大专　　○硕士及以上

4. 您家庭的月收入为：

○3000 元以下　　○3000～5000 元

○5000～8000 元　　○8000 元以上

5. 您认为网购食品安全吗？

○安全　　○不安全　　○没想过

6. 您经常网购食品吗？

○会且重复购买　　○偶尔会网购

○从来没买过（跳至第21题）

7. 您网购食品的种类为：[多选题]

□ 坚果类零食、甜食等休闲食品　□ 生鲜类鱼肉品、水果等

□ 外卖　□ 进口食品

□ 保健食品

8. 您认为食品电商的声誉问题主要表现在：[多选题]

□ 过期且劣质食品　□ 实物和图片不符

□ 前几次购买质量还好，之后出现质量问题

□ 问题发现后退货难

9. 如果您网购的食品有问题，您会怎么做？[多选题]

□ 向电商平台客服投诉　□ 因声誉问题以后停买

□ 网上对其进行差级评价　□ 与商家客服协商和解

□ 向消费者协会或工商等政府机关投诉

10. 您一般选择哪个电商平台网购食品？[多选题]

□ 天猫　□ 淘宝　□ 京东

□ 垂直电商（如中粮我买网）　□ 其他

11. 您选择该电商平台的理由是：[多选题]

□ 平台规模大，可信度高　□ 入驻该平台的商家资质较高

□ 售前售后服务周到　□ 物流快，配送及时

12. 您网购食品时选择哪种卖家？

○ 网络畅销品牌的卖家　○ 在线下有食品实体店的卖家

○ 销量大，好评率高的卖家

13. 您认同食品的“高价格”对应食品的“高质量”吗？

○ 认同　○ 不认同　○ 不好说

14. 您在网购食品时会关注卖家的生产许可证、营业执照等信息吗？

○ 会　○ 不会

15. 您网购食品的相关信息获取渠道：

○ 政府传媒平台发布（新闻，电视，微信等）

○ 电商平台提供的信用评价

○ 亲友推荐

○ 自己的消费经验

○ 品牌企业的广告宣传

16. 您认为网络信用评价提供的交易反馈信息可信吗?

○ 不可信　　○ 可信，会根据此信息购买食品

17. 网购后，您会主动评价，并提供您所知道的食品信息吗?

○ 多数情况下会进行真实评价　　○ 有时为了返现券，直接好评

○ 很少评价　　○ 不评价

18. 您认为政府对网购食品质量安全的管制有效吗?

○ 有效　　○ 效果不明显　　○ 无效

19. 您认为在网购食品政府管制方面存在哪些缺陷?[多选题]

□ 食品质量安全信息供给不足　　□ 法律法规建设滞后

□ 很难保障网购信息的真实性　　□ 缺乏对电商平台的实质性管制

20. 您知道2016年“3·15”晚会曝光的“三只松鼠”微量超标，“饿了么”劣质食品事件吗?自那以后，您还购买其食品吗?

○ 知道，但不影响对其购买

○ 知道，停买一段时间，又继续购买了

○ 知道，坚决不买了

○ 不知道，一直购买

21. 您从来没有网购食品的原因:[单选题]

○ 不会网购　　○ 不信任食品电商

○ 倾向于在实体店购买，没有网购习惯

○ 食品运输过程易变质，不安全

○ 其他

参考文献

[1] 程启智:《政府社会性管制理论及其应用研究》，经济科学出版社2008年版。

[2] 陈季修、刘智勇:《我国食品安全的监管体制研究》，《中国行政管理》2010年第8期。

[3] 陈艳莹、杨文璐:《集体声誉下最低质量标准的福利效应》，《南开经济研究》2012年第1期。

[4] 陈素珊、余心杰:《我国农产品安全性问题与技术发展趋势研究》，《农机化研究》2003年第3期。

[5] 陈靖萍:《旱作农业区谷子的无公害生产可行性分析及主要技术》，《甘肃农业》2012年第8期。

[6] 布鲁斯·金格马:《信息经济学》，山西经济出版社1999年版。

[7] 贝尔纳·萨拉尼耶:《市场失灵的微观经济学》，上海财经大学出版社2004年版。

[8] 窦一杰:《消费者偏好、市场准入与产品安全水平：基于双寡头两阶段博弈模型分析》，《运筹与管理》2015年第1期。

[9] 邓峰:《看不懂的奶粉反垄断调查》，《中国外资》2013年第9期。

[10] 樊孝凤:《生鲜蔬菜质量安全治理的逆向选择与产品质量声誉模型研究》，中国农业科学技术出版社2008年版。

[11] 樊根耀:《环境认证制度与企业环境行为的自律》，《中国环境管理》2002年第12期。

[12] 方湖柳、李圣军:《大数据时代食品安全智能化监管机制》，《杭州师范大学学报（社会科学版）》2014年第6期。

[13] 冯启:《中国乳业30年风雨历程》，《财富人物》2008年第10期。

[14] 龚强、成酩:《产品差异化下的食品安全最低质量标准》,《南开经济研究》2014 年第 1 期。

[15] 古川、安玉发:《食品安全信息披露的博弈分析》,《经济与管理研究》2012 年第 1 期。

[16] 古扎拉蒂:《计量经济学 (第三版)》,中国人民大学出版社 2000 年版。

[17] 高秦伟:《私人主体与食品安全标准制定基于合作监管的法理》,《中外法学》2012 年第 4 期。

[18] 郭文华:《耕地保护向数量质量生态并重转变》,《国土资源情报》2012 年第 12 期。

[19] 胡定寰:《农产品“二元结构”论——论超市发展对农业和食品安全的影响》,《中国农村经济》2005 年第 2 期。

[20] 胡楠等:《中国食品业与食品安全问题研究》,中国轻工业出版社 2008 年版。

[21] 胡秋辉、王承明:《食品标准与法规》,中国计量出版社 2006 年版。

[22] 胡虎林:《当前食品安全存在的问题、原因及对策——以浙江省为主要视角》,《法治研究》2012 年第 5 期。

[23] 韩丹:《中国食品安全治理中的国家、市场与社会关系》,《社会科学战线》2013 年第 8 期。

[24] 何玉成、郑娜、曾南燕:《乳品产业集中度与利润率关系研究》,《中国物价》2010 年第 5 期。

[25] 何坪华、凌远云、刘华楠:《消费者对食品质量信号的利用及其影响要素分析:来自 9 市县消费者的调查》,《中国农村观察》2008 年第 4 期。

[26] 蒋建军:《论食品安全管制的理论分析》,《中国行政管理》2005 年第 4 期。

[27] 科斯、哈特、斯蒂格利茨等:《契约经济学》,经济科学出版社 1999 年版。

[28] 柯武刚、史漫飞:《制度经济学——社会秩序与公共政策》,商务印书馆 2000 年版。

[29] 卢凌霄、曹晓晴:《私人标准对农业的影响研究综述》,《经济与管

理研究》2015 年第 5 期。

[30] 刘小兵：《政府管制的经济分析》，上海财经大学出版社 2004 年版。

[31] 刘飞、李谭君：《食品安全治理中的国家、市场与消费者：基于协同治理的分析框架》，《浙江学刊》2013 年第 6 期。

[32] 刘震、廖新：《基于食品安全问题的食品产业发展模式探析》，《农村经济》2012 年第 11 期。

[33] 刘刚：《鲜活农产品流通模式演变动力机制及创新》，《中国流通经济》2014 年第 1 期。

[34] 刘增金、乔娟、沈鑫琪：《偏好异质性约束下食品追溯标签信任对消费者支付意愿的影响——以猪肉产品为例》，《农业现代化研究》2015 年第 5 期。

[35] 刘为军：《现阶段中国食品安全控制绩效的关键影响因素分析——基于 9 省（市）食品安全示范区的实证分析》，《商业研究》2008 年第 7 期。

[36] 刘录民：《我国食品安全管制体系研究》，中国质检出版社 2013 年版。

[37] 廖志敏：《FDA 药品准入监管及其后果——对中国食品安全标准立法的启示》，《昆明理工大学学报（社会科学版）》2014 年第 1 期。

[38] 李太平、潘军昌：《稳步提高食品安全水平的政府策略——基于食品质量标准分级的经济学分析》，《农业质量标准》2008 年第 2 期。

[39] 李怀、赵万里：《发达国家食品安全监管的特征及其经验借鉴》，《河北经贸大学学报》2008 年第 6 期。

[40] 李延喜等：《声誉理论研究评述》，《管理评论》2010 年第 10 期。

[41] 李钢、程远先：《论市场经济条件下的信用选择》，《经济问题》2003 年第 4 期。

[42] 李静：《我国食品安全监管的制度困境——以三鹿奶粉事件为例》，《中国行政管理》2009 年第 10 期。

[43] 李敏、奚小环、贺颢：《管护土地：数量、质量与生态并重》，《中国国土资源报》2010 年第 6 期。

[44] 林静：《 WTO 视角下食品安全私人标准问题研究》，《福建论坛（人文社会科学版）》，2014 年第 9 期。

[45] 钱颖一:《市场与法治》,《经济社会体制比较》2000年第3期。

[46] 覃波:《我国环境违法成本低的原因分析》,《社会与法》2011年第5期。

[47] 让·雅克·拉丰:《激励理论:委托—代理模型》,中国人民大学出版社2002年版。

[48] 史晋川、汪晓辉、吴晓露:《缺陷监管下的最低质量标准与食品安全——基于垂直差异理论的分析》,《社会科学战线》2014年第11期。

[49] 单仁平:《奶粉事件折射中国企业困境》,《环球时报》2008年9月19日。

[50] 施海波、栾敬东:《中国城镇居民乳品消费影响因素区域差异分析——基于东中西部地区2002~2011年的面板数据》,《湖南农业大学学报(社会科学版)》2013年第6期。

[51] 唐任伍:《论信用缺失对中国管理的侵蚀及对策》,《北京师范大学学报(人文社科版)》2002年第1期。

[52] 王俊豪:《政府管制经济学导论》,商务印书馆2001年版。

[53] 王俊豪:《"转型期的政府管制改革"专题讨论》,《浙江工商大学学报》2013年第1期。

[54] 王志刚、刘和、林美云:《消费者对农产品认证标识的认知水平、参照行为及收益程度分析——基于全国20个省市自治区的问卷调查》,《农业经济与管理》2013年第6期。

[55] 王常伟、顾海英:《市场VS政府,什么力量影响了我国菜农农药用量的选择?》,《管理世界》2013年第11期。

[56] 王殿华:《食品企业构建安全质量保证体系应及时关注新标准——如何应对私人食品安全及质量标准》,《中国食品》2011年第1期。

[57] 王建华:《消费者需求分析引论对古典和现代需求理论的分析与批判》,山东人民出版社1993年版。

[58] 王益谊、葛京:《标准化活动的福利效应——研究综述与展望》,《世界标准化与质量管理》2008年第2期。

[59] 王志刚、杨胤轩、许栩:《城乡居民对比视角下的安全食品购买行为分析——基于全国21个省市的问卷调查》,《宏观质量研究》2013年第3期。

[60] 王啸华：《声誉、契约执行和产品质量——对网上交易信用评价系统的分析》，《宏观质量研究》2014 年第 2 期。

[61] 王力：《中国农地规模经营问题研究》，西南大学博士学位论文 2013 年。

[62] 汪普庆、周德翼：《我国食品安全监管体制改革：一种产权经济学视角的分析》，《生态经济》2008 年第 4 期。

[63] 汪晓辉、史晋川：《标准规制、产品责任制与声誉——产品质量安全治理研究综述》，《浙江社会科学》2015 第 5 期。

[64] 汪仲元：《以科学和理性态度对待食品安全问题——访食品工程博士、科学松鼠会科普作家云无心》，《中国质量万里行》2011 年第 7 期。

[65] 吴元元：《信息基础、声誉机制与执法优化——食品安全治理的新视野》，《中国社会科学》2012 年第 6 期。

[66] 吴林海、侯博、高申荣：《基于结构方程模型的分散农户农药残留认知与主要影响因素分析》，《中国农村经济》2011 年第 3 期。

[67] 吴林海、钱和：《中国食品安全发展报告 2012 》，北京大学出版社 2012 年版。

[68] 文建东：《诚信、信任与经济学：国内外研究评述》，《福建论坛（人文社会科学版）》2007 年第 10 期。

[69] 肖兴志、王雅洁：《企业自建牧场模式能否真正降低乳制品安全风险》，《中国工业经济》2011 年第 12 期。

[70] 谢俊贵：《公共信息学》，湖南师范大学出版社 2004 年版。

[71] 谢敏、于永达：《对中国食品安全问题的分析》，《上海经济研究》2002 年第 1 期。

[72] 谢地、吴英慧：《美、韩、俄等国改进政府规制质量运动及其借鉴》，《经济社会体制比较》2009 年第 1 期。

[73] 谢欣沂、房洁：《苏北农民饮食状况和食品安全意识解析——以经济学的视角》，《安徽农业科学》2010 年第 33 期。

[74] 薛兆丰：《不要鲁莽干扰奶粉行业的市场机制》，http：//xuezhaofeng] com/blog/？ p = 1810，2014 - 04 - 15。

[75] 于立、于左、丁宁：《信用、信息与规制——守信/失信的经济学分析》，《中国工业经济》2002 年第 6 期。

［76］于辉、安玉发:《在食品供应链中实施可追溯体系的理论探讨》,《农业质量标准》2005年第3期。

［77］于丽艳、王殿华:《食品安全违法成本的经济学分析》,《生态经济》2012年第7期。

［78］喻玲:《试论对食品安全监管者的再监管》,《江西财经大学学报》2009年第2期。

［79］余劲松:《不确定性与市场集体声誉——集中交易市场框架内的分析》,《商业研究》2004年第19期。

［80］颜海娜、聂勇浩:《食品安全监管合作困境的机理探究:关系合约的视角》,《中国行政管理》2009年第10期。

［81］阎伍玖:《安徽省繁昌县区域土壤重金属污染初步研究》,《土壤侵蚀与水土保持学报》1998年第4期。

［82］杨瑞龙:《关于诚信的制度经济学思考》,《中国人民大学学报》2002年第5期。

［83］杨居正、张维迎、周黎安:《信誉与管制的互补与替代——基于网上交易数据的实证研究》,《管理世界》2008年第7期。

［84］杨科璧:《中国农田土壤重金属污染与其植物修复研究》,《世界农业》2007年第8期。

［85］杨慧:《市场监管模式从运动化向常态化转型的路径思考》,《工商行政管理》2005年第24期。

［86］于晨琛:《食品企业诚信问题研究》,山东农业大学硕士学位论文2010年。

［87］周应恒、王二朋:《中国食品安全监管:一个总体框架》,《改革》2013年第4期。

［88］周应恒、霍丽玥、彭晓佳:《食品安全:消费者态度、购买意愿及信息的影响——对南京市超市消费者的调查分析》,《中国农村经济》2004年第11期。

［89］周应恒、马仁磊:《在食品安全监管中确立消费者优先原则》,《人民日报》2014年3月3日。

［90］周燕:《政府监管中的负效应研究——以强制性产品认证为例》,《管理世界》2010年第3期。

［91］周洁红：《消费者对蔬菜安全的态度、认知和购买行为分析——基于浙江省城市和城镇消费者的调查统计》，《中国农村经济》2004年第11期。

［92］周洁红：《农户蔬菜质量安全控制行为及其影响因素分析——基于浙江省396户菜农的实证分析》，《中国农村经济》2006年第11期。

［93］周汉华：《信用与法律》，《经济社会体制比较》2002年第3期。

［94］周立群：《农村经济组织形态的演变与创新——山东省莱阳市农业产业化调查报告》，《经济研究》2001年第1期。

［95］周小梅：《开放经济下的中国食品安全管制：理论与管制政策体系》，《国际贸易问题》2007年第9期。

［96］周小梅、卢玲玲：《论中国食品安全管制效率：基于收益成本的分析》，《消费经济》2008年第5期。

［97］周小梅：《对我国食品安全问题的反思：激励机制角度的分析》，《价格理论与实践》2008年第9期。

［98］周小梅：《我国食品安全管制的供求分析》，《农业经济问题》2010年第9期。

［99］周小梅、陈利萍、兰萍：《食品安全监管长效机制经济分析与经验借鉴》，中国经济出版社2011年版。

［100］周小梅：《我国食品安全"人为污染"问题探究》，《价格理论与实践》2013年第1期。

［101］周小梅：《激励企业控制食品安全的制度分析》，《中共浙江省委党校学报》2014年第1期。

［102］周小梅：《质疑食品价格管制——兼论政府管制职能定位》，《经济理论与经济管理》2014年第7期。

［103］周小梅、陈利萍、兰萍：《基于企业诚信视角的食品安全问题研究》，中国社会科学出版社2014年版。

［104］周小梅、张琦：《产业集中度对食品质量安全的影响：以乳制品为考察对象》，《中共浙江省委党校学报》2016年第5期。

［105］周小梅、史腾腾：《我国食盐业专营制度与放松管制政策》，《价格理论与实践》2017年第1期。

［106］周小梅、范鸿飞：《区域声誉可激励农产品质量安全水平提升吗?》，《农业经济问题》2017年第4期。

[107] 周小梅、卞敏敏：《零售业态演变过程中生鲜农产品质量安全控制：市场机制与政府管制》，《消费经济》2017 年第 6 期。

[108] 周燕：《破除食品安全中政府监管的迷信》，《南方都市报》2014 年 11 月 23 日。

[109] 郑风田：《食品安全保障体系仅有政府是不够的》，《中国工商管理研究》2012 年第 8 期。

[110] 郑轶：《中国和日本生鲜农产品流通模式比较研究》，《世界农业》2014 年第 8 期。

[111] 钟真、孔祥智：《产业组织模式对农产品质量安全的影响：来自奶业的例证》，《管理世界》2012 年第 1 期。

[112] 张五常：《经济解释》，中信出版社 2015 年版。

[113] 张维迎：《法律制度的信誉基础》，《经济研究》2002 年第 1 期。

[114] 张维迎：《产权、激励与公司治理》，经济科学出版社 2005 年版。

[115] 张维迎、周黎安：《信誉的价值：以网上拍卖交易为例》，《经济研究》2006 年第 12 期。

[116] 张云华、孔祥智、罗丹：《安全食品供给的契约分析》，《农业经济问题》2004 年第 8 期。

[117] 张云华、杨晓艳：《食品供给链中食品安全问题的博弈分析》，《中国软科学》2004 年第 11 期。

[118] 张晓勇、李刚、张莉：《中国消费者对食品安全的关切——对天津消费者的调查与分析》，《中国农村观察》2004 年第 1 期。

[119] 张金荣、刘岩、张文霞：《公众对食品安全风险的感知与建构——基于三城市公众食品安全风险感知状况调查的分析》，《吉林大学社会科学学报》2013 年第 2 期。

[120] 张燕、姚慧琴：《企业边界变动与产业组织演化》，《西北大学学报（哲学社会科学版）》2006 年第 2 期。

[121] 张琥：《集体信誉的理论分析——组织内部逆向选择问题》，《经济研究》2008 年第 12 期。

[122] 张蕾：《关于食品质量安全经济学领域研究的文献综述》，《世界农业》2007 年第 11 期。

[123] 张进铭：《凯尔文·兰开斯特福利经济思想评介——潜在诺贝尔

经济学奖得主学术贡献评介系列》，《经济学动态》2000 年第 9 期。

[124] 张红霞、安玉发、李志博：《社区居民蔬菜购买行为影响因素及营销策略分析——基于北京市社区居民的调查》，《调研世界》2012 年第 8 期。

[125] 张瑞云、周燕、蒋雪凤：《杭州市江干区农贸市场 209 份蔬菜中 12 种有机磷农药残留监测结果分析》，《中国卫生检疫杂志》2014 年第 9 期。

[126] 赵翠萍、李永涛、陈紫帅：《食品安全治理中的相关者责任：政府、企业和消费者维度的分析》，《经济问题》2012 年第 6 期。

[127] 赵静：《关注网购食品安全隐患》，《北京观察》2011 年第 6 期。

[128] 朱淑枝、周泳宏：《近 50 年来我国产业组织形态的变迁——基于产权变革的分析》，《学术研究》2005 年第 8 期。

[129] 植草益：《日本的产业组织：理论与实证的前沿》，经济管理出版社 2000 年版。

[130] 詹姆斯·布坎南：《公共财政》，中国财政经济出版社 1991 年版。

[131] Allen, F. Reputation and Product Quality. *Journal of Economics*, 1984, 15 (3): 311 -327.

[132] Adner, R., Levinthald. Demand Heterogeneity and Technology Evolution: Implications for Product and Process Innovation. *Management Science*, 2001, 47 (5): 611 -628.

[133] Andersen, E. S. The Evolution of Credence Goods: a Transaction Approach to Product Specification and Quality Control. MAPP *working paper*, 2, ISSN 09072101, 1994.

[134] Antle, J. M. Efficient Food Safety Regulation in the Food Manufacturing Sector. *American Journal of Agricultural Economics*, 1996, 78 (5): 1242 -1247.

[135] Antle, J. M. No Such Thing as a Free Safe Lunch: The Cost of Food Safety Regulation in the Meat Industry. *American Journal of Agricultural Economics*, 2000, 82: 310 -322.

[136] Antle, J. M. Economic Analysis of Food Safety, in Handbook of Agricultural Economics, ed. By B. L. Gardner, and G. C. Rausser, Vol. 1. chap. 19, Elsevier Science. 2001: 1083 -1136.

[137] Arrow, K. J. et al. *Benefit-Cost Analysis in Environmental, Health*

and Safety Regulation: A Statement of Principles. Washington, DC.: The AEI Press, 1996.

[138] Baker, G. A. Consumer Preferences for Food Safety Attributes in Fresh Apples: Market Segments, Consumer Characteristics, and Marketing Opportunities. *Journal of Agricultural & Resource Economics*, 1999, 24 (1): 80-97.

[139] Brewer, M. S., Sprouls, G. K., and Craig, R. Consumer Attitude toward Food Safety Issues. *Journal of Food Safety*, 1994 (14): 63-76.

[140] Buchanan, J. M. *Cost and Choice: An Inquiry in Economic Theory*. Chicago: Markham Publishing Co., 1969.

[141] Buzby, J. C. et al. Bacterial Foodborne Disease: Medical Costs and Productivity Losses. Agricultural Economic Report No 741, Economic Research Service, United States Department of Agricultural, 1996.

[142] Buzby, J. C. International Trade and Food Safety: Economic Theory and Case Studies. Agricultural Economic Report No 828. Economic Research Service, United States Department of Agriculture, 2003.

[143] Capmany, C., Hooker N. H., Ozuma T., and Avan Tilburg. ISO 9000: A Marketing Tool for U. S. Agribusiness. *International Food and Agribusiness Management Review*, 2000, 3 (1): 41-53.

[144] Carriquiry, M., BabcockB. A. Reputation, Market Structure, and the Choice of Quality Assurance Systems in the Food Industry. *American Journal of Agricultural Economics*, 2007, 89 (1): 12-23.

[145] Caswell, J. A., and E. M. Mojduszka. Using Informational Labeling to Influence the Market for Quality in Food Products. *American Journal of Agricultural Economics*, 1996, 78 (5): 1248-1253.

[146] Coase, Ronald H. The Nature of the Firm. *Economica*, 1937, 16 (4): 386-405.

[147] Coase, Ronald H. The Problem of Social Cost. *Journal of Law and Economic*, 1960 (3): 1-44.

[148] Crampes, C. and Hollander, A. Duopoly and Quality Standards. *European Economic Review*, 1995 (1): 71-82.

[149] Crutchfield, S. R., Buzby J. C., Roberts T., Ollinger M., and Lin

C. T. J. An Economic Assessment of Food Safety Regulation: The New Approach to Meat and Poultry Inspection. Economic Research Service, United States Department of Agricultural Economic Report No. 755, Washington, DC., 1997.

[150] Dellarocas, C. The Digitization of Word of Mouth: Promise and Challenges of Online Feedback Mechanisms. *Management Science*, 2003, 49 (10): 1407-1420.

[151] Demsetz H. Information and Efficiency: Another Viewpoint. *Journal of Law and Economics*, 1969, 12 (4): 1-22.

[152] Djankov et al. The New Comparative Economics. *Journal of Comparative Economics*, 2003, 31: 595-619.

[153] Engel, S. Overcompliance, Labeling, and Lobbying: The Case of Credence Goods. *Environmental Modeling and Assessment*, 2006, 11 (2): 115-130.

[154] Farrell, J., Saloner, G. Standardization, compatibility and innovation. *Rand Journal of Economics*, 1985, 16 (1): 70-83.

[155] Felipe Almeida, Huascar F. Pessali and Nilson Maciel de Paula. Third-Party Certification in Food Market Chains: Are You Being Served?. *Journal of Economic Issues*, 2010, 44 (2): 479-485.

[156] Frenzen P. D., Buzby, J. C. and Rasco B. Product Liability and Microbial Foodborne Illness. Agricultural Economic Reports No. 799, Economic Research Service, United States Department of Agriculture, 2001.

[157] Goldsmith, Peter D. et al. Food Safety in the Meat Industry: A Regulatory Quagmire. *International Food and Agribusiness Management Review*, 2003, 6 (1): 1-13.

[158] Hayes et al. Valuing Food Safety in Experimental Auction Markets. *American Journal of Agricultural Economics*, 1995, 77 (1): 40-53.

[159] Henson, S. J., Loader R. J. and Traill W. B.. Contemporary Food Policy Issues and the Food Supply Chain. *European Review of Agricultural Economics*, 1995, 22 (3): 271-281.

[160] Henson, S. J., and J. Northen. Economic Determinants of Food Safety Controls in the Supply of Retailer Own-Branded Products in the UK. *Agribusiness*, 1998, 14 (2): 113-126.

[161] Hennessy, D. A. Information asymmetry as a reason for food industry vertical integration. *American Journal of Agricultural Economics*, 1996, 78 (4): 1034 – 1043.

[162] Henson, S. , Caswell, J. A. Food Safety Regulation: an Overview of Contemporary Issues. *Food Policy*, 1999, 24 (6): 589 – 603.

[163] Holleran, E. , Bredahl, M. E. And Zaibet, L. Private Incentives for Adopting Food Safety and Quality Assurance. *Food Policy*, 1999, 24 (6): 669 – 683.

[164] Katz, M. L. , Shapiro, C. Network Externalities, Competition and Compatibility. *The American Economics Review*, 1985, 75 (3): 424 – 440.

[165] Kreps, D. Corporate Culture and Economic Theory, in J. Alt and K. Shepsle, (eds.), *Perspectives on Positive Political Economy*. Cambridge: Cambridge University Press, 1990: 90 – 143.

[166] Kuhn, M. Minimum Quality Standards and Market Dominance in Vertically Differentiated Duopoly. *International Journal of Industrial Organization*, 2007 (2): 275 – 290.

[167] Klein and Leffler. Role of Market Forces in Assuring Contractual Performance. *Journal of Political Economy*, 1981, 89 (4): 615 – 641.

[168] Malerba, F. , Nelson, R. , Orsenigo, L. , Winters. Demand, Innovation, and the Dynamics of Market Structure: the Role of Experimental Users and Diverse Preferences. *Journal of Evolutionary Economics*, 2007, 17 (4): 371 – 399.

[169] Marvel, R. and R. McCormick. A Positive Theory of Environmental Quality Regulation. *Journal of Law and Economics*, 1982, 25 (1): 99.

[170] MacDonald, James M. and Crutchfield, Stephen. Modeling the costs of food safety regulation. *American Journal of Agricultural Economics*, 1996, 78 (5): 1285 – 1290.

[171] Mazzocco, Michael. HACCP as a business management tool. *American Journal of Agricultural Economics*, 1996, 78 (3): 770 – 774.

[172] Michael R. Darby and Edi Karni. Free Competition and the Optimal Amount of Fraud. *Journal of Law and Economics*, 1973, 16 (1): 67 – 88.

[173] Miguel Carriquiry and Bruce A. Babcock. Reputations, Market Struc-

ture, and the Choice of Quality Assurance Systems in the Food Industry. *Oxford Journals*, 2007, 89 (1): 12 –23.

[174] Ollinger, M. , D. Moore, and R. Chandran. Meat and Poultry Plants' Food Safety Investments: Survey Findings. Agricultural Economic Report No 1911. Economic Research Service. United States Department of Agriculture. 2004: 48.

[175] Paolo G. Garella, Emmanuel Petrakis, Minimum Quality Standards and Consumers' Information. *Economic Theory*, 2008 (2): 283 –302.

[176] Rob, R. and T. Sekiguchi. Procuct Quality, Reputation and Turnover. Working paper, University of Pennsylvania. http: //www. econ. upenn. edu/Centers/CARESS/CARESSpdf/o1 –11. pdf. 2001.

[177] Ronne, U. Minimum Quality Standards, Fixed Costs, and Competition. *Rand Journal of Economics*. 1991 (4): 490 –504.

[178] Rothbard, M. N. *For a New Liberty*. New York: Collier Macmillan Publishers, 1978.

[179] Rugman, A. M. , A. Verbeke. Corporate Strategies and Environmental Regulation. *Strategic Management J*. 1998, 19 (4): 363 –375.

[180] Scarpa, C. Minimum Quality Standards with More than Two Firms. *International Journal of Industrial Organizations*, 1998 (5): 665 –676.

[181] Segerson, K. Mandatory versus Voluntary Approaches to Food Safety. *Agribusiness*, 1999, 15 (1): 53 –70.

[182] Starbird, S. A. Designing Food Safety Regulation: The Effect of Inspetion Policy and Penalties for Noncompliance on Food Processor Behavior. *Journal of Agricultural and Resource Economics*, 2000, 25 (2): 27 –45.

[183] Starbird, S. A. , Moral Hazard. Inspection Policy, and Food Safety. *American Journal of Agriculrural Economics*, 2005, 87 (1): 15 –27.

[184] Stephenson, M. C. Public Regulation of Private Enforcement: The Case for Expanding the Role of Administrative Agencies. *Virginial Law Review*, 2005 (7): 93 –173.

[185] Stiglitz J. E. Markets, Market Failures, and Development. *American Economic Review*, 1989, 79 (2): 197 –203.

[186] Stigler. G. The Theory of Economic Regulation. *Bell Journal of Eco-*

nomics & Management Science, 1971, 2 (1): 3 -21.

[187] Swinbank, A. The Economics of Food Safety. *Food Policy*, 1993, 18 (2): 83 -94.

[188] Tirole, J. A. Hierarchies and Bureaucracies: On the Role of Collusion in Organizations. *Journal of Law, Economics and Organization*, 1986, 2 (2): 181 -214.

[189] Tirole, J. A. Theory of Collective Reputation. *Review of Economic Studies*, 1996 (1): 63.

[190] Tomohide Yasuda. Food Safety Regulation in the United States: An Empirical and Theoretical Examination. *Independent Review*, 2012, 15 (2): 201 -227.

[191] Valletti, T. M. Minimum Quality Standards under Count Competition. *Journal of Regulatory Economics*, 2000 (3): 235 -245.

[192] Veeman, M. Changing Consumer Demand for Food Regulation. *Canadian Journal of Agricultural Economics*, 1999, 47 (4): 401 -409.

[193] Viscusi, W. K. Toward a Diminished Role for Tort Liability: Social Insurance, Government Regulation and Contemporary Risks to Health and Safety. *Yale Journal on Regulation*, 1989, 6 (1): 65 -68.

[194] Wendy Van Rijswijk, and Frewer, Lynn J. Consumer Perceptions of Food Quality and Safety and Their Relation to Traceability. *British Food Journal*, 2008, 110 (10): 1034 -1046.

[195] Wiess, M. D. Information Issues for Principal and Agents in the Market for Food Safety and Nutrition, in Caswell, J. A., *Valuing Food Safety and Nutrition*. Boulder: Westview Preww, 1995.

[196] Winfree, J. A., J. J. McCluskey. Collective Reputation and Quality. *American Journal of Agricultural Economics*, 2005 (1): 87.